Ausgewählte Kapitel der Höheren Mathematik

T0223080

Walter Strampp

Ausgewählte Kapitel der Höheren Mathematik

Vektoranalysis, Spezielle Funktionen, Partielle Differentialgleichungen

 Springer Vieweg

Prof. Dr. Walter Strampp
Universität Kassel
Kassel, Deutschland

ISBN 978-3-658-05549-3   ISBN 978-3-658-05550-9 (eBook)
DOI 10.1007/978-3-658-05550-9

Die Deutsche Nationalbibliothek verzeichnet diese Publikation in der Deutschen Nationalbibliografie; detaillierte bibliografische Daten sind im Internet über http://dnb.d-nb.de abrufbar.

Springer Vieweg
© Springer Fachmedien Wiesbaden 2014

Gedruckt auf säurefreiem und chlorfrei gebleichtem Papier.

Springer Vieweg ist eine Marke von Springer DE. Springer DE ist Teil der Fachverlagsgruppe Springer Science+Business Media
www.springer-vieweg.de

Vorwort

Während die Literatur in vielen Gebieten der Ingenieurmathematik gut ausgebaut ist, besteht in den zentralen Gebieten Tensoren, Spezielle Funktionen und partielle Differentialgleichungen eine gewisse Lücke. In der Mechanik oder in der Feldtheorie wird oft mit Tensoren gearbeitet, ohne dass eine präzise Vorstellung von einem Tensor geliefert wird. Wir verfolgen den Aufbau von den linearen Abbildungen über die Tangentialräume zu den Tensorfeldern, sodass ein tragfähiges Fundament entsteht. Funktionalanalytische Methoden bei partiellen Differentialgleichungen nehmen in der Literatur einen breiten Raum ein. Auf elementare Lösungsmethoden und die Probleme der Ingenieurmathematik wird dabei nur am Rande eingegangen. Man überträgt partielle Differentialgleichungen in verschiedene Koordinatensysteme mithilfe der Tensorrechnung. Die anschließende Separation führt auf gewöhnliche Differentialgleichungen, deren Lösungen wie Zylinder-, Kugel-, oder Besselfunktionen den Schlüssel für zahlreiche Anwendungssituationen geben. Die orthogonalen Funktionensysteme der Speziellen Funktionen, die auch eine große Bedeutung für Computeralgebrasysteme besitzen, werden mit ihren wichtigsten Eigenschaften für einen kompakten Kurs bereitgestellt.

Kassel, März 2014   Walter Strampp

Inhaltsverzeichnis

Vektoranalysis

1

1.1 Der Vektorraum $\mathbb{R}^3$

Den dreidimensionalen Anschauungsraum betrachten wir zunächst als Punktraum oder (Punkt)-Mannigfaltigkeit. Auf dem Punktraum errichtet man die Struktur des Vektorraums mithilfe gerichteten Strecken. Längen von Vektoren und eingeschlossene Winkel führen auf die Struktur des euklidischen Vektorraums. Wir verzichten zugunsten einer knappen Notation auf verschiedene Symbole für den Punktraum $\mathbb{R}^3$ und den euklidischen dreidimensionalen Vektorraum. Einen beliebigen Punkt P verschieben wir im Raum in den Punkt Q durch Abtragen des Vektors $\underline{x}$. Es gibt genau einen Vektor, welcher einen gegebenen Punkt P in einen gegebenen Punkt Q verschiebt.

Definition: Gerichtete Strecken, Vektoren

Den Vektor $\overrightarrow{PQ}$, welcher den Punkt P in den Punkt Q verschiebt, bezeichnen wird als Verbindungsstrecke oder als Richtungspfeil von P nach Q. Wir zeichnen einen Punkt im Raum als Nullpunkt 0 aus. Der Vektor, der den Nullpunkt in den Punkt P verschiebt, heißt Ortsvektor des Punktes P: $\underline{x} = \overrightarrow{OP}$.

Wir wiederholen die Rechenregeln für Vektoren. Die Addition zweier Vektoren erfolgt anschaulich durch die Parallelogrammregel (Abb. 1.1, 1.2):

Abb. 1.1 Zwei Verschiebungen werden nach der Parallelogrammregel hinter einander ausgeführt. Vektoren werden addiert

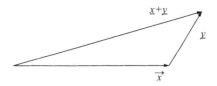

W. Strampp, *Ausgewählte Kapitel der Höheren Mathematik*, DOI 10.1007/978-3-658-05550-9_1, 1
© Springer Fachmedien Wiesbaden 2014

Abb. 1.2 Inverse einer Ver-
schiebung. Der Vektor $-\underline{z}$

Für die Addition gelten folgende Regeln:

$$\underline{x} + \underline{y} = \underline{y} + \underline{x}\,,$$

$$(\underline{x} + \underline{y}) + \underline{z} = \underline{x} + (\underline{y} + \underline{z})\,,$$

$$\underline{x} + \underline{0} = \underline{x}\,,$$

$$\underline{x} + (-\underline{x}) = \underline{0}\,,$$

$$\underline{x} - \underline{y} = \underline{x} + (-\underline{y})\,.$$

Die Multiplikation von Vektoren mit Skalaren bedeutet Streckung oder Stauchung, wobei zusätzlich noch die Richtung umgekehrt werden kann (Abb. 1.3).

Für die Multiplikation mit Skalaren gelten folgende Regeln:

$$(\alpha + \beta)\,\underline{x} = \alpha\,\underline{x} + \beta\,\underline{x}\,,$$

$$\alpha\,(\underline{x} + \underline{y}) = \alpha\,\underline{x} + \alpha\,\underline{y}\,,$$

$$\alpha\,(\beta\,\underline{x}) = (\alpha\,\beta)\,\underline{x} = \alpha\,\beta\,\underline{x}\,.$$

Haben zwei Vektoren verschiedene Richtungen, sodass man sie durch Verschieben nicht in eine Gerade legen kann, dann bezeichnet man sie als linear unabhängig. Drei Vektoren heißen linear unabhängig, wenn man sie durch Verschieben nicht in eine Gerade oder in eine Ebene legen kann. Im ersten Fall kann es keinen Skalar geben, sodass gilt

$$\underline{x} = \alpha\,\underline{y}\,.$$

Wir können dies auch so zum Ausdruck bringen (Abb. 1.4):

$$\alpha\,\underline{x} + \beta\,\underline{y} = \underline{0} \quad \Longrightarrow \quad \alpha = \beta = 0\,.$$

Wir erklären für zwei, drei oder beliebig viele Vektoren den Begriff der Unabhängigkeit.

Abb. 1.3 Multiplikation eines
Vektors mit einem (positiven)
Skalar

Abb. 1.4 Vektoren mit verschiedenen Richtungen

> **Definition: Lineare Unabhängigkeit und Abhängikeit, Basis**
>
> Die Vektoren $\underline{x}_1, \ldots, \underline{x}_m$ heißen linear unabhängig, wenn gilt:
>
> $$\sum_{i=1}^{m} \alpha^i \underline{x}_i = \underline{0} \quad \Rightarrow \quad \alpha^1 = \alpha^2 = \ldots = \alpha^m = 0$$
>
> Die Vektoren $\underline{x}_1, \ldots, \underline{x}_m$ heißen linear abhängig, wenn es m Skalare $\alpha^1, \ldots, \alpha^m$ gibt, die nicht alle gleich Null sind, sodass gilt:
>
> $$\sum_{i=1}^{m} \alpha^i \underline{x}_i = \underline{0}.$$
>
> Drei linear unabhängige Vektoren aus $\mathbb{R}^3$ heißen Basis.

Offenbar sind Vektoren linear abhängig, wenn der Nullvektor beteiligt ist: $\underline{0}, \underline{x}, \underline{y}$ sind linear abhängig. Die maximale Anzahl linear unabhängiger Vektoren ist 3: $\mathbb{R}^3$ hat die Dimension 3. Seien die Vektoren $\underline{g}_1, \underline{g}_2, \underline{g}_3$ linear unabhängig. Nehmen wir einen weiteren Vektor $\underline{x}$ hinzu, so entsteht eine Abhängigkeit:

$$\alpha \underline{x} + \alpha^1 \underline{g}_1 + \alpha^2 \underline{g}_2 + \alpha^3 \underline{g}_3 = \underline{0}, \quad \alpha \neq 0,$$

also

$$\underline{x} = -\frac{\alpha^1}{\alpha} \underline{g}_1 - \frac{\alpha^2}{\alpha} \underline{g}_2 - \frac{\alpha^3}{\alpha} \underline{g}_3.$$

Jeder Vektor $\underline{x}$ kann eindeutig als Linearkombination von drei linear unabhängigen Vektoren dargestellt werden. Wenn eine Basis festgelegt ist, kann jeder Vektor durch seine Koordinaten bezüglich dieser Basis festgelegt werden.

> **Definition: Koordinaten bezüglich einer Basis**
>
> Die Vektoren $\underline{g}_1, \underline{g}_2, \underline{g}_3$ seien linear unabhängig. Jeder Vektor $\underline{x} \in \mathbb{R}^3$ hat genau eine Darstellung
>
> $$\underline{x} = \sum_{i=1}^{3} x^i \underline{g}_i.$$
>
> Die Skalare x^i heißen Koordinaten von $\underline{x}$ bezüglich der Basis $\underline{g}_1, \underline{g}_2, \underline{g}_3$.

Aus der Darstellung $\underline{x} = \sum_{i=1}^{3} x^i \, \underline{g}_i$ entnehmen wir die Komponenten $x^i \, \underline{g}_i$ des Vektors $\underline{x}$ bezüglich der Basis $\underline{g}_i$. Häufig werden auch die Koordinaten bezüglich der Basis $\underline{g}_i$ als Komponenten bezeichnet.

Beispiel 1.1

Wir betrachten die kanonische Basis

$$\underline{e}_1 = (1,0,0)\,, \quad \underline{e}_2 = (0,1,0)\,, \quad \underline{e}_3 = (0,0,1)\,,$$

und bilden die Vektoren (Abb. 1.5):

$$\underline{g}_1 = 3\,\underline{e}_1 + 2\,e_2 - \underline{e}_3 = (3,2,-1)\,,$$
$$\underline{g}_2 = -2\,\underline{e}_1 - 3\,e_2 + 5\underline{e}_3 = (-2,-3,5)\,,$$
$$\underline{g}_3 = -\underline{e}_1 + \underline{e}_2 = (-1,1,0)\,.$$

Die Vektoren bilden eine Basis. Das System

$$\alpha^1 \underline{g}_1 + \alpha^2 \underline{g}_2 + \alpha^3 \underline{g}_3 = \underline{0}$$

nimmt folgende Gestalt an:

$$3\,\alpha^1 - 2\,\alpha^2 - 1\alpha^3 = 0\,, \quad 2\,\alpha^1 - 3\,\alpha^2 + \alpha^3 = 0\,, \quad -\alpha^1 + 5\,\alpha^2 = 0\,,$$

und besitzt nur die Nulllösung $\alpha^1 = \alpha^2 = \alpha^3 = 0$. Der Vektor $\underline{x} = (1,1,1)$ besitzt folgende Koordinaten:

$$\underline{x} = -\frac{1}{20}\,\underline{g}_1 + \frac{19}{20}\,\underline{g}_2 + \frac{3}{4}\,\underline{g}_3\,.$$

Die Koordinaten ergeben sich aus dem System:

$$\alpha^1 \underline{g}_1 + \alpha^2 \underline{g}_2 + \alpha^3 \underline{g}_3 = \underline{x}$$

Abb. 1.5 Kanonische Basis
des $\mathbb{R}^3$

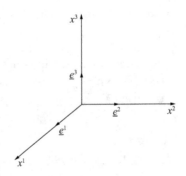

Abb. 1.6 Von den Vektoren $\underline{x}$
und $\underline{y}$ eingeschlossener Winkel

bzw.:

$$3\,\alpha^1 - 2\,\alpha^2 - 1\,\alpha^3 = 1, \quad 2\,\alpha^1 - 3\,\alpha^2 + \alpha^3 = 1, \quad -\alpha^1 + 5\,\alpha^2 = 1.$$

Das skalare Produkt zweier Vektoren erlaubt uns Längen und Winkel zu berechnen. Zwei Vektoren $\underline{x}$ und $\underline{y}$ schließen zwei Winkel ein. Den Winkel φ, der zwischen Null und π liegt: $0 \leq \varphi \leq \pi$, nennen wir $\angle\,(\underline{x},\underline{y})$ (Abb. 1.6).

Satz: Skalarprodukt

Das Skalarprodukt ergibt sich geometrisch aus der Länge der beiden Vektoren und dem eingeschlossenen Winkel:

$$\underline{x}\cdot\underline{y} = \|\underline{x}\|\,\|\underline{y}\|\,\cos(\varphi), \quad \varphi = \angle(\underline{x},\underline{y}).$$

Offenbar verschwindet das Skalarprodukt genau dann, wenn der Nullvektor beteiligt ist oder wenn die Vektoren senkrecht stehen:

$$\underline{x}\cdot\underline{y} = 0 \iff \underline{x} = \underline{0} \ \text{ oder } \ \underline{y} = \underline{0} \ \text{ oder } \ \angle(\underline{x},\underline{y}) = \frac{\pi}{2}, \text{ bzw. } \underline{x} \perp \underline{y}.$$

Die Länge eines Vektors ergibt sich aus dem skalaren Produkt:

$$\|\underline{x}\| = \sqrt{\underline{x}\cdot\underline{x}}.$$

Außerdem gelten folgende Regeln für das skalare Produkt:

$$\underline{x}\cdot\underline{y} = \underline{y}\cdot\underline{x},$$
$$\underline{x}\cdot(\underline{y}+\underline{z}) = \underline{x}\cdot\underline{y} + \underline{x}\cdot\underline{z},$$
$$(\alpha\,\underline{x})\cdot\underline{y} = \alpha\,(\underline{x}\cdot\underline{y}),$$
$$\underline{x}\cdot\underline{x} > 0 \iff \underline{x} \neq \underline{0}.$$

Beispiel 1.2

Bei der kanonischen Basis

$$\underline{e}_1 = (1,0,0), \quad \underline{e}_2 = (0,1,0), \quad \underline{e}_3 = (0,0,1),$$

stehen die Basisvektoren offensichtlich paarweise senkrecht aufeinander und besitzen die Länge eins:

$$\underline{e}_i \cdot \underline{e}_j = \delta_{ij}.$$

Hierbei verwenden wir das Kroneckersymbol:

$$\delta_{ij} = \begin{cases} 1, & i = j, \\ 0, & i \neq j. \end{cases}$$

Jeder Vektor besitzt genau eine Darstellung

$$\underline{x} = \sum_{i=1}^{3} x^i \underline{e}_i = x^1 \underline{e}_1 + x^2 \underline{e}_2 + x^3 \underline{e}_3 = (x^1, x^2, x^3).$$

Das skalare Produkt zweier Vektoren ergibt sich mithilfe der Regeln wie folgt:

$$\underline{x} \cdot \underline{y} = \sum_{i=1}^{3} x^i \underline{e}_i \cdot \sum_{j=1}^{3} y^j \underline{e}_j$$

$$= \sum_{i=1}^{3} \sum_{j=1}^{3} x^i y^j \underline{e}_i \cdot \underline{e}_j = \sum_{i=1}^{3} \sum_{j=1}^{3} x^i y^j \delta_{ij}$$

$$= \sum_{i=1}^{3} x^i y^i = x^1 y^1 + x^2 y^2 + x^3 y^3.$$

Beispiel 1.3

Gegeben seien die Vektoren: $\underline{x} = -2\underline{e}_1 + 2\underline{e}_2 - 3\underline{e}_3$ und $\underline{y} = 5\underline{e}_1 - 7\underline{e}_2 + 2\underline{e}_3$. Wir berechnen das Skalarprodukt und den eingeschlossenen Winkel.

Wir bekommen zunächst die Längen der Vektoren und das Skalarprodukt:

$$\|\underline{x}\| = \sqrt{17}, \quad |\underline{y}| = \sqrt{78}, \quad \underline{x} \cdot \underline{y} = -30.$$

Hieraus folgt:

$$\cos(\varphi) = \frac{\underline{x} \cdot \underline{y}}{\|\underline{x}\| \, \|\underline{y}\|} = -\frac{30}{\sqrt{1326}} = 0{,}823853\ldots,$$

bzw. $\varphi = 2{,}53897\ldots$

Das vektorielle Produkt hilft uns, Flächen und Volumina zu berechnen. Zwei Vektoren wird durch Produktbildung zunächst ein Vektor zugeordnet.

Abb. 1.7 Vektorielles Produkt
der Vektoren $\underline{x}$ und $\underline{y}$

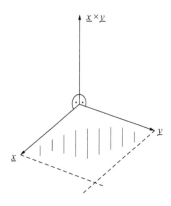

Satz: Länge und Richtung des vektoriellen Produkts

Die Länge des vektoriellen Produkts $\underline{x} \times \underline{y}$ ergibt sich aus der Länge der beiden Vektoren und dem eingeschlossenen Winkel:

$$\|\underline{x} \times \underline{y}\| = \|\underline{x}\| \, \|\underline{y}\| \, \sin(\varphi).$$

Die Länge des vektoriellen Produkts ist gleich dem Flächeninhalt des von den Vektoren $\underline{x}$ und $\underline{y}$ aufgespannten Parallelogramms.

Die Richtung des vektoriellen Produkts ergibt sich mit der Dreifingerregel der rechten Hand: Die Vektoren $\underline{x}$, $\underline{y}$ und $\underline{x} \times \underline{y}$ können wie Daumen, Zeigefinger und Mittelfinger der rechten Hand angeordnet werden. Die Vektoren $\underline{x}$, $\underline{y}$ und $\underline{x} \times \underline{y}$ bilden ein Rechtssystem (Abb. 1.7).

Außerdem gelten folgende Regeln für das vektorielle Produkt:

$$\underline{x} \times \underline{y} = -\underline{y} \times \underline{x},$$

$$\underline{x} \times \underline{x} = \underline{0},$$

$$(\underline{x} \times \underline{y}) \, \underline{x} = (\underline{x} \times \underline{y}) \, \underline{y} = 0,$$

$$(\alpha \, \underline{x}) \times \underline{y} = \alpha \, (\underline{x} \times \underline{y}),$$

$$(\underline{x} + \underline{y}) \times \underline{z} = \underline{x} \times \underline{z} + \underline{y} \times \underline{z}.$$

Wenn das vektorielle Produkt zweier Vektoren den Nullvektor ergibt, $\underline{x} \times \underline{y} = \underline{0}$, dann ist dies gleichbedeutend damit, dass einer der beiden Vektoren der Nullvektor ist, oder dass der eingeschlossene Winkel null oder π beträgt. Mit anderen Worten, die beiden Vektoren sind linear abhängig.

Zwischen dem vektoriellen und dem skalaren Produkt besteht der Zusammenhang:

$$\|\underline{x} \times \underline{y}\|^2 = \|\underline{x}\|^2 \|\underline{y}\|^2 - (\underline{x} \cdot \underline{y})^2 .$$

Diese Beziehung ergibt sich aus folgender Rechnung:

$$\begin{aligned}
\|\underline{x} \times \underline{y}\|^2 &= (\|\underline{x}\| \|\underline{y}\|)^2 \, (\sin(\varphi))^2 \\
&= (\|\underline{x}\| \|\underline{y}\|)^2 \, (1 - (\cos(\varphi))^2) \\
&= \|\underline{x}\|^2 \|\underline{y}\|^2 - \|\underline{x}\|^2 \|\underline{y}\|^2 \, (\cos(\varphi))^2 .
\end{aligned}$$

Beispiel 1.4

Wir betrachten die kanonische Basis $\underline{e}_1 , \underline{e}_2 , \underline{e}_3$. Offensichtlich gilt:

$$\underline{e}_1 \times \underline{e}_2 = \underline{e}_3 , \quad \underline{e}_2 \times \underline{e}_3 = \underline{e}_1 , \quad \underline{e}_3 \times \underline{e}_1 = \underline{e}_2 .$$

Für das vektorielle Produkt zweier Vektoren

$$\underline{x} = \sum_{i=1}^{3} x^i \, \underline{e}_i , \quad \underline{y} = \sum_{i=1}^{3} y^i \, \underline{e}_i ,$$

ergibt sich:

$$\begin{aligned}
\underline{x} \times \underline{y} &= \left(\sum_{i=1}^{3} x^i \, \underline{e}_i \right) \times \left(\sum_{j=1}^{3} y^j \, \underline{e}_j \right) \\
&= \sum_{i=1}^{3} \sum_{j=1}^{3} x^i \, y^j \, \underline{e}_i \times \underline{e}_j \\
&= (x^1 y^2 - x^2 y^1) \, \underline{e}_1 \times \underline{e}_2 + (x^2 y^3 - x^3 y^2) \, \underline{e}_2 \times \underline{e}_3 \\
&\quad + (x^3 y^1 - x^1 y^3) \, \underline{e}_3 \times \underline{e}_1 \\
&= (x^2 y^3 - x^3 y^2) \, \underline{e}_1 + (x^3 y^1 - x^1 y^3) \, \underline{e}_2 + (x^1 y^2 - x^2 y^1) \, \underline{e}_3 .
\end{aligned}$$

Man kann sich das Schema (Zweierdeterminanten) so merken:

$$\begin{aligned}
\underline{x} \times \underline{y} &= \begin{vmatrix} \underline{e}_1 & x^1 & y^1 \\ \underline{e}_2 & x^2 & y^2 \\ \underline{e}_3 & x^3 & y^3 \end{vmatrix} \\
&= \underline{e}_1 \begin{vmatrix} x^2 & y^2 \\ x^3 & y^3 \end{vmatrix} - \underline{e}_2 \begin{vmatrix} x^1 & y^1 \\ x^3 & y^3 \end{vmatrix} + \underline{e}_3 \begin{vmatrix} x^1 & y^1 \\ x^2 & y^2 \end{vmatrix} \\
&= \underline{e}_1 (x^2 y^3 - x^3 y^2) + \underline{e}_2 (x^3 y^1 - x^1 y^3) + \underline{e}_3 (x^1 y^2 - x^2 y^1) .
\end{aligned}$$

Abb. 1.8 Von den Vektoren $\underline{x}$, $\underline{y}$ und $\underline{z}$ aufgespanntes Parallel-flach

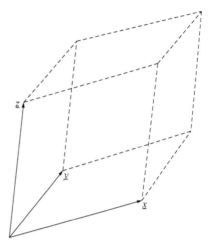

Wir betrachten als Nächstes eine Kombination aus dem vektoriellen und dem skalaren Produkt.

Definition: Spatprodukt
Das Skalarprodukt der Vektoren $\underline{x} \times \underline{y}$ und $\underline{z}$ heißt Spatprodukt:

$$[\underline{x}, \underline{y}, \underline{z}] = (\underline{x} \times \underline{y}) \cdot \underline{z}.$$

Das Spatprodukt hat folgende geometrische Bedeutung: Seien $\underline{x}$, $\underline{y}$ und $\underline{z}$ drei Vektoren, die ein Spat (Parallelflach) aufspannen. Der Betrag des Spatprodukts $|[\underline{x}, \underline{y}, \underline{z}]|$ stellt das Volumen des Spats dar (Abb. 1.8).

Beispiel 1.5
Aus dieser geometrischen Eigenschaft erkennt man sofort den Zusammenhang zwischen den Begriffen Lineare Abhängigkeit und Spatprodukt. Drei Vektoren $\underline{x}$, $\underline{y}$ und $\underline{z}$ sind genau dann linear abhängig, wenn das Spatprodukt verschwindet:

$$[\underline{x}, \underline{y}, \underline{z}] = 0.$$

Anschaulich bedeutet die lineare Abhängigkeit dreier Vektoren, dass man sie durch Parallelverschiebung in ein und dieselbe Ebene legen kann.

Die Reihenfolge der Vektoren darf beim Spatprodukt zyklisch vertauscht werden, vertauscht man antizyklisch, so ändert sich das Vorzeichen.

Satz: Eigenschaften des Spatprodukts

1. $[\underline{x}, \underline{y}, \underline{z}] = [\underline{y}, \underline{z}, \underline{x}] = [\underline{z}, \underline{x}, \underline{y}]$ (Zyklisches Vertauschen),
2. $[\underline{x} + \underline{x}', \underline{y}, \underline{z}] = [\underline{x}, \underline{y}, \underline{z}] + [\underline{x}', \underline{y}, \underline{z}]$,
3. $[\alpha\, \underline{x}, \underline{y}, \underline{z}] = \alpha\, [\underline{x}, \underline{y}, \underline{z}]$.

Beim Berechnen des Spatprodukts (mit der kanonischen Basisdarstellung) geht man am besten nach folgendem Schema (Regel von Sarrus) vor. Das Spatprodukt stellt nicht anderes als die Determinante dar.

Satz: Regel von Sarrus (Rechenschema für das Spatprodukt)

Aus $\underline{x} = \sum_{i=1}^{3} x^i\, \underline{e}_i$, $\underline{y} = \sum_{i=1}^{3} y^i\, \underline{e}_i$, $\underline{z} = \sum_{i=1}^{3} z^i\, \underline{e}_i$, folgt:

$$[\underline{x}, \underline{y}, \underline{z}] = x^1\, y^2\, z^3 + x^2\, y^3\, z^1 + x^3\, y^1\, z^2 - x^3\, y^2\, z^1 - x^1\, y^3\, z^2 - x^2\, y^1\, z^3$$

$$= \begin{vmatrix} x^1 & x^2 & x^3 \\ y^1 & y^2 & y^3 \\ z^1 & z^2 & z^3 \end{vmatrix}.$$

Beispiel 1.6

Wir rechnen die Regel von Sarrus nach:

$$
\begin{aligned}
(\underline{x} \times \underline{y}) \cdot \underline{z} &= \left(\left(\sum_{i=1}^{3} x^i\, \underline{e}_i \right) \times \left(\sum_{j=1}^{3} y^j\, \underline{e}_j \right) \right) \cdot \sum_{k=1}^{3} z^k\, \underline{e}_k \\
&= \left((x^2\, y^3 - x^3\, y^2)\, \underline{e}_1 + (x^3\, y^1 - x^1\, y^3)\, \underline{e}_2 + (x^1\, y^2 - x^2\, y^1)\, \underline{e}_3 \right) \\
&\quad \cdot (z^1\, \underline{e}_1 + z^2\, \underline{e}_2 + z^3\, \underline{e}_3) \\
&= x^1\, y^2\, z^3 + x^2\, y^3\, z^1 + x^3\, y^1\, z^2 - x^3\, y^2\, z^1 - x^1\, y^3\, z^2 - x^2\, y^1\, z^3\,.
\end{aligned}
$$

Beispiel 1.7

Das Spatprodukt der Vektoren

$$\underline{x} = 4\, \underline{e}_1 - 3\, \underline{e}_2 + 5\, \underline{e}_3\,, \quad \underline{y} = -4\, \underline{e}_1 + 3\, \underline{e}_2 - 4\, \underline{e}_3\,, \quad \underline{z} = 3\, \underline{e}_1 - 7\, \underline{e}_2 + 4\, \underline{e}_3\,,$$

lautet:

$$[\underline{x}, \underline{y}, \underline{z}] = \begin{vmatrix} 4 & -3 & 5 \\ -4 & 3 & -4 \\ 3 & -7 & 4 \end{vmatrix} = 19\,.$$

1.2 Kovariante und kontravariante Basis

Wir gehen von der Basisdarstellung eines Vektors $\underline{x} \in \mathbb{R}^3$ bezüglich einer fest gewählten Basis $\underline{g}_1, \underline{g}_2, \underline{g}_3$, aus und bekommen mit den Koordinaten x^1, x^2, x^3:

$$\underline{x} = \sum_{i=1}^{3} x^i \, \underline{g}_i \, .$$

Summen dieser Art werden im Folgenden sehr oft vorkommen. Wir führen deshalb eine Abkürzung ein.

Definition: Summenkonvention

Tritt in einem Produkt derselbe Index einmal als oberer und einmal als unterer Index auf, so ist über diesen Index zu summieren.

Beispielsweise gilt:

$$x^i \, \underline{g}_i = \sum_{i=1}^{3} x^i \, \underline{g}_i \, .$$

Wir berechnen das Skalarprodukt mithilfe einer Basis $\underline{g}_1, \underline{g}_2, \underline{g}_3$, unter Verwendung der Summenkonvention. Seien

$$\underline{x} = x^i \, \underline{g}_i \, , \quad \underline{y} = y^i \, \underline{g}_j \, ,$$

zwei Vektoren, dann gilt:

$$
\begin{aligned}
\underline{x} \cdot \underline{y} &= \left(x^i \, \underline{g}_i \right) \cdot \left(y^j \, \underline{g}_j \right) \\
&= \left(x^i \, \underline{g}_i \right) \cdot y^1 \, \underline{g}_1 + \left(x^i \, \underline{g}_i \right) \cdot y^2 \, \underline{g}_2 + \left(x^i \, \underline{g}_i \right) \cdot y^3 \, \underline{g}_3 \\
&= x^i \, y^1 \, \underline{g}_i \cdot \underline{g}_1 + x^i \, y^2 \, \underline{g}_i \cdot \underline{g}_2 + x^i \, y^3 \, \underline{g}_i \cdot \underline{g}_3 \\
&= x^i \, y^j \, \underline{g}_i \cdot \underline{g}_j
\end{aligned}
$$

Um das Skalarprodukt zu berechnen, benötigt man also die Koordinaten der Vektoren in einer bestimmten Basis sowie die Metrikkoeffizienten.

Definition: Metrikkoeffizienten oder Maßkoeffizienten

Sei $\underline{g}_i$ eine Basis des $\mathbb{R}^3$. Dann lauten die Metrikkoeffizienten:

$$g_{ij} = \underline{g}_i \cdot \underline{g}_j \, , \quad i, j = 1, 2, 3 \, .$$

Es gilt also:

$$\underline{x} \cdot \underline{y} = x^i \, y^j \, g_{ij} \, .$$

Die Metrikkoeffizienten können wir zu einer 3×3-Matrix anordnen:

$$(g_{ij})_{i,j=1,2,3} = \begin{pmatrix} g_{11} & g_{12} & g_{13} \\ g_{21} & g_{22} & g_{23} \\ g_{31} & g_{32} & g_{33} \end{pmatrix} \, .$$

Beispiel 1.8

Die Vektoren

$$\underline{g}_1 = -6 \, \underline{e}_1 - 2 \, \underline{e}_2 + 7 \, \underline{e}_3 \, , \quad \underline{g}_2 = 5 \, \underline{e}_1 - 3 \, \underline{e}_2 + 2 \, \underline{e}_3 \, , \quad \underline{g}_3 = -4 \, \underline{e}_1 - 7 \, \underline{e}_2 - 2 \, \underline{e}_3 \, ,$$

bilden eine Basis des $\mathbb{R}^3$. (Ihr Spatprodukt ergibt -453).
Für die Matrix der Metrikkoeffizienten erhalten wir:

$$(g_{ij})_{i,j=1,2,3} = \begin{pmatrix} 89 & -10 & 24 \\ -10 & 38 & -3 \\ 24 & -3 & 69 \end{pmatrix} \, .$$

Beispiel 1.9

Mit den Metrikkoeffizienten bezüglich der Basis $\underline{g}_i$ bestimmen wir die Länge eines Vektors und Winkel zwischen zwei Vektoren. Es gilt:

$$\|\underline{x}\|^2 = \underline{x} \cdot \underline{x} = x^i \, x^j \, g_{ij} \quad \text{bzw.} \quad \|\underline{x}\| = \sqrt{x^i \, x^j \, g_{ij}} \, .$$

Ferner bekommen wir für $\underline{x}, \underline{y} \neq \underline{0}$:

$$\cos(\varphi) = \frac{\underline{x} \cdot \underline{y}}{\|\underline{x}\| \, \|\underline{y}\|} = \frac{x^i \, y^j \, g_{ij}}{\sqrt{x^i \, x^j \, g_{ij}} \, \sqrt{y^i \, y^j \, g_{ij}}} \, .$$

Haben wir eine Orthonormalbasis, dann stellt die Matrix der Metrikkoeffizienten die Einheitsmatrix dar.

Definition: Orthogonalbasis, Orthonormalbasis
Eine Basis $\underline{g}_i$ heißt orthogonal, wenn die Vektoren paarweise senkrecht stehen:

$$\underline{g}_i \cdot \underline{g}_j = g_{ij} = 0 \qquad \text{für } i \neq j \, .$$

Eine Orthogonalbasis heißt orthonormal, wenn die Basisvektoren die Länge 1 besitzen:

$$\underline{g}_i \cdot \underline{g}_j = g_{ij} = \delta_{ij} \, .$$

Meistens wählen wir für eine Orthonormalbasis die Bezeichnung: $\underline{e}_1$, $\underline{e}_2$, $\underline{e}_3$. Die Koordinaten bezüglich einer Orthonormalbasis heißen dann cartesische Koordinaten.

Beispiel 1.10

Wir berechnen das Skalarprodukt mithilfe einer Orthonormalbasis $\underline{e}_i$ und der Summenkonvention. Sei

$$\underline{x} = x^i\,\underline{e}_i, \quad \underline{y} = y^j\,\underline{e}_j,$$

dann bekommen wir:

$$\underline{x} \cdot \underline{y} = x^i\,y^j\,\underline{e}_i \cdot \underline{e}_j = x^i\,y^j\,\delta_{ij}$$
$$= x^1\,y^1 + x^2\,y^2 + x^3\,y^3.$$

Bei der letzten Umformung haben wir nur noch obere Indizes und müssen ohne die Summenkonvention auskommen. Dasselbe gilt für die Länge:

$$\|\underline{x}\| = \sqrt{\underline{x} \cdot \underline{x}} = \sqrt{(x^1)^2 + (x^2)^2 + (x^3)^2}.$$

Wir gehen aus von einer Basis und konstruieren eine zugehörige duale Basis.

Definition: Kovariante und kontravariante Basis

Gegeben sei eine Basis $\underline{g}_1, \underline{g}_2, \underline{g}_3$ des $\mathbb{R}^3$. Es gibt genau eine Basis $\underline{g}^1, \underline{g}^2, \underline{g}^3$ des $\mathbb{R}^3$, die zur Ausgangsbasis in folgender Beziehung steht:

$$\underline{g}_i \cdot \underline{g}^j = \delta_i^j.$$

Die Basis $\underline{g}_1, \underline{g}_2, \underline{g}_3$ heißt kovariante Basis. Die Basis $\underline{g}^1, \underline{g}^2, \underline{g}^3$ die zugehörige kontravariante Basis.

Hierbei benutzen wir erneut das Kroneckersymbol:

$$\delta_i^j = \begin{cases} 1, & i = j, \\ 0, & i \neq j. \end{cases}$$

Existiert die kontravariante Basis tatsächlich? Die Vektoren $\underline{g}^j$ können als Linearkombination aus den Basisvektoren dargestellt werden. Die obigen Gleichungen stellen dann 9 Gleichungen für 9 unbekannte Komponenten dar. Diese Gleichungen sind eindeutig lösbar. Wir können dieses Gleichungssystem auch mit geometrischen Überlegungen lösen. Zunächst steht der Vektor $\underline{g}^1$ senkrecht auf $\underline{g}_2$ und $\underline{g}_3$. Er muss also parallel zum vektoriellen Produkt sein:

$$\underline{g}^1 \perp \underline{g}_2 \quad \text{und} \quad \underline{g}^1 \perp \underline{g}_3 \quad \Rightarrow \quad \underline{g}^1 = \alpha_1\,\underline{g}_2 \times \underline{g}_3.$$

Ferner gilt mit dem Spatprodukt:

$$\underline{g}^1 \cdot \underline{g}_1 = 1 \quad \Rightarrow \quad 1 = \alpha_1 \left(\underline{g}_2 \times \underline{g}_3 \right) \cdot \underline{g}_1 = \alpha_1 \left[\underline{g}_2, \underline{g}_3, \underline{g}_1 \right] = \alpha_1 \left[\underline{g}_1, \underline{g}_2, \underline{g}_3 \right],$$

also

$$\alpha_1 = \frac{1}{\left[\underline{g}_1, \underline{g}_2, \underline{g}_3 \right]}.$$

Entsprechend bekommen wir:

$$\underline{g}_2 = \alpha_2 \, \underline{g}_3 \times \underline{g}_1, \quad \alpha_2 = \frac{1}{\left[\underline{g}_3, \underline{g}_1, \underline{g}_2 \right]},$$

$$\underline{g}_3 = \alpha_3 \, \underline{g}_1 \times \underline{g}_2, \quad \alpha_3 = \frac{1}{\left[\underline{g}_1, \underline{g}_2, \underline{g}_3 \right]}.$$

Insgesamt ergibt sich die kontravariante Basis wie folgt.

Satz: Darstellung der kontravarianten Basis
Die kontravariante Basis zur Basis $\underline{g}_1, \underline{g}_2, \underline{g}_3$ lautet:

$$\underline{g}^1 = \frac{\underline{g}_2 \times \underline{g}_3}{\left[\underline{g}_1, \underline{g}_2, \underline{g}_3 \right]}, \quad \underline{g}^2 = \frac{\underline{g}_3 \times \underline{g}_1}{\left[\underline{g}_1, \underline{g}_2, \underline{g}_3 \right]}, \quad \underline{g}^3 = \frac{\underline{g}_1 \times \underline{g}_2}{\left[\underline{g}_1, \underline{g}_2, \underline{g}_3 \right]}.$$

Beispiel 1.11
Die Vektoren

$$\underline{g}_1 = (-2, -3, 1), \underline{g}_2 = (-5, 7, -2), \underline{g}_3 = (4, 3, -1),$$

bilden eine Basis des $\mathbb{R}^3$:

$$\left[\underline{g}_1, \underline{g}_2, \underline{g}_3 \right] = -2.$$

Es gilt ferner:

$$\underline{g}_2 \times \underline{g}_3 = (-1, -13, -43), \quad \underline{g}_3 \times \underline{g}_1 = (0, 2, 6), \quad \underline{g}_1 \times \underline{g}_2 = (-1, -9, -29),$$

und wir bekommen folgende kontravariante Basis:

$$\underline{g}^1 = \tfrac{1}{2} (1, 13, 43), \quad \underline{g}^2 = \tfrac{1}{2} (0, 2, 6), \quad \underline{g}^3 = \tfrac{1}{2} (1, 9, 29).$$

Beispiel 1.12

Für eine Orthonormalbasis $\underline{e}_1, \underline{e}_2, \underline{e}_3$, gilt offenbar: $[\underline{e}_1, \underline{e}_2, \underline{e}_3] = 1$ und

$$\underline{e}_1 = \underline{e}_2 \times \underline{e}_3, \quad \underline{e}_2 = \underline{e}_3 \times \underline{e}_1, \quad \underline{e}_3 = \underline{e}_1 \times \underline{e}_2,$$

also:

$$\underline{e}^1 = \underline{e}_1, \quad \underline{e}^2 = \underline{e}_2, \quad \underline{e}^3 = \underline{e}_3.$$

Wir können die kontravariante Basis als Basis des zu $\mathbb{R}^3$ dualen Raumes auffassen. Betrachten wir dazu lineare Abbildungen

$$l : \mathbb{R}^3 \to \mathbb{R}, \quad l(\alpha \, \underline{x} + \beta \, \underline{y}) = \alpha \, \underline{x} + \beta \, \underline{y}.$$

Die Menge $L(\mathbb{R}^3, \mathbb{R})$ dieser linearen Abbildungen bildet wieder einen Vektorraum, den Dualraum. Eine lineare Abbildung l, wird durch die Funktionswerte der Basisvektoren festgelegt:

$$l(\underline{x}) = l(x^i \, \underline{g}_i) = x^i \, l(\underline{g}_i).$$

Der Dualraum hat die Dimension 3. Als Basis geben wir die folgenden drei Abbildungen an:

$$l_j(\underline{x}) = \underline{g}^j \cdot \underline{x}, \quad j = 1, 2, 3.$$

Es gilt:

$$l_j(\underline{g}_i) = \delta_i^j \quad \text{bzw.} \quad l_j(\underline{x}) = x^i \, \delta_i^j = x^j.$$

Die Abbildungen l_j sind linear unabhängig. Sie sind durch $\underline{g}^j$ charakterisiert und bilden eine Basis des Raums der linearen Abbildungen $\mathbb{R}^3 \to \mathbb{R}$. Daher rührt die Bezeichnung duale Basis. Die duale Basis ist eine ausgezeichnete Basis des Dualraums.

Definition: Metrikkoeffizienten bezüglich kovarianter und kontravarianter Basen

Sei $\underline{g}_1, \underline{g}_2, \underline{g}_3$ eine kovariante Basis und $\underline{g}^1, \underline{g}^2, \underline{g}^3$ die zugehörige kontravariante Basis. Jede Basis bestimmt Metrikkoeffizienten:

$$g_{ij} = \underline{g}_i \cdot \underline{g}_j \qquad \text{kovariante Metrikkoeffizienten},$$

$$g^{ij} = \underline{g}^i \cdot \underline{g}^j \qquad \text{kontravariante Metrikkoeffizienten},$$

$$g_j^i = \underline{g}^i \cdot \underline{g}_j \qquad \text{gemischte Metrikkoeffizienten}.$$

Mit den kovarianten und kontravarianten Metrikkoeffizienten kann man die Vektoren einer Basis eindeutig als Linearkombination aus den Vektoren der anderen Basis darstellen. Wir schreiben:

$$\underline{g}^i = A^{ij}\,\underline{g}_j\,,\quad \underline{g}_i = B_{ij}\,\underline{g}^j\,.$$

Offenbar sind die Matrizen A und B invers:

$$A^{ij}\,B_{jk} = \delta^i_k\,.$$

Setzen wir ein

$$\underline{g}^i = A^{ij}\,B_{jk}\,\underline{g}^k$$

und vergleichen, so ergibt sich: $A^{ij}\,B_{jk} = \delta^i_k$. Multiplizieren wir skalar, so folgt

$$\underline{g}^i \cdot \underline{g}^k = A^{ij}\,\underline{g}_j \cdot \underline{g}^k$$

bzw.

$$g^{ik} = A^{ij}\,\delta^k_j = A^{ik}\,.$$

Genau so bekommen wir:

$$\underline{g}_i \cdot \underline{g}_k = B_{ij}\,\underline{g}^j \cdot \underline{g}_k$$

bzw.

$$g_{ik} = B_{ij}\,\delta^j_k = B_{ik}\,.$$

Satz: Überführung der kovarianten und kontravarianten Basis
Die kontravarianten und die kovarianten Metrikkoeffizienten bilden zueinander inverse Matrizen:

$$g^{ij}\,g_{jk} = \delta^i_k\,.$$

Die Basisüberführung erfolgt durch die Beziehungen:

$$\underline{g}^i = g^{ij}\,\underline{g}_j\,,\quad \underline{g}_i = g_{ij}\,\underline{g}^j\,.$$

Beispiel 1.13
Wir betrachten die kovariante Basis

$$\underline{g}_1 = (-2, -3, 1)\,,\, \underline{g}_2 = (-5, 7, -2)\,,\, \underline{g}_3 = (4, 3, -1)\,,$$

und die zugehörige kontravariante Basis:

$$\underline{g}^1 = \tfrac{1}{2}\,(1, 13, 43)\,,\, \underline{g}^2 = \tfrac{1}{2}\,(0, 2, 6)\,,\, \underline{g}^3 = \tfrac{1}{2}\,(1, 9, 29)\,.$$

Die Matrix der kovarianten Metrikkoeffizienten lautet:

$$(g_{ij})_{i,j=1,2,3} = \begin{pmatrix} 14 & -13 & -18 \\ -13 & 78 & 3 \\ -18 & 3 & 26 \end{pmatrix}.$$

Die Matrix der kontravarianten Metrikkoeffizienten lautet:

$$(g^{ij})_{i,j=1,2,3} = \begin{pmatrix} \frac{2019}{4} & 71 & \frac{1365}{4} \\ 71 & 10 & 48 \\ \frac{1365}{4} & 48 & \frac{923}{4} \end{pmatrix}.$$

Man rechnet nach, dass die Matrizen (g_{ij}) und (g^{ij}) invers zueinander sind. Es gilt:

$$\underline{g}^1 = \frac{2019}{4}\,\underline{g}_1 + 71\,\underline{g}_2 + \frac{1365}{4}\,\underline{g}_3\,,$$

$$\underline{g}^2 = 71\,\underline{g}_1 + 10\,\underline{g}_2 + 48\,\underline{g}_3\,,$$

$$\underline{g}^3 = \frac{1365}{4}\,\underline{g}_1 + 48\,\underline{g}_2 + \frac{923}{4}\,\underline{g}_3\,,$$

bzw.

$$\underline{g}_1 = 14\,\underline{g}^1 - 13\,\underline{g}^2 - 18\,\underline{g}^3\,,$$

$$\underline{g}_2 = -13\,\underline{g}^1 + 78\,\underline{g}^2 + 3\,\underline{g}^3\,,$$

$$\underline{g}_3 = -18\,\underline{g}^1 + 3\,\underline{g}^2 + 26\,\underline{g}^3\,.$$

Man kann jeden Vektor sowohl in der kovarianten Basis als auch in der kontravarianten Basis darstellen.

Satz: Kovariante und kontravariante Komponenten

Die Darstellung in der kontravarianten Basis führt zu kovarianten Komponenten:

$$\underline{x} = x_i\,\underline{g}^i\,.$$

Die Darstellung in der kovarianten Basis führt zu kontravarianten Komponenten:

$$\underline{x} = x^i\,\underline{g}_i\,.$$

Kovariante und kontravariante Komponenten stehen in folgender Beziehung:

$$x^j = g^{ij}\,x_i\,, \qquad x_j = g_{ij}\,x^i\,.$$

Wir gehen aus von der Gleichung:

$$\underline{x} = x_i \, \underline{g}^i = x^i \, \underline{g}_i$$

und multiplizieren $x_i \, \underline{g}^i = x^i \, \underline{g}_i$ skalar mit $\underline{g}^j$:

$$x_i \, \underline{g}^i \cdot \underline{g}^j = x^i \, \underline{g}_i \cdot \underline{g}^j \quad \Rightarrow \quad x_i \, g^{ij} = x^i \, \delta_i^j \quad \Rightarrow \quad x^j = g^{ij} \, x_i \, .$$

Skalare Multiplikation mit $\underline{g}_j$ führt auf:

$$x_i \, \underline{g}^i \cdot \underline{g}_j = x^i \, \underline{g}_i \cdot \underline{g}_j \quad \Rightarrow \quad x_i \, \delta_j^i = x^i \, g_{ij} \quad \Rightarrow \quad x_j = g_{ij} \, x^i \, .$$

Beispiel 1.14

Wir berechnen das Skalarprodukt eines kontravarianten Vektors mit einem kovarianten Vektor:

$$\underline{x} \cdot \underline{y} = x^i \, \underline{g}_i \cdot y_j \, \underline{g}^j \, .$$

Es ergibt sich:

$$\begin{aligned}
\underline{x} \cdot \underline{y} &= x^i \, y_j \, \underline{g}_i \cdot \underline{g}^j \\
&= x^i \, y_j \, \delta_{ij} \\
&= x^i \, y_i \, .
\end{aligned}$$

Wir betrachten nun zwei verschiedene kovariante Basen $\underline{g}_i$ und $\underline{\tilde{g}}_i$. Eine Basis lässt sich durch die andere ausdrücken.

$$\underline{\tilde{g}}_i = a_i^k \, \underline{g}_k \, , \quad \underline{g}_k = \tilde{a}_k^l \, \underline{\tilde{g}}_l \, ,$$

wobei

$$a_i^k \, \tilde{a}_k^l = \delta_i^l \quad \text{bzw.} \quad \tilde{a}_i^k \, a_k^l = \delta_i^l \, .$$

Zur Basis gehört jeweils eine kontravariante Basis $\underline{g}^i$ und $\underline{\tilde{g}}^i$ mit folgenden Übergängen:

$$\underline{\tilde{g}}^i = \tilde{b}_k^i \, \underline{g}^k \, , \quad \underline{g}^k = b_k^i \, \underline{\tilde{g}}^k \, ,$$

wobei

$$\tilde{b}_k^i \, b_l^k = \delta_l^i \quad \text{bzw.} \quad b_k^i \, \tilde{b}_l^k = \delta_l^i \, .$$

Beim Basiswechsel gelten folgende Zusammenhänge:

$$\underline{g}^i \cdot \underline{g}_k = \delta_k^i \quad \Rightarrow \quad \left(b_n^i \, \underline{\tilde{g}}^n \right) \cdot \left(\tilde{a}_k^l \, \underline{\tilde{g}}_l \right) = \delta_k^i \quad \Rightarrow \quad b_n^i \, \tilde{a}_k^l \, \underline{\tilde{g}}^n \cdot \underline{\tilde{g}}_l = \delta_k^i$$

$$\Rightarrow \quad b_n^i \, \tilde{a}_k^l \, \delta_l^n = \delta_k^i \quad \Rightarrow \quad b_n^i \, \tilde{a}_k^n = \delta_k^i$$

und

$$\tilde{\underline{g}}^i \cdot \tilde{\underline{g}}_k = \delta_k^i \quad \Rightarrow \quad \left(\tilde{b}_n^i \, \underline{g}^n \right) \cdot \left(\underset{\sim}{a}_k^l \, \underline{g}_l \right) = \delta_k^i \quad \Rightarrow \quad \tilde{b}_n^i \, \underset{\sim}{a}_k^l \, \underline{g}^n \cdot \underline{g}_l = \delta_k^i$$

$$\Rightarrow \quad \tilde{b}_n^i \, \underset{\sim}{a}_k^l \, \delta_l^n = \delta_k^i \quad \Rightarrow \quad \tilde{b}_n^i \, \underset{\sim}{a}_k^n = \delta_k^i .$$

Wegen der Eindeutigkeit der inversen Matrix bekommen wir:

$$\tilde{b}_i^k = \tilde{a}_i^k , \quad \underset{\sim}{b}_i^k = \underset{\sim}{a}_i^k .$$

Wir betrachten nun das Transformationsverhalten der Komponenten eines Vektors

$$\underline{x} = x^i \, \underline{g}_i , \quad \underline{x} = x_i \, \underline{g}^i .$$

In einem weiteren Basissystem gilt zunächst

$$\underline{x} = \tilde{x}^i \, \tilde{\underline{g}}_i , \quad \underline{x} = \tilde{x}_i \, \tilde{\underline{g}}^i .$$

Mit der Basisüberführung bekommen wir:

$$\tilde{x}^i \, \tilde{\underline{g}}_i = x^i \, \underline{g}_i \Rightarrow \tilde{x}^i \, \underset{\sim}{a}_i^k \, \underline{g}_k = x^k \, \underline{g}_k \Rightarrow x^k = \underset{\sim}{a}_i^k \, \tilde{x}^i$$

bzw.

$$\tilde{x}_i \, \tilde{\underline{g}}^i = x_i \, \underline{g}^i \Rightarrow \tilde{x}_i \, \tilde{a}_k^i \, \underline{g}^k = x_k \, \underline{g}^k \Rightarrow x_k = \tilde{a}_k^i \, \tilde{x}_i .$$

Ersetzt man in den beiden Ausgangsgleichungen $\underline{g}_i$ bzw. $\underline{g}^i$, so entstehen analog die Gesetze:

$$\tilde{x}^k = \tilde{a}_i^k \, x^i , \quad \tilde{x}_k = \underset{\sim}{a}_k^i \, x_i .$$

Wir haben also folgendes Transformationsverhalten beim Basiswechsel.

Satz: Koordinatentransformation beim Basiswechsel

Wir gehen aus von zwei kovarianten Basen

$$\tilde{\underline{g}}_i = \underset{\sim}{a}_i^k \, \underline{g}_k , \qquad \underline{g}_i = \tilde{a}_i^k \, \tilde{\underline{g}}_k ,$$

wobei die Matrizen $\tilde{a}_i^k$ und $\underset{\sim}{a}_i^k$ zueinander invers sind. Dann gilt für den Übergang der zugehörigen kontravarianten Basen:

$$\tilde{\underline{g}}^i = \tilde{a}_k^i \, \underline{g}^k , \qquad \underline{g}^i = \underset{\sim}{a}_k^i \, \tilde{\underline{g}}^k .$$

Die Transformationsgesetze für die kovarianten bzw. kontravarianten Komponenten lauten:

$$\tilde{x}_i = \underset{\sim}{a}_i^k \, x_k , \qquad x_i = \tilde{a}_i^k \, \tilde{x}_k , \tilde{x}^i = \tilde{a}_k^i \, x^k , \qquad x^i = \underset{\sim}{a}_k^i \, \tilde{x}^k .$$

Das Transformationsverhalten der kovarianten und der kontravarianten Basen ist also entgegengesetzt bzw. kontragredient. Das Transformationsverhalten von kovarianter Basis und kovarianten Komponenten ist dasselbe. Wir haben also kontravariante Vektoren mit kontravarianten Komponenten und kovariante Vektoren mit kovarianten Komponenten. Die Bezeichnung Kovektoren ist natürlich. Die Bezeichnung kontravariante Vektoren wird wegen des entgegengesetzten Transformationsverhaltens der Komponenten gewählt. Untere Indizes sind also kovariant und obere Indizes kontravariant:

Vektorraum	——	Dualraum
Vektoren	——	Kovektoren
Kovariante Basis $\underline{g}_i$	——	Kontravariante Basis $\underline{g}^i$
Kontravariante Komponenten $x^i\,\underline{g}_i$	——	Kovariante Komponenten $x_j\,\underline{g}^j$
Kontravariante Vektoren	——	Kovariante Vektoren

Beispiel 1.15

Wir gehen aus von der kovarianten Basis: $\underline{g}_1 = (1,0,0)$, $\underline{g}_2 = (1,0,1)$, $\underline{g}_3 = (1,-1,-1)$.

Die zur Ausgangsbasis gehörige kontravariante Basis ergibt sich zu:

$$\underline{g}^1 = (1,2,-1)\,, \quad \underline{g}^2 = (0,-1,1)\,, \quad \underline{g}^3 = (0,-1,0)\,.$$

Mit der Übergangsmatrix (der untere Index i ist der Zeilenindex, der obere Index k ist der Spaltenindex)

$$(\underset{\sim}{a}_i^k) = \begin{pmatrix} 2 & 1 & 0 \\ 0 & 0 & 1 \\ 0 & -1 & 2 \end{pmatrix}$$

und der Beziehung $\underline{\tilde{g}}_i = \underset{\sim}{a}_i^k\,\underline{g}_k$ bekommen wir die neue Basis:

$$\underline{\tilde{g}}_1 = 2\,\underline{g}_1 + \underline{g}_2 = (3,0,1)\,,$$
$$\underline{\tilde{g}}_2 = \underline{g}_3 = (1,-1,-1)\,,$$
$$\underline{\tilde{g}}_3 = -\underline{g}_2 + 2\,\underline{g}_3 = (1,-2,-3)\,.$$

Die Inverse der Übergangsmatrix lautet:

$$(\tilde{a}_i^k) = \begin{pmatrix} \frac{1}{2} & -1 & \frac{1}{2} \\ 0 & 2 & -1 \\ 0 & 1 & 0 \end{pmatrix}\,.$$

Die kontravariante Basis $\underline{\tilde{g}}^i$ können wir durch den Übergang $\underline{\tilde{g}}^i = \tilde{a}^i_k\, \underline{g}^k$ (transponierte Matrix) berechnen und bekommen:

$$\underline{\tilde{g}}^1 = \tfrac{1}{2}\,\underline{g}^1 = \left(\tfrac{1}{2}, 1, -\tfrac{1}{2}\right),$$

$$\underline{\tilde{g}}^2 = -\underline{g}^1 + 2\,\underline{g}^2 + \underline{g}^3 = (-1, -5, 3),$$

$$\underline{\tilde{g}}^3 = \tfrac{1}{2}\,\underline{g}^1 - \underline{g}^2 = \left(\tfrac{1}{2}, 2, -\tfrac{3}{2}\right).$$

1.3 Tensoren

Wir betrachten den Vektorraum $\mathbb{R}^3$ mit einer kovarianten Basis $\underline{g}_1, \underline{g}_2, \underline{g}_3$. Die Menge $L(\mathbb{R}^3, \mathbb{R})$ aller linearen Abbildungen $l: \mathbb{R}^3 \to \mathbb{R}$ bildet wieder einen Vektorraum, den Dualraum. Wir können aber den Dualraum mit $\mathbb{R}^3$ identifizieren. Jedem Vektor $\underline{x}$ ordnen wir eine lineare Abbildung $l(\underline{y}) = \underline{x} \cdot \underline{y}$ zu. Eine Basis des Dualraums wird gegeben durch die kontravariante Basis $\underline{g}^1, \underline{g}^2, \underline{g}^3$. Es gibt also zwei Auffassungen des $\mathbb{R}^3$: als kontravariante Vektoren (Vektorraum) und als kovariante Vektoren (Dualraum). Wir bezeichnen Vektoren als Tensoren 1. Stufe. Ein Element eines Euklidischen Vektorraumes ist noch kein Tensor. Erst die Transformationseigenschaft seiner Koordinaten beim Wechsel der jeweiligen Basis macht den Vektor zu einem kovarianten bzw. kontravarianten Tensor 1. Stufe. Wir benutzen dann auch für Vektoren das Zeichen T (T = Tensor).

Definition: Tensoren 1. Stufe

Vektoren (bzw. Elemente aus $L(\mathbb{R}^3, \mathbb{R})$ bezeichnen wir als Tensoren:

$$T = t^i\, \underline{g}_i \ \text{(kontravariante Komponenten)}, \quad T = t_i\, \underline{g}^i \ \text{(kovariante Komponenten)},$$

wenn folgende Transformationsgesetze gelten:

$$\tilde{t}^i = \tilde{a}^i_k\, t^k, \quad t^i = a^i_k\, \tilde{t}^k, \quad \tilde{t}_i = a^k_i\, t_k, \quad t_i = \tilde{a}^k_i\, \tilde{t}_k.$$

Hierbei haben wir Basisübergänge:

$$\underline{\tilde{g}}_i = a^k_i\, \underline{g}_k, \quad \underline{g}_i = \tilde{a}^k_i\, \underline{\tilde{g}}_k, \quad \underline{\tilde{g}}^i = \tilde{a}^i_k\, \underline{g}^k, \quad \underline{g}^i = a^i_k\, \underline{\tilde{g}}^k.$$

Beispiel 1.16

Wir geben einen Tensor mit kontravarianten Komponenten bzw. kovarianten Komponenten vor:

$$T = t^i \, \underline{e}_i \,, \quad S = s_i \, \underline{e}^i \,.$$

Hierbei ist $\underline{e}_i$ eine kovariante Orthonormalbasis und $\underline{e}^i = \underline{e}_i$ die zugehörige kontravariante Basis. Mit der Übergangsmatrix

$$(a_i^k) = \begin{pmatrix} -1 & 1 & 0 \\ 2 & 0 & 1 \\ 0 & 1 & -2 \end{pmatrix}$$

bekommen wir die neue kovariante Basis:

$$\tilde{\underline{g}}_1 = -\underline{e}_1 + \underline{e}_2 \,, \quad \tilde{\underline{g}}_2 = 2\,\underline{e}_1 + \underline{e}_2 \,, \quad \tilde{\underline{g}}_3 = \underline{e}_2 - 2\,\underline{e}_3 \,.$$

Die Inverse der Übergangsmatrix lautet:

$$(\tilde{a}_i^k) = \begin{pmatrix} -\frac{1}{5} & \frac{2}{5} & \frac{1}{5} \\ \frac{4}{5} & \frac{2}{5} & \frac{1}{5} \\ \frac{2}{5} & \frac{1}{5} & -\frac{2}{5} \end{pmatrix} \,.$$

Die kontravariante Basis $\tilde{\underline{g}}^i$ berechnen wir durch den Übergang $\tilde{\underline{g}}^i = \tilde{a}_k^i \, \underline{e}^k$ und bekommen:

$$\tilde{\underline{g}}^1 = -\frac{1}{5}\,\underline{e}^1 + \frac{4}{5}\,\underline{e}^2 + \frac{2}{5}\,\underline{e}^3 \,,$$

$$\tilde{\underline{g}}^2 = \frac{2}{5}\,\underline{e}^1 + \frac{2}{5}\,\underline{e}^2 + \frac{1}{5}\,\underline{e}^3 \,,$$

$$\tilde{\underline{g}}^3 = \frac{1}{5}\,\underline{e}^1 + \frac{1}{5}\,\underline{e}^2 - \frac{2}{5}\,\underline{e}^3 \,.$$

In den neuen Basen nehmen die Tensoren die Gestalt an

$$T = \tilde{t}^i \, \tilde{\underline{g}}_i \,, \quad S = \tilde{s}_i \, \tilde{\underline{g}}^i \,,$$

wobei

$$\tilde{t}^1 = -\frac{1}{5}\,t^1 + \frac{4}{5}\,t^2 + \frac{2}{5}\,t^3 \,,$$

$$\tilde{t}^2 = \frac{2}{5}\,t^1 + \frac{2}{5}\,t^2 + \frac{1}{5}\,t^3 \,,$$

$$\tilde{t}^3 = \frac{1}{5}\,t^1 + \frac{1}{5}\,t^2 - \frac{2}{5}\,t^3 \,,$$

und

$$\tilde{s}_1 = -s_1 + 2s_2,$$
$$\tilde{s}_2 = s_1 + s_3,$$
$$\tilde{s}_3 = s_2 - 2s_3.$$

Tensoren wirken durch das skalare Produkt linear auf Vektoren. Kontravariante Tensoren wirken auf kovariante Vektoren:

$$T(\underline{x}) = t^i \, \underline{g}_i \cdot x_j \, \underline{g}^j = t^i \, x_j \, \underline{g}_i \cdot \underline{g}^j = t^i \, x_j \, \delta^j_i = t^i \, x_i \,.$$

Kovariante Tensoren wirken auf kontravariante Vektoren:

$$T(\underline{x}) = t_i \, \underline{g}^i \cdot x^j \, \underline{g}_j = t_i \, x^j \, \underline{g}^i \cdot \underline{g}_j = t_i \, x^j \, \delta^i_j = t_i \, x^i \,.$$

Um zu Tensoren 2. Stufe zu gelangen, führen wir zunächst bilineare Abbildungen ein:

$$l : \mathbb{R}^3 \times \mathbb{R}^3 \longrightarrow \mathbb{R} \,.$$

Diese Abbildungen sind in beiden Argumenten linear:

$$l(\alpha \, \underline{x} + \beta \, \underline{y}, \underline{z}) = \alpha \, l(\underline{x}, \underline{z}) + \beta \, l(\underline{y}, \underline{z}) \,,$$
$$l(\underline{x}, \alpha \, \underline{y} + \beta \, \underline{z}) = \alpha \, l(\underline{x}, \underline{y}) + \beta \, l(\underline{x}, \underline{z}) \,.$$

Nehmen wir zunächst beides Mal den $\mathbb{R}^3$ als Raum kovarianter Vektoren. Mit der Basisdarstellung ergibt sich:

$$l(\underline{x}, \underline{y}) = l(x_i \, \underline{g}^i, y_j \, \underline{g}^j) = x_i \, y_j \, l(\underline{g}^i, \underline{g}^j) \,.$$

Man sieht wieder, dass die bilineare Abbildung durch ihre Wirkung auf die Basis festgelegt wird. Mit

$$l^{ij} = l(\underline{g}^i, \underline{g}^j)$$

bekommen wir:

$$l(\underline{x}, \underline{y}) = l^{ij} \, x_i \, y_j \,.$$

Koordinatenfrei können wir schreiben:

$$l(\underline{x}, \underline{y}) = l^{ij} \, (\underline{g}_i \cdot \underline{x}) \, (\underline{g}_j \cdot \underline{y}) \,.$$

Für das Produkt

$$(\underline{g}_i \cdot \underline{x}) \, (\underline{g}_j \cdot \underline{y})$$

führen wir ein neues Symbol ein

$$\underline{g}_i \otimes \underline{g}_j (\underline{x}, \underline{y}) = (\underline{g}_i \cdot \underline{x})(\underline{g}_j \cdot \underline{y})$$

und schreiben:

$$l(\underline{x}, \underline{y}) = l^{ij} \underline{g}_i \otimes \underline{g}_j (\underline{x}, \underline{y})$$

bzw.

$$l = l^{ij} \underline{g}_i \otimes \underline{g}_j .$$

Diese Gleichung zeigt, dass man jede bilineare Abbildung als Summe der 9 Produkte $\underline{g}_i \otimes \underline{g}_j$ darstellen kann. Ferner sind diese 9 Produkte als Abbildungen linear unabhängig. Wir haben also die Abbildungen $\underline{g}_i \otimes \underline{g}_j$ als Basis des Raumes $L(\mathbb{R}^3 \times \mathbb{R}^3, \mathbb{R}$ der linearen Abbildungen von $\mathbb{R}^3 \times \mathbb{R}^3$ nach $\mathbb{R}$.

Wir können analog vorgehen und $\mathbb{R}^3$ als Raum kovarianter Vektoren auffassen. Wir bekommen dann die Basis $\underline{g}^i \otimes \underline{g}^j$ von $L(\mathbb{R}^3 \times \mathbb{R}^3, \mathbb{R})$. Schließlich kann man mischen und einmal $\mathbb{R}^3$ als Raum kontravarianter und einmal als kovarianter Vektoren auffassen. Wir bekommen dann die Basis $\underline{g}_i \otimes \underline{g}^j$ bzw. $\underline{g}^i \otimes \underline{g}_j$ von $L(\mathbb{R}^3 \times \mathbb{R}^3, \mathbb{R})$.

Definition: Tensoren 2. Stufe

Elemente T aus $L(\mathbb{R}^3 \times \mathbb{R}^3, \mathbb{R})$ heißen Tensoren 2. Stufe. Wir unterscheiden 2-fach kontravariante, kontravariante-kovariante, kovariante-kontravariante und 2-fach kovariante Komponenten von Tensoren, (gemäß der Auffassung des Raumes $\mathbb{R}^3$). Wir haben folgende Basisdarstellung eines Tensors:

$$T = t^{ij} \underline{g}_i \otimes \underline{g}_j ,$$
$$T = t^i_j \underline{g}_i \otimes \underline{g}^j ,$$
$$T = t^j_i \underline{g}^i \otimes \underline{g}_j ,$$
$$T = t_{ij} \underline{g}^i \otimes \underline{g}^j .$$

Es gilt folgendes Transformationsgesetz für die Komponenten.

Satz: Transformation eines Tensors 2. Stufe

Bei der Transformation eines kontravarianten (kovarianten) Index geht man wie bei der Transformation kontravarianter (kovarianter) Komponenten eines Tensors erster Stufe vor.

$$t^{ij} = a_k^i \, a_l^j \, \tilde{t}^{kl} \,, \quad \tilde{t}^{ij} = \tilde{a}_k^i \, \tilde{a}_l^j \, t^{kl} \,,$$

$$t_j^i = a_k^i \, \tilde{a}_j^l \, \tilde{t}_l^k \,, \quad \tilde{t}_j^i = \tilde{a}_k^i a_j^l \, t_l^k \,,$$

$$t_i^j = \tilde{a}_k^i \, a_j^l \, t_k^l \,, \quad \tilde{t}_i^j = a_k^i \, \tilde{a}_j^l \, \tilde{t}_k^l \,,$$

$$t_{ij} = \tilde{a}_i^k \, \tilde{a}_j^l \, \tilde{t}_{kl} \,, \quad \tilde{t}_{ij} = a_i^k \, a_j^l \, t_{kl} \,,$$

Wir bestätigen das Transformationsverhalten für die zweifach kontravarianten Komponenten eines Tensors. Wir betrachten Basen $\underline{g}_i$, $\underline{\tilde{g}}_i$ mit Übergängen:

$$\underline{\tilde{g}}_i = a_i^j \, \underline{g}_j \,, \quad \underline{g}_i = \tilde{a}_i^j \, \underline{\tilde{g}}_j \,.$$

Der Tensor T lässt sich sowohl in der Basis $\underline{g}_i \otimes \underline{g}_j$ als auch in der Basis $\underline{\tilde{g}}_i \otimes \underline{\tilde{g}}_j$ ausdrücken:

$$T = t^{ij} \, \underline{g}_i \otimes \underline{g}_j = \tilde{t}^{ij} \, \underline{\tilde{g}}_i \otimes \underline{\tilde{g}}_j \,.$$

Hieraus ergibt sich:

$$t^{ij} \, \underline{g}_i \otimes \underline{g}_j = \tilde{t}^{kl} \, \underline{\tilde{g}}_k \otimes \underline{\tilde{g}}_l \Rightarrow t^{ij} \, \underline{g}_i \otimes \underline{g}_j = \tilde{t}^{kl} \left(a_k^i \, \underline{g}_i \right) \otimes \left(a_l^j \, \underline{g}_j \right)$$

$$\Rightarrow t^{ij} \, \underline{g}_i \otimes \underline{g}_j = a_k^i \, a_l^j \, \tilde{t}^{kl} \, \underline{g}_i \otimes \underline{g}_j \Rightarrow t^{ij} = a_k^i \, a_l^j \, \tilde{t}^{kl} \,.$$

Beispiel 1.17

Wir geben einen Tensor mit zweifach kontravarianten Komponenten vor:

$$T = t^{ij} \, \underline{g}_i \otimes \underline{g}_j \,.$$

Mit der Übergangsmatrix

$$(a_i^k) = \begin{pmatrix} -1 & 1 & 0 \\ 2 & 0 & 1 \\ 0 & 1 & -2 \end{pmatrix}$$

bekommen wir die neue kovariante Basis:

$$\underline{\tilde{g}}_1 = -\underline{g}_1 + \underline{g}_2 \,, \quad \underline{\tilde{g}}_2 = 2\underline{g}_1 + \underline{g}_2 \,, \quad \underline{\tilde{g}}_3 = \underline{g}_2 - 2\underline{g}_3 \,.$$

Die Inverse der Übergangsmatrix lautet:

$$
(\tilde{a}_i^k) = \begin{pmatrix} -\frac{1}{5} & \frac{2}{5} & \frac{1}{5} \\ \frac{4}{5} & \frac{2}{5} & \frac{1}{5} \\ \frac{2}{5} & \frac{1}{5} & -\frac{2}{5} \end{pmatrix}.
$$

In der neuen Basen nimmt der Tensor die Gestalt an

$$
T = \tilde{t}^{ij} \, \underline{\tilde{g}}_i \otimes \underline{\tilde{g}}_j .
$$

Das Transformationsgesetz für die Koordinaten lautet:

$$
\tilde{t}^{ij} = \tilde{a}_k^i \, \tilde{a}_l^j \, t^{kl} .
$$

Hieraus bekommen wir beispielsweise:

$$
\begin{aligned}
\tilde{t}^{23} &= \tilde{a}_k^2 \, \tilde{a}_l^3 \, t^{kl} \\
&= \frac{2}{25} \, t^{11} + \frac{2}{25} \, t^{12} - \frac{4}{25} \, t^{13} \\
&\quad + \frac{2}{25} \, t^{21} + \frac{2}{25} \, t^{22} - \frac{4}{25} \, t^{23} \\
&\quad + \frac{1}{25} \, t^{31} + \frac{1}{25} \, t^{32} - \frac{2}{25} \, t^{33} .
\end{aligned}
$$

Zu Tensoren beliebiger Stufe gelangen wir über das Tensorprodukt zweier linearer Abbildungen. Dabei verallgemeinern wird Produkte der Gestalt $\underline{g}_i \otimes \underline{g}_j$. Seien $\mathbb{V}$, $\mathbb{W}$ Vektorräume (im Folgenden brauchen wir nur cartesische Produkte des $\mathbb{R}^3$ mit sich selbst $\mathbb{R}^3 \times \cdots \times \mathbb{R}^3$.

Definition: Tensorprodukt linearer Abbildungen
Seien $l \in L(\mathbb{V}, \mathbb{R})$ und $m \in L(\mathbb{W}, \mathbb{R})$ lineare Abbildungen. Dann ist das Tensorprodukt, $l \otimes m \in L(\mathbb{V} \times \mathbb{W}, \mathbb{R})$ erklärt durch:

$$
l \otimes m \, (\underline{v}, \underline{w}) = l(\underline{v}) \, m(\underline{w}) .
$$

Das Tensorprodukt ist nicht kommutativ, auch dann nicht, wenn $\mathbb{V} = \mathbb{W}$. Sei nämlich $\mathbb{V} = \mathbb{W}$, dann bekommen wir:

$$
l \otimes m \, (\underline{v}, \underline{w}) = l(\underline{v}) \, m(\underline{w}) \quad \text{und} \quad m \otimes l \, (\underline{v}, \underline{w}) = m(\underline{v}) \, l(\underline{w}) .
$$

Es gelten aber folgende Gesetze:

$$(\alpha\, l + \beta\, m) \otimes u = \alpha\, l \otimes u + \beta\, m \otimes n\,,$$
$$l \otimes (\alpha\, u + \beta\, q) = \alpha\, l \otimes u + \beta\, l \otimes q\,.$$

Beispiel 1.18

Wir bilden das Tensorprodukt zweier Tensoren 1. Stufe mit kontravarianten Komponenten:

$$T \otimes S = \left(t^i\, \underline{g}_i\right) \otimes \left(s^j\, \underline{g}_j\right) = t^i\, s^j\, \underline{g}_i \otimes \underline{g}_j\,.$$

Wir bekommen also einen Tensor 2. Stufe mit den zweifach kontravarianten Komponenten $t^i\, s^j$.

Vertauschen wir die Reihenfolge

$$S \otimes T = \left(s^i\, \underline{g}_i\right) \otimes \left(t^j\, \underline{g}_j\right) = s^i\, t^j\, \underline{g}_i \otimes \underline{g}_j\,,$$

so bekommen wir einen Tensor 2. Stufe mit den zweifach kontravarianten Komponenten $s^i\, t^j$. Es ergibt sich also die transponierte Matrix).

Wenn eine Basis festgelegt ist, braucht man nur noch die Komponenten eines Tensors zu speichern. Wir schreiben anstatt $T \otimes S$ bzw. $S \otimes T$:

$$T \otimes S = \begin{pmatrix} t^1 \\ t^2 \\ t^3 \end{pmatrix} \begin{pmatrix} s^1 & s^2 & s^3 \end{pmatrix} = \begin{pmatrix} t^1 s^1 & t^1 s^2 & t^1 s^3 \\ t^2 s^1 & t^2 s^2 & t^2 s^3 \\ t^3 s^1 & t^3 s^2 & t^3 s^3 \end{pmatrix}$$

bzw.

$$S \otimes T = \begin{pmatrix} s^1 \\ s^2 \\ s^3 \end{pmatrix} \begin{pmatrix} t^1 & t^2 & t^3 \end{pmatrix} = \begin{pmatrix} s^1 t^1 & s^1 t^2 & s^1 t^3 \\ s^2 t^1 & s^2 t^2 & s^2 t^3 \\ s^3 t^1 & s^3 t^2 & s^3 t^3 \end{pmatrix}$$

und sprechen vom dyadischen Produkt der Vektoren (t^1, t^2, t^3) und (s^1, s^2, s^3) bzw. (s^1, s^2, s^3) und (t^1, t^2, t^3). (Analog bildet man dyadische Produkte von Vektoren mit kovarianten Komponenten).

Analog zu den Tensoren 2. Stufe können wir nun Tensoren beliebiger Stufe einführen.

Definition: Tensoren beliebiger Stufe

Eine multilineare Abbildung in r kontravarianten, s kovarianten Vektoren heißt r-fach kovarianter, s-fach kontravarianter Tensor. Wie bei Tensoren 2. Stufe bekommen wir eine Basisdarstellung:

$$T = t^{i_1,\dots,i_s}_{j_1,\dots,j_r}\, \underline{g}_{i_1} \otimes \cdots \otimes \underline{g}_{i_s} \otimes \underline{g}^{j_1} \otimes \cdots \otimes \underline{g}^{j_r}\,.$$

(Andere Kombinationen kovarianter/oberer und kontravarianter/unterer Indizes sind möglich). Die Transformation beim Basiswechsel geschieht analog zu den Tensoren 2. Stufe.

Multilineare Abbildungen können addiert werden und mit Skalaren multipliziert werden. Tensoren werden addiert, indem man die entsprechenden Komponenten bezüglich derselben Basis addiert. Das Produkt eines Tensors der Stufe m mit einem Tensor der Stufe n ergibt einen Tensor der Stufe $m + n$. Die jeweilige Basisdarstellung der beiden Tensoren liefert dabei eine Basisdarstellung des Produkts. Die Operation Verjüngung geht in die andere Richtung. Die Stufe wird erniedrigt.

Definition: Verjüngung eines Tensors

Gegeben sei ein (r, s)-Tensor in Basisdarstellung

$$T = t^{i_1, \ldots, i_s}_{j_1, \ldots, j_r} \, \underline{g}_{i_1} \otimes \cdots \otimes \underline{g}_{i_s} \otimes \underline{g}^{j_1} \otimes \cdots \otimes \underline{g}^{j_r}.$$

Wir bilden den $(r-1, s-1)$-Tensor

$$S = s^{i_1, \ldots, \hat{i}, \ldots, i_s}_{j_1, \ldots, \hat{j}, \ldots, j_r} \, \underline{g}_{i_1} \otimes \cdots \otimes \underline{\hat{g}}_i \otimes \cdots \otimes \underline{g}_{i_s} \otimes \underline{g}^{j_1} \otimes \cdots \otimes \underline{\hat{g}}^j \otimes \cdots \otimes \underline{g}^{j_r}$$

mit

$$s^{i_1, \ldots, \hat{i}, \ldots, i_s}_{j_1, \ldots, \hat{j}, \ldots, j_r} = t^{i_1, \ldots, l, \ldots, i_s}_{j_1, \ldots, l, \ldots, j_r} \qquad \begin{matrix} l{:}i\text{–te Stelle} \\ l{:}j\text{–te Stelle} \end{matrix} \cdot$$

Man sagt, der Tensor T ist über den oberen Index i und den unteren Index j verjüngt worden. (Das Zeichen ^ über einem Vektor bedeutet, dass dieser Vektor im Tensorprodukt ausgelassen wird).

Man müsste noch zeigen, dass die Verjüngungsoperation basisunabhängig ist.

Beispiel 1.19

Wir betrachten einen Tensor 2. Stufe mit einfach kovarianten, einfach kontravarianten Komponenten:

$$T = \delta^j_i \, \underline{e}^i \otimes \underline{e}_j$$

in der kanonischen Basis $\underline{e}_i$ ($\underline{e}^i = \underline{e}_i$). Transformation in ein beliebiges Basissystem ergibt:

$$T = \underset{\sim}{a}_i^k \, \tilde{a}_l^j \, \delta_k^l \, \underline{\tilde{g}}^i \otimes \underline{\tilde{g}}_j$$

$$= \underset{\sim}{a}_i^k \, \tilde{a}_k^j \, \underline{\tilde{g}}^i \otimes \underline{\tilde{g}}_j$$

$$= \delta_i^j \, \underline{\tilde{g}}^i \otimes \underline{\tilde{g}}_j \, .$$

Der Einheitstensor T hat also in jedem Basissystem $\underline{g}_i$ dieselben Komponenten.

$$\delta_i^j = \underline{g}^i \cdot \underline{g}_j \, .$$

Wir bilden das tensorielle Produkt mit einem Vektor (Tensor 1. Stufe mit kontravarianten Komponenten):

$$T \otimes \underline{x} = \delta_i^j \, \underline{g}^i \otimes \underline{g}_j \otimes (x^k \, \underline{g}_k)$$

$$= \delta_i^j \, x^k \, \underline{g}^i \otimes \underline{g}_j \otimes \underline{g}_k$$

Verjüngen über i und k ergibt den Ausgangsvektor:

$$\delta_l^j \, x^l \, \underline{g}_j = x^j \, \underline{g}_j = \underline{x} \, .$$

Beispiel 1.20

Wir betrachten den Metriktensor mit zweifach kovarianten Komponenten:

$$T = \delta_{ij} \, \underline{e}^i \otimes \underline{e}^j$$

in der kanonischen Basis. Transformation in ein beliebiges Basissystem ergibt:

$$T = \underset{\sim}{a}_i^k \, \underset{\sim}{a}_j^l \, \delta_{kl} \, \underline{\tilde{g}}^i \otimes \underline{\tilde{g}}^j$$

$$= \underset{\sim}{a}_i^k \underset{\sim}{a}_j^l \, (\underline{e}_k \cdot \underline{e}_l) \, \underline{\tilde{g}}^i \otimes \underline{\tilde{g}}_j$$

$$= \left(\underset{\sim}{a}_i^k \, \underline{e}_k \right) \left(\underset{\sim}{a}_j^l \, \underline{e}_l \right) \underline{\tilde{g}}^i \otimes \underline{\tilde{g}}^j$$

$$= (\underline{\tilde{g}}_i \cdot \underline{\tilde{g}}_j) \, \underline{\tilde{g}}^i \otimes \underline{\tilde{g}}^j \, .$$

Der zweifach kovariante Metriktensor hat also in jedem Basissystem $\underline{g}_i$ die Gestalt:

$$(\underline{g}_i \cdot \underline{g}_j) \, \underline{g}^i \otimes \underline{g}^j \, .$$

Analog erhält man den zweifach kontravarianten Metriktensor im Basissystem $\underline{g}_i$:

$$(\underline{g}^i \cdot \underline{g}^j) \, \underline{g}_i \otimes \underline{g}_j \, .$$

Beispiel 1.21

Wir betrachten einen Tensor 1. Stufe mit kontravarianten Komponenten:

$$T = t^i \, \underline{g}_i$$

und einen Tensor 1. Stufe mit kovarianten Komponenten:

$$\underline{x} = x_k \, \underline{g}^k \, .$$

Das Tensorprodukt

$$T \otimes \underline{x} = t^i \, x_k \, \underline{g}_i \otimes \underline{g}^k$$

stellt einen Tensor 2. Stufe mit einfach kontravarianten und kovarianten Komponenten dar. Durch Verjüngung können wir einen Tensor 0. Stufe herstellen. Verjüngung über i und k ergibt:

$$S = t^i \, x_i \, .$$

Wir betrachten das skalare Produkt als verjüngendes Produkt:

$$S : \begin{pmatrix} t^1 & t^2 & t^3 \end{pmatrix} \begin{pmatrix} x_1 \\ x_2 \\ x_3 \end{pmatrix}$$

Beispiel 1.22

Wir betrachten einen Tensor 2. Stufe mit zweifach kontravarianten Komponenten:

$$T = t^{ij} \, \underline{g}_i \otimes \underline{g}_j$$

und einen Tensor 1. Stufe mit kovarianten Komponenten:

$$\underline{x} = x_k \, \underline{g}^k \, .$$

Das Tensorprodukt

$$T \otimes \underline{x} = t^{ij} \, x_k \, \underline{g}_i \otimes \underline{g}_j \otimes \underline{g}^k$$

stellt einen Tensor 3. Stufe mit zweifach kontravarianten und einfach kovarianten Komponenten dar. Durch Verjüngung können wir auf zwei verschiedene Arten einen Tensor 1. Stufe herstellen. Verjüngung über j und k ergibt:

$$S_1 = t^{ij} \, x_j \, \underline{g}_i \, .$$

Verjüngung über i und k ergibt:

$$S_2 = t^{ij} \, x_i \, \underline{g}_i \, .$$

Wir sprechen wieder vom verjüngenden Produkt und schreiben kurz:

$$S_1: \begin{pmatrix} t^{11} & t^{12} & t^{13} \\ t^{21} & t^{22} & t^{23} \\ t^{31} & t^{32} & t^{33} \end{pmatrix} \begin{pmatrix} x_1 \\ x_2 \\ x_3 \end{pmatrix},$$

$$S_2: (x_1 \; x_2 \; x_3) \begin{pmatrix} t^{11} & t^{12} & t^{13} \\ t^{21} & t^{22} & t^{23} \\ t^{31} & t^{32} & t^{33} \end{pmatrix}.$$

Beispiel 1.23

Wir stellen einen Zusammenhang zwischen dem vektoriellen Produkt und dem Tensorprodukt her. Dazu führen wir die Volumenform (kovarianter ε-Tensor 3. Stufe) ein:

$$T = \varepsilon_{ijk} \, \underline{e}^i \otimes \underline{e}^j \otimes \underline{e}^k \,.$$

Hierbei ist $\underline{e}_i$ die kanonische Basis (mit $\underline{e}^i = \underline{e}_i$) und die Komponenten werden gegeben durch:

$$\varepsilon_{ijk} = \begin{cases} 1 & ijk \text{ paarweise verschieden, gerade Permutation}, \\ -1 & ijk \text{ paarweise verschieden, ungerade Permutation}, \\ 0 & ijk \text{ sonst}. \end{cases}$$

Wir haben also $3^3 = 27$ Komponenten, 6 davon sind von 0 verschieden.

Nun nehmen wir zwei Vektoren:

$$\underline{x} = x^k \, \underline{e}_k \,, \qquad \underline{y} = y^k \, \underline{e}_k$$

und bilden das tensorielle Produkt:

$$T \otimes \underline{x} \otimes \underline{y} = \varepsilon_{ikl} \, x^m \, y^n \, \underline{e}^i \otimes \underline{e}^j \otimes \underline{e}^k \otimes \underline{e}_m \otimes \underline{e}_n \,.$$

Zweifaches Verjüngen dieses Tensors 5. Stufe ergibt einen Tensor 1. Stufe, also einen Vektor

$$\varepsilon_{ikl} \, x^k \, y^l \, \underline{e}^i \,.$$

Wir geben den durch Verjüngung entstandenen Tensor explizit an und sehen, dass er mit dem vektoriellen Produkt übereinstimmt:

$$
\begin{aligned}
\varepsilon_{ijk}\, x^j\, y^k\, \underline{e}^i &= \left(\varepsilon_{123}\, x^2\, y^3 - \varepsilon_{132}\, x^3\, y^2\right)\underline{e}^1 \\
&\quad + \left(\varepsilon_{231}\, x^3\, y^1 - \varepsilon_{213}\, x^1\, y^3\right)\underline{e}^2 \\
&\quad + \left(\varepsilon_{312}\, x^1\, y^2 - \varepsilon_{321}\, x^2\, y^1\right)\underline{e}^3 \\
&= \left(x^2\, y^3 - x^3\, y^2\right)\underline{e}^1 \\
&\quad + \left(x^3\, y^1 - x^1\, y^3\right)\underline{e}^2 \\
&\quad + \left(x^1\, y^2 - x^2\, y^1\right)\underline{e}^3 \\
&= \underline{x} \times \underline{y}\,.
\end{aligned}
$$

Beispiel 1.24

Wir transformieren die Komponenten der Volumenform noch in ein neues Basissystem und stellen einen Zusammenhang zur Determinante her:

$$
\tilde{\varepsilon}_{ijk} = a_i^m\, a_j^n\, a_k^l\, \varepsilon_{mnl}
$$

bzw.

$$
\tilde{\varepsilon}_{ijk} = + a_i^1 a_j^2 a_k^3\, \varepsilon_{123} + a_i^2 a_j^3 a_k^1\, \varepsilon_{231} + a_i^3 a_j^1 a_k^2\, \varepsilon_{312}
$$
$$
- a_i^1 a_j^3 a_k^2\, \varepsilon_{132} - a_i^2 a_j^1 a_k^3\, \varepsilon_{213} - a_i^3 a_j^2 a_k^1\, \varepsilon_{321}\,.
$$

Hieraus entnimmt man mit der Regel von Sarrus:

$$
\tilde{\varepsilon}_{ijk} = \det
\begin{pmatrix}
a_i^1 & a_j^1 & a_k^1 \\
a_i^2 & a_j^2 & a_k^2 \\
a_i^3 & a_j^3 & a_k^3
\end{pmatrix}.
$$

Insgesamt folgt:

$$
\tilde{\varepsilon}_{ijk} =
\begin{cases}
\det(\, a_m^n\,) & ijk \text{ paarweise verschieden, gerade Permutation}\,, \\
-\det(\, a_m^n\,) & ijk \text{ paarweise verschieden, ungerade Permutation}\,, \\
0 & \text{sonst}\,.
\end{cases}
$$

Der Übergang von der kanonischen Basis $\underline{e}_i$ zur neuen Basis $\underline{\tilde{g}}_i$ wird gegeben durch

$$
\underline{\tilde{g}}_m = a_m^n\, \underline{e}_n
$$

und mit dem Zusammenhang zwischen Determinante und Spatprodukt folgt:

$$\det(a^n_m) = [\tilde{\underline{g}}_1, \tilde{\underline{g}}_2, \tilde{\underline{g}}_3].$$

Wir greifen nun auf die Beziehung zurück:

$$[\underline{g}_1, \underline{g}_2, \underline{g}_3]^2 = \det \begin{pmatrix} \underline{g}_1 \cdot \underline{g}_1 & \underline{g}_1 \cdot \underline{g}_2 & \underline{g}_1 \cdot \underline{g}_3 \\ \underline{g}_2 \cdot \underline{g}_1 & \underline{g}_2 \cdot \underline{g}_2 & \underline{g}_2 \cdot \underline{g}_3 \\ \underline{g}_3 \cdot \underline{g}_1 & \underline{g}_3 \cdot \underline{g}_2 & \underline{g}_3 \cdot \underline{g}_3 \end{pmatrix}.$$

Offensichtlich folgt hieraus:

$$[\tilde{\underline{g}}_1, \tilde{\underline{g}}_2, \tilde{\underline{g}}_3]^2 = \det(\tilde{g}_{ij}) = \tilde{g}.$$

Ist das neue System ein Rechtssystem, so können wir schreiben:

$$[\tilde{\underline{g}}_1, \tilde{\underline{g}}_2, \tilde{\underline{g}}_3] = \sqrt{\tilde{g}}.$$

Also bekommen wir:

$$\tilde{\varepsilon}_{ijk} = \begin{cases} \sqrt{\tilde{g}} & ijk \text{ paarweise verschieden, gerade Permutation}, \\ -\sqrt{\tilde{g}} & ijk \text{ paarweise verschieden, ungerade Permutation}, \\ 0 & \text{sonst}. \end{cases}$$

bzw.

$$\tilde{\varepsilon}_{ijk} = \sqrt{\tilde{g}}\, \varepsilon_{ijk}.$$

Das vektorielle Produkt wird als Tensor in einem beliebigen Basissystem gegeben durch:

$$\begin{aligned} \underline{x} \times \underline{y} = {}& \sqrt{\tilde{g}} \left(\tilde{x}^2\, \tilde{y}^3 - \tilde{x}^3\, \tilde{y}^2 \right) \tilde{\underline{g}}^1 \\ & + \sqrt{\tilde{g}} \left(\tilde{x}^3\, \tilde{y}^1 - \tilde{x}^1\, \tilde{y}^3 \right) \tilde{\underline{g}}^2 \\ & + \sqrt{\tilde{g}} \left(\tilde{x}^1\, \tilde{y}^2 - \tilde{x}^2\, \tilde{y}^1 \right) \tilde{\underline{g}}^3. \end{aligned}$$

Man kann dies direkt mit dem vektoriellen Produkt in Einklang bringen:

$$\begin{aligned} \tilde{\underline{x}} \times \tilde{\underline{y}} = {}& (\tilde{x}^i\, \tilde{\underline{g}}_i) \times (\tilde{x}^j\, \tilde{\underline{g}}_j) \\ = {}& (\tilde{x}^2\, \tilde{y}^3 - \tilde{x}^3\, \tilde{y}^2) (\tilde{\underline{g}}_2 \times \tilde{\underline{g}}_3) \\ & + (\tilde{x}^3\, \tilde{y}^1 - \tilde{x}^1\, \tilde{y}^3) (\tilde{\underline{g}}_3 \times \tilde{\underline{g}}_1) \\ & + (\tilde{x}^1\, \tilde{y}^2 - \tilde{x}^2\, \tilde{y}^1) (\tilde{\underline{g}}_1 \times \tilde{\underline{g}}_2) \\ = {}& [\tilde{\underline{g}}_1, \tilde{\underline{g}}_2, \tilde{\underline{g}}_3] (\tilde{x}^2\, \tilde{y}^3 - \tilde{x}^3\, \tilde{y}^2) \tilde{\underline{g}}^1 \\ & + [\tilde{\underline{g}}_1, \tilde{\underline{g}}_2, \tilde{\underline{g}}_3] (\tilde{x}^3\, \tilde{y}^1 - \tilde{x}^1\, \tilde{y}^3) \tilde{\underline{g}}^2 \\ & + [\tilde{\underline{g}}_1, \tilde{\underline{g}}_2, \tilde{\underline{g}}_3] (\tilde{x}^1\, \tilde{y}^2 - \tilde{x}^2\, \tilde{y}^1) \tilde{\underline{g}}^3. \end{aligned}$$

Beispiel 1.25

Wir betrachten noch den kontravarianten ε-Tensor 3. Stufe:

$$T = \varepsilon^{ijk}\, \underline{e}_i \otimes \underline{e}_j \otimes \underline{e}_k$$

mit den Komponenten:

$$\varepsilon^{ijk} = \begin{cases} 1 & ijk \text{ paarweise verschieden, gerade Permutation}, \\ -1 & ijk \text{ paarweise verschieden, ungerade Permutation}, \\ 0 & ijk \text{ sonst}. \end{cases}$$

Wir übertragen den kontravarianten ε-Tensor in ein neues Basissystem (Rechtssystem):

$$\tilde{\varepsilon}^{ijk} = \begin{cases} \dfrac{1}{\sqrt{\tilde{g}}} & ijk \text{ paarweise verschieden, gerade Permutation}, \\ -\dfrac{1}{\sqrt{\tilde{g}}} & ijk \text{ paarweise verschieden, ungerade Permutation}, \\ 0 & \text{sonst}. \end{cases}$$

bzw.

$$\tilde{\varepsilon}^{ijk} = \frac{1}{\sqrt{\tilde{g}}}\, \varepsilon^{ijk}.$$

Hierbei ist $[\underline{\tilde{g}}_1, \underline{\tilde{g}}_2, \underline{\tilde{g}}_3] = \sqrt{\tilde{g}}$. Analog zum Vorgehen beim kovarianten ε-Tensor erhält man nämlich:

$$\tilde{\varepsilon}^{ijk} = \begin{cases} \det(\tilde{a}^n_m) & ijk \text{ paarweise verschieden, gerade Permutation}, \\ -\det(\tilde{a}^n_m) & ijk \text{ paarweise verschieden, ungerade Permutation}, \\ 0 & \text{sonst}. \end{cases}$$

Beispiel 1.26

Wir kommen auf die ursprüngliche Bedeutung eines Tensors als multilineare Abbildung zurück und rechtfertigen die Bezeichnung Volumenform. Die Volumenform wird gegeben als Tensor:

$$T = \varepsilon_{ijk}\, \underline{e}^i \otimes \underline{e}^j \otimes \underline{e}^k.$$

Nehmen wir drei beliebige Basisvektoren

$$\underline{\tilde{g}}_i = a^k_i\, \underline{e}_k$$

und lassen die Volumenform wirken:

$$T(\underline{\tilde{g}}_1, \underline{\tilde{g}}_2, \underline{\tilde{g}}_3) = \varepsilon_{ijk}\, \underline{e}^i \otimes \underline{e}^j \otimes \underline{e}^k (\underline{\tilde{g}}_1, \underline{\tilde{g}}_2, \underline{\tilde{g}}_3) = \varepsilon_{ijk} (\underline{e}^i \cdot \underline{\tilde{g}}_1)(\underline{e}^j \cdot \underline{\tilde{g}}_2)(\underline{e}^k \cdot \underline{\tilde{g}}_3)$$

$$= \varepsilon_{ijk}\, \underline{a}_1^m\, \delta_m^i\, \underline{a}_2^n\, \delta_n^j\, \underline{a}_3^l\, \delta_l^k = \varepsilon_{ijk}\, \underline{a}_1^i\, \underline{a}_2^j\, \underline{a}_3^k$$

$$= +\underline{a}_1^i\, \underline{a}_2^j\, \underline{a}_3^k\, \varepsilon_{123} + \underline{a}_2^i\, \underline{a}_3^j\, \underline{a}_1^k\, \varepsilon_{231} + \underline{a}_3^i\, \underline{a}_1^j\, \underline{a}_2^k\, \varepsilon_{312}$$

$$- \underline{a}_1^i\, \underline{a}_3^j\, \underline{a}_2^k\, \varepsilon_{132} - \underline{a}_2^i\, \underline{a}_1^j\, \underline{a}_3^k\, \varepsilon_{213} - \underline{a}_3^i\, \underline{a}_2^j\, \underline{a}_1^k\, \varepsilon_{321}$$

$$= \det \begin{pmatrix} \underline{a}_1^i & \underline{a}_1^j & \underline{a}_1^k \\ \underline{a}_2^i & \underline{a}_2^j & \underline{a}_2^k \\ \underline{a}_3^i & \underline{a}_3^j & \underline{a}_3^k \end{pmatrix}.$$

Bilden die drei Basisvektoren ein Rechtssystem, so liefert die Volumenform $T(\underline{\tilde{g}}_1, \underline{\tilde{g}}_2, \underline{\tilde{g}}_3)$ gerade das Volumen des Spats, das die drei Vektoren aufspannen. Mit den Metrikkoeffizienten in der Basis $\underline{\tilde{g}}_i$ und

$$\tilde{g} = \det(\tilde{g}_{ij})$$

schreiben wir:

$$T(\underline{\tilde{g}}_1, \underline{\tilde{g}}_2, \underline{\tilde{g}}_3) = \sqrt{\tilde{g}}.$$

1.4 Tensorfelder

Wir gehen aus von der kanonischen Orthonormalbasis $\underline{e}_1, \underline{e}_2, \underline{e}_3$ des $\mathbb{R}^3$. Jeder Punkt P aus dem Punktraum $\mathbb{R}^3$ wird charakterisiert durch einen Ortsvektor

$$P \leftrightarrow \underline{r} = x^i\, \underline{e}_i.$$

Jedem Punkt P werden dadurch eindeutig cartesische Koordinaten zugeordnet:

$$P \rightarrow x = (x^1, x^2, x^3).$$

Umgekehrt entspricht jedem Koordinatentripel $x = (x^1, x^2, x^3)$ genau ein Punkt P im Raum. Nun sei eine stetig differenzierbare Abbildung gegeben

$$x \rightarrow \xi(x) = (\xi^1(x), \xi^2(x), \xi^3(x))$$

mit stetig differenzierbarer Umkehrung:

$$\xi \rightarrow x(\xi) = (x^1(\xi), x^2(\xi), x^3(\xi)).$$

(Man spricht von einem Diffeomorphismus). Anstelle des Koordinatentripels x kann dann das Koordinatentripel ξ zur Festlegung eines Punktes P benutzt werden.

Definition: Koordinaten und Karten

Durch den Diffeomorphismus

$$x \to \xi(x) = (\xi^1(x), \xi^2(x), \xi^3(x))$$

werde ein Teilgebiet $D \subseteq \mathbb{R}^3$ auf ein Teilgebiet des $\mathbb{R}^3$ abgebildet. Jedem Punkt $P \in D$ wird dann umkehrbar eindeutig ein Koordinatentripel $\xi = (\xi^1, \xi^2, \xi^3)$ zugeordnet. Die Zuordnung $P \to \xi = (\xi^1, \xi^2, \xi^3)$ wird als Karte bezeichnet.

Beispiel 1.27

Für Zylinderkoordinaten benutzt man entsprechend der geometrischen Bedeutung die Bezeichnungen:

$$\xi^1 = r \, , \quad \xi^2 = \varphi \, , \quad \xi^3 = z \, .$$

Wir geben zuerst die Zuordnung $\xi \to x$ an:

$$x^1 = r \cos(\varphi) \, ,$$
$$x^2 = r \sin(\varphi) \, ,$$
$$x^3 = z \, .$$

Dabei ist $r > 0$, $-\pi \leq \varphi < \pi$, $-\infty < z < \infty$ (Abb. 1.9).

Die Zuordnung $x \to \xi$ können wir wie folgt für den Halbraum $x^1 > 0$ angeben:

$$r = \sqrt{(x^1)^2 + (x^2)^2} \, ,$$
$$\varphi = \arctan\left(\frac{x^2}{x^1}\right) \, ,$$
$$z = x^3 \, .$$

Beispiel 1.28

Für Kugelkoordinaten benutzt man entsprechend der geometrischen Bedeutung die Bezeichnungen:

$$\xi^1 = r \, , \quad \xi^2 = \vartheta \, , \quad \xi^3 = \varphi \, .$$

Abb. 1.9 Zylinderkoordinaten

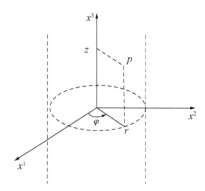

Abb. 1.10 Kugelkoordinaten

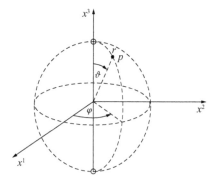

Wir geben zuerst die Zuordnung $\xi \to x$ an:

$$x^1 = r \sin(\vartheta) \cos(\varphi),$$
$$x^2 = r \sin(\vartheta) \sin(\varphi),$$
$$x^3 = r \cos(\vartheta).$$

Dabei ist $r > 0$, $0 < \vartheta < \pi$, $-\pi \le \varphi < \pi$ (Abb. 1.10).

Die Zuordnung $x \to \xi$ können wir wie folgt für den Teilraum $x^1 > 0$, $x^3 > 0$ angeben:

$$r = \sqrt{(x^1)^2 + (x^2)^2 + (x^3)^2},$$
$$\vartheta = \arccos\left(\frac{x^3}{r}\right),$$
$$\varphi = \arctan\left(\frac{x^2}{x^1}\right).$$

Wenn wir zwei verschiedene Karten $\xi = (\xi^1, \xi^2, \xi^3)$ und $\tilde{\xi} = (\tilde{\xi}^1, \tilde{\xi}^2, \tilde{\xi}^3)$ haben (etwa Zylinder- und Kugelkoordinaten), können wir den Übergang direkt oder über die cartesischen Koordinaten vollziehen:

$$\xi \leftrightarrow x \leftrightarrow \tilde{\xi} \quad \text{bzw.} \quad \tilde{\xi} \leftrightarrow x \leftrightarrow \xi.$$

Der Übergang ist diffeomorph:

$$\frac{\partial \tilde{\xi}^i}{\partial \xi^j} = \frac{\partial \tilde{\xi}^i}{\partial x^h} \frac{\partial x^h}{\partial \xi^j} \quad \text{bzw.} \quad \frac{\partial \xi^i}{\partial \tilde{\xi}^j} = \frac{\partial \xi^i}{\partial x^h} \frac{\partial x^h}{\partial \tilde{\xi}^j}.$$

(Hierbei benutzen wir die Kettenregel und die Summenkonvention für den Index h).

Mit $\mathbb{R}^3$ bezeichnen wir den Punktraum, der aus allen Punkten mit Koordinaten (x^1, x^2, x^3) besteht. Der Vektor $\underline{x} = x^i \underline{e}_i$ stellt den Ortsvektor des Punktes $P = (x^1, x^2, x^3)$ dar. Im Folgenden werden wir als Sonderfall auch die Ebene betrachten. Anstatt der Koordinaten (x^1, x^2) im ebenen bzw. (x^1, x^2, x^3) im räumlichen Fall verwendet man oft die einprägsame Schreibweise (x, y) bzw. (x, y, z). Die erste Schreibweise ist dafür systematischer und hat bei Summenbildungen Vorteile. Man kann die Ebene durch Einbettung stets als Sonderfall des Raumes behandeln: $(x^1, x^2) \rightarrow (x^1, x^2, 0)$. Eine Funktion $\underline{r}(t) = x^i(t) \underline{e}_i$ vom $\mathbb{R}^1$ in den $\mathbb{R}^3$ ist differenzierbar im Punkt t_0, wenn jede Komponente differenzierbar ist:

$$x^j(t) = x^j(t_0) + \frac{dx^j}{dt}(t_0)(t - t_0) + h^j(t)|t - t_0|, \quad j = 1, 2, 3.$$

Die Restfunktionen gehen gegen Null:

$$\lim_{t \to t_0} h^j(t) = 0.$$

In Vektorform lautet die Annäherung der Funktion:

$$\begin{pmatrix} x^1(t) \\ x^2(t) \\ x^3(t) \end{pmatrix} = \begin{pmatrix} x^1(t_0) \\ x^2(t_0) \\ x^3(t_0) \end{pmatrix} + (t - t_0) \begin{pmatrix} \frac{dx^1}{dt}(t_0) \\ \frac{dx^2}{dt}(t_0) \\ \frac{dx^3}{dt}(t_0) \end{pmatrix} + |t - t_0| \begin{pmatrix} h^1(t) \\ h^2(t) \\ h^3(t) \end{pmatrix}.$$

Die Funktion $\underline{r}(t)$ wird also von der Tangente im Kurvenpunkt $\underline{r}(t)$ angenähert:

$$\underline{r}(t) \approx \underline{r}(t_0) + (t - t_0)\frac{d\underline{r}}{dt}(t_0) = \underline{r}(t_0) + (t - t_0)\left(\frac{dx^1}{dt}(t_0)\underline{e}_1 + \frac{dx^2}{dt}(t_0)\underline{e}_2 + \frac{dx^3}{dt}(t_0)\underline{e}_3\right).$$

(Dies kann analog im Fall $n = 2$ geschrieben werden).

Abb. 1.11 Die Kurve $\underline{r}(t) = t^3\,\underline{e}_1 + t^2\,\underline{e}_2$

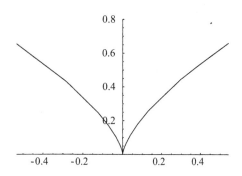

Definition: Kurven in der Ebene und im Raum

Sei $[a, b]$ ein Parameterintervall, das vom Parameter t durchlaufen wird. Eine stetig differenzierbare Abbildung

$$\underline{r}: [a, b] \longrightarrow \mathbb{R}^n, \quad n = 2 \text{ oder } n = 3$$

heißt Ebene bzw. Raumkurve. Ist der Tangentenvektor in jedem Kurvenpunkt $\underline{r}(t)$ verschieden vom Nullvektor: $\frac{d\underline{r}}{dt}(t) \neq \underline{0}$, dann bezeichnen wir die Kurve als glatte Kurve.

Oft bezeichnen wir die Punktmenge

$$K = \{P \in \mathbb{R}^3 \,|\, P = \underline{r}(t), t \in [a, b]\},$$

welche durch die Abbildung $\underline{r}(t)$ gegeben wird, als Kurve. Man stellt damit die Teilmenge des Raumes heraus, die vom Kurvenpunkt $\underline{r}(t)$ durchlaufen wird. Eine differenzierbare Kurve, welche nicht glatt ist, kann Spitzen oder Ecken aufweisen.

Beispiel 1.29

Die ebene Kurve

$$\underline{r}(t) = t^3\,\underline{e}_1 + t^2\,\underline{e}_2, \quad t \in \mathbb{R},$$

ist nicht glatt. Der Tangentenvektor lautet:

$$\frac{d\underline{r}}{dt}(t) = 3\,t^2\,\underline{e}_1 + 2\,t\,\underline{e}_2.$$

Offenbar gilt (Abb. 1.11):

$$\frac{d\underline{r}}{dt}(t) = \underline{0}.$$

Abb. 1.12 Die Kurve $\underline{r}(t) =$
$\begin{cases} t^4\,\underline{e}_1 + t^4\,\underline{e}_2 & \text{für } -1 \le t \le 0, \\ t^2\,\underline{e}_1 - t^2\,\underline{e}_2 & \text{für } 0 < t \le 1, \end{cases}$

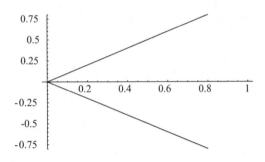

Die ebene Kurve

$$\underline{r}(t) = \begin{cases} t^4\,\underline{e}_1 + t^4\,\underline{e}_2 & \text{für} \quad -1 \le t \le 0, \\ t^2\,\underline{e}_1 - t^2\,\underline{e}_2 & \text{für} \quad 0 < t \le 1, \end{cases}$$

ist nicht glatt. Der Tangentenvektor lautet (Abb. 1.12):

$$\frac{d\underline{r}}{dt}(t) = \begin{cases} 4\,t^3\,\underline{e}_1 + 4\,t^3\,\underline{e}_2 & \text{für} \quad -1 \le t < 0, \\ \underline{0} & \text{für} \quad t = 0, \\ 2\,t\,\underline{e}_1 - 2\,t\,\underline{e}_2 & \text{für} \quad 0 < t \le 1. \end{cases}$$

Beispiel 1.30

Die ebene Kurve (logarithmische Spirale)

$$\underline{r}(t) = e^{-t}\,\cos(t)\,\underline{e}_1 + e^{-t}\,\sin(t)\,\underline{e}_2, \quad t \in \mathbb{R},$$

ist glatt. Der Tangentenvektor lautet (Abb. 1.13):

$$\begin{aligned} \frac{d\underline{r}}{dt}(t) &= -e^{-t}\,\cos(t) - e^{-t}\,\sin(t)\,\underline{e}_1 + e^{-t}\,\cos(t) - e^{-t}\,\sin(t)\,\underline{e}_2 \\ &= -e^{-t}\,\big((\cos(t) + \sin(t))\,\underline{e}_1 - (\cos(t) + \sin(t))\,\underline{e}_2\big). \end{aligned}$$

Die Raumkurve

$$\underline{r}(t) = \cos(t)\,\underline{e}_1 + \sin(t)\,\underline{e}_2 + \frac{t}{3}\,\underline{e}_3, \quad t \in \mathbb{R},$$

ist glatt. Der Tangentenvektor lautet (Abb. 1.14):

$$\frac{d\underline{r}}{dt}(t) = -\sin(t)\,\underline{e}_1 + \cos(t)\,\underline{e}_2 + \frac{1}{3}\,\underline{e}_3.$$

Abb. 1.13 Logarithmische
Spirale

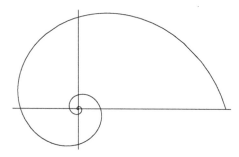

Abb. 1.14 Die Kurve $\underline{r}(t) =$
$\cos(t)\,\underline{e}_1 + \sin(t)\,\underline{e}_2 + \frac{t}{3}\,\underline{e}_3$

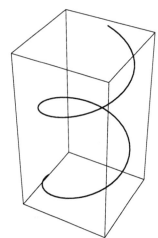

Als Nächstes betrachten wir alle glatten Kurven $\underline{r}(t) = x^i(t)\,\underline{e}_i$, die für $t = 0$ durch einen festen Punkt P_0 mit dem Ortsvektor $\underline{r}_0$ gehen: $\underline{r}(0) = \underline{r}_0$. Wir bekommen Tangentenvektoren (Abb. 1.15):

$$\frac{d\underline{r}}{dt}(0) = \frac{dx^i}{dt}(0)\,\underline{e}_i\,.$$

Abb. 1.15 Kurven durch P_0
mit Tangentenvektoren

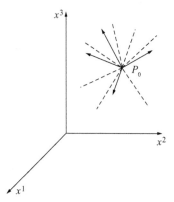

Abb. 1.16 Tangentialraum im
Punkt P

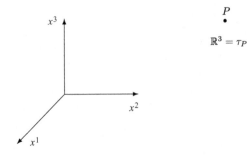

Wir können zu einem beliebigen Punkt P übergehen. Stellt $\underline{r}(t)$ den Ortsvektor eines Punktes P dar, dann ergibt

$$\frac{d\underline{r}}{dt}(t) = \frac{d\underline{r}}{ds}(t+s)\bigg|_{s=0} = \frac{dx^i}{dt}(t)\,\underline{e}_i\,.$$

einen Tangentenvektor im Punkt P.

Definition: Tangentialraum
Die Menge aller Tangentenvektoren im Punkt P bildet wieder einen Vektorraum, den $\mathbb{R}^3$. Dieser Vektorraum heißt Tangentialraum τ_P im Punkt P (Abb. 1.16).

Der Tangentialraum wird von drei linear unabhängigen Tangentenvektoren aufgespannt. Jede Karte erzeugt auf natürliche Weise eine Basis des Tangentialraums mithilfe der Koordinatenlinien. Man hält dabei jeweils zwei Koordinaten fest und betrachtet die dritte als variabel.

Definition: Karten und Basen des Tangentialraums
Durch folgende Zuordnung werde eine Karte gegeben:

$$P \leftrightarrow \xi, \quad \xi \to x(\xi) \to x^i(\xi)\,\underline{e}_i\,.$$

Die Kurven:

$$\underline{r}^1(t) = x^i(\xi^1 + t, \xi^2, \xi^3)\,\underline{e}_i\,,$$
$$\underline{r}^2(t) = x^i(\xi^1, \xi^2 + t, \xi^3)\,\underline{e}_i\,,$$
$$\underline{r}^3(t) = x^i(\xi^1, \xi^2, \xi^3 + t)\,\underline{e}_i\,,$$

heißen Koordinatenlinien. Die Tangentenvektoren:

$$\underline{g}_1(\xi) = \frac{d\underline{r}^1}{dt}(0) = \frac{\partial x^i}{\partial \xi^1}(\xi)\,\underline{e}_i\,,$$

$$\underline{g}_2(\xi) = \frac{d\underline{r}^2}{dt}(0) = \frac{\partial x^i}{\partial \xi^2}(\xi)\,\underline{e}_i\,,$$

$$\underline{g}_3(\xi) = \frac{d\underline{r}^3}{dt}(0) = \frac{\partial x^i}{\partial \xi^3}(\xi)\,\underline{e}_i\,,$$

bilden die der Karte ξ zugeordnete kovariante Basis des Tangentialraums τ_P.

Die der Karte zugeordnete Basis ist in vieler Hinsicht die natürliche Basis des Tangentialraums. Im Allgemeinen ändert sich diese natürliche Basis von Punkt zu Punkt. Bei geradlinigen Koordinaten gilt jedoch:

$$\frac{\partial x^i}{\partial \xi^j}(\xi) = \text{konst.} = a^i_j \Rightarrow \frac{d\underline{r}^i}{dt}(0) = \underline{g}_i(\xi) = a^j_i\,\underline{e}_j\,.$$

Dass wir eine Basis für den Raum der Tangentenvektoren

$$\frac{d\underline{r}}{dt}(t) = \frac{dx^i}{dt}(t)\,\underline{e}_i\,.$$

haben, sieht man an folgender Übertragung in ein beliebiges Koordinatensystem:

$$\frac{d\underline{r}}{dt}(t) = \frac{dx^i}{dt}(t)\,\underline{e}_i = \frac{\partial x^i}{\partial \xi^k}(\xi(t))\,\frac{d\xi^k}{dt}(t)\,\underline{e}_i = \frac{d\xi^k}{dt}(t)\,\frac{\partial x^i}{\partial \xi^k}(\xi(t))\,\underline{e}_i$$

$$= \frac{d\xi^k}{dt}(t)\,\underline{g}_k(\xi(t))\,.$$

Beispiel 1.31

Wir betrachten cartesische Koordinaten

$$\xi = (\xi^1, \xi^2, \xi^3) = (x^1, x^2, x^3)\,.$$

Mit

$$\underline{g}_i(\xi) = \frac{\partial x^j}{\partial \xi^i}(\xi)\,\underline{e}_j$$

bekommen wir die folgende zugeordnete kovariante Basis im Tangentialraum:

$$\underline{g}_1(\xi) = \underline{e}_1\,, \quad \underline{g}_2(\xi) = \underline{e}_2\,, \quad \underline{g}_3(\xi) = \underline{e}_3\,.$$

Abb. 1.17 Zylinderkoordinaten und zugeordnete Basis im
Tangentialraum

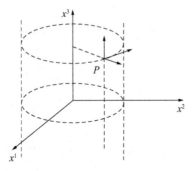

Die Basisvektoren bilden das kanonische Orthonormalsystem. Die zugeordnete kontravariante Basis lautet:

$$\underline{g}^1(\xi) = \underline{e}_1, \quad \underline{g}^2(\xi) = \underline{e}_2, \quad \underline{g}^3(\xi) = \underline{e}_3.$$

Beispiel 1.32

Wir nehmen Zylinderkoordinaten

$$\xi = (\xi^1, \xi^2, \xi^3) = (r, \varphi, z),$$
$$x^1 = r \cos(\varphi), \quad x^2 = r \sin(\varphi), \quad x^3 = z.$$

Mit

$$\underline{g}_i(\xi) = \frac{\partial x^j}{\partial \xi^i}(\xi)\, \underline{e}_j$$

bekommen wir die folgende zugeordnete kovariante Basis im Tangentialraum:

$$\underline{g}_1(\xi) = \cos(\varphi)\, \underline{e}_1 + \sin(\varphi)\, \underline{e}_2,$$
$$\underline{g}_2(\xi) = -r \sin(\varphi)\, \underline{e}_1 + r \cos(\varphi)\, \underline{e}_2,$$
$$\underline{g}_3(\xi) = \underline{e}_3.$$

Die Basisvektoren bilden ein Orthogonalsystem und besitzen folgende Längen:

$$\|\underline{g}_1(\xi)\| = 1, \quad \|\underline{g}_2(\xi)\| = r, \quad \|\underline{g}_3(\xi)\| = 1.$$

Ferner bilden sie in der Reihenfolge $\underline{g}_1(\xi), \underline{g}_2(\xi), \underline{g}_3(\xi)$ ein Rechtssystem. Wir können
auch schreiben (Abb. 1.17):

$$\underline{g}_1(\xi) = \frac{1}{r}\left(x^1(\xi)\, \underline{e}_1 + x^2(\xi)\, \underline{e}_2\right),$$
$$\underline{g}_2(\xi) = -x^2(\xi)\, \underline{e}_1 + x^1(\xi)\, \underline{e}_2,$$
$$\underline{g}_3(\xi) = \underline{e}_3.$$

Die zugehörige kontravariante Basis lautet:

$$\underline{g}^1(\xi) = \underline{g}_1(\xi)\,, \quad \underline{g}^2(\xi) = \frac{1}{r^2}\,\underline{g}_2(\xi)\,, \quad \underline{g}^3(\xi) = \underline{g}_3(\xi)\,.$$

Beispiel 1.33

Wir nehmen Kugelkoordinaten $\xi = (\xi^1, \xi^2, \xi^3) = (r, \vartheta, \varphi)$:

$$x^1 = r\,\sin(\vartheta)\,\cos(\varphi)\,, \quad x^2 = r\,\sin(\vartheta)\,\sin(\varphi)\,, \quad x^3 = r\,\cos(\vartheta)\,.$$

Mit

$$\underline{g}_i(\xi) = \frac{\partial x^j}{\partial \xi^i}(\xi)\,\underline{e}_j$$

bekommen wir die folgende zugeordnete kovariante Basis im Tangentialraum:

$$\underline{g}_1(\xi) = \sin(\vartheta)\,\cos(\varphi)\,\underline{e}_1 + \sin(\vartheta)\,\sin(\varphi)\,\underline{e}_2 + \cos(\vartheta)\,\underline{e}_3\,,$$
$$\underline{g}_2(\xi) = r\,\cos(\vartheta)\,\cos(\varphi)\,\underline{e}_1 + r\,\cos(\vartheta)\,\sin(\varphi)\,\underline{e}_2 - r\,\sin(\vartheta)\,\underline{e}_3\,,$$
$$\underline{g}_3(\xi) = -r\,\sin(\vartheta)\,\sin(\varphi)\,\underline{e}_1 + r\,\sin(\vartheta)\,\cos(\varphi)\,\underline{e}_2\,.$$

Die Basisvektoren bilden ein Orthogonalsystem und besitzen folgende Längen:

$$\|\underline{g}_1(\xi)\| = 1\,, \quad \|\underline{g}_2(\xi)\| = r\,, \quad \|\underline{g}_3(\xi)\| = r\,\sin(\vartheta)\,.$$

Ferner bilden sie in der Reihenfolge $\underline{g}_1(\xi), \underline{g}_2(\xi), \underline{g}_3(\xi)$ ein Rechtssystem. Wir können auch schreiben:

$$\underline{g}_1(\xi) = \frac{1}{r}\left(x^1(\xi)\,\underline{e}_1 + x^2(\xi)\,\underline{e}_2 + x^3(\xi)\,\underline{e}_3\right)\,,$$
$$\underline{g}_2(\xi) = \frac{1}{\sqrt{(x^1(\xi))^2 + (x^2(\xi))^2}}$$
$$\cdot\left(x^1(\xi)\,x^3(\xi)\,\underline{e}_1 + x^2(\xi)\,x^3(\xi)\,\underline{e}_2 - (x^1(\xi))^2 + (x^2(\xi))^2)\,\underline{e}_3\right)\,,$$
$$\underline{g}_3(\xi) = -x^2(\xi)\,\underline{e}_1 + x^1(\xi)\,\underline{e}_2\,.$$

Hierbei benutzen wir:

$$(\sin(\vartheta))^2 = \frac{x^1(\xi))^2 + (x^2(\xi))^2}{r^2}\,,$$

bzw (Abb. 1.18).

$$r\,\sin(\vartheta) = \sqrt{x^1(\xi))^2 + (x^2(\xi))^2}\,.$$

Abb. 1.18 Kugelkoordinaten und zugeordnete Basis im
Tangentialraum

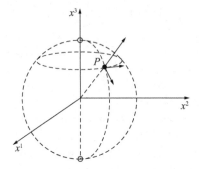

Die zugehörige kontravariante Basis lautet:

$$\underline{g}^1(\xi) = \underline{g}_1(\xi), \quad \underline{g}^2(\xi) = \frac{1}{r^2}\,\underline{g}_2(\xi), \quad \underline{g}^3(\xi) = \frac{1}{r^2\,(\sin(\vartheta))^2}\,\underline{g}_3(\xi).$$

Zur Einführung des Feldbegriffs nehmen wir eine Funktion T, die jedem Punkt $P \in \mathbb{R}^3$ eine reelle Zahl $T(P)$ zuordnet. Damit wir differenzieren können, müssen wir die Abbildung in einem Koordinatensystem $\xi = (\xi^1, \xi^2, \xi^3)$ betrachten:

$$\xi \to P \to T(P) \quad \text{kurz} \quad \xi \to t(\xi).$$

Die Funktion heißt stetig differenzierbar, wenn $\xi \to t(\xi)$ stetig differenzierbar ist. Betrachten wir die Funktion in einem anderen Koordinatensystem:

$$\tilde{\xi} \to \tilde{t}(\tilde{\xi}),$$

so haben wir die Differenzierbarkeit wegen: $\tilde{t}(\tilde{\xi}) = t(\xi(\tilde{\xi}))$. Man nennt Funktionen auch skalare Felder. (Tensorfelder 0. Stufe).

Unter einem Vektorfeld versteht man eine Zuordnung, die jedem Punkt $P \in \mathbb{R}^3$ einen Vektor $T(P)$ aus dem Tangentialraum τ_P zuordnet: $P \to T(P)$. Diese Zuordnung soll stetig differenzierbar sein. Wir stellen sie dazu in Koordinaten mithilfe der natürlichen Basis im Tangentialraum dar:

$$\xi \to P \to T(\xi), \quad \xi \to T(\xi) = t^i(\xi)\,\underline{g}_i(\xi).$$

Dabei sind die Funktionen $t^i(\xi)$ stetig differenzierbar. (Tensorfelder 1. Stufe). Wir verallgemeinern und wählen als Modellfall Tensorfelder 2. Stufe.

Definition: Tensorfelder höherer Stufe
Eine stetig differenzierbare Zuordnung $P \to T(P) \in \tau_P \times \tau_P$

$$T(\xi) = t^{ij}(\xi)\,\underline{g}_i(\xi) \otimes \underline{g}_j(\xi)$$

mit stetig differenzierbaren Komponenten $t^{ij}(\xi)$ heißt Tensorfeld 2. Stufe. Dabei ist $\underline{g}_i(\xi)$ die der Karte zugeordnete kovariante Basis des Tangentialraums τ_P. Man kann auch die entsprechende kontravariante Basis nehmen und erhält Tensorfelder

$$T(\xi) = t^i_j(\xi)\,\underline{g}_i(\xi) \otimes \underline{g}^j(\xi),$$

$$T(\xi) = t^j_i(\xi)\,\underline{g}^i(\xi) \otimes \underline{g}_j(\xi),$$

$$T(\xi) = t_{ij}(\xi)\,\underline{g}^i(\xi) \otimes \underline{g}^j(\xi).$$

Analog erhält man Tensorfelder höherer Stufe.

Beim Wechsel der Koordinaten, (d. h. beim Wechsel der natürlichen Basis im Tangentialraum), transformieren sich obere Indizes wie Indizes von Komponenten eines kontravarianten Vektors, untere Indizes wie Komponenten eines kovarianten Vektors.

Anstatt Tensorfeld sagt man oft auch kurz Tensor.

Man kann ein Tensorfeld koordinatenfrei angeben $P \to T(P)$ und es dann im jeweiligen Koordinatensystem ausdrücken. Man kann ein Tensorfeld in bestimmten Koordinaten angeben und es dann in die anderen Koordinaten umrechnen. In Kurzschreibweise gibt man nur die Komponenten beispielsweise $t^{ij}(\xi)$ an. Dann wird aber das tensorielle Transformationsverhalten zusätzlich gefordert. Die Operationen Addition, tensorielle Multiplikation und Verjüngung können wie bei den Tensoren ausgeführt werden. Wir betrachten das Transformationsverhalten noch genauer. Es sichert insbesondere die Differenzierbarkeit des Tensorfelds beim Kartenwechsel.

Seien ξ und $\tilde{\xi}$ zwei Karten. Zur Herleitung der Transformationsgesetze überführen wir zuerst die Basisvektoren:

$$\underline{g}_i(\xi) = \frac{\partial x^j}{\partial \xi^i}(\xi)\,\underline{e}_j \quad \text{und} \quad \underline{\tilde{g}}_i(\tilde{\xi}) = \frac{\partial x^j}{\partial \tilde{\xi}^i}(\tilde{\xi})\,\underline{e}_j.$$

Multiplizieren wir die erste Gleichung mit der inversen Matrix

$$\underline{e}_j = \frac{\partial \xi^i}{\partial x^j}(x)\,\underline{g}_i(\xi)$$

und setzen in die zweite Gleichung ein, so ergibt sich:

$$\tilde{\underline{g}}_i(\tilde{\xi}) = \frac{\partial x^j}{\partial \tilde{\xi}^i}(\tilde{\xi})\,\frac{\partial \xi^h}{\partial x^j}(x)\,\underline{g}_h(\xi) = \frac{\partial \xi^h}{\partial x^j}(x)\,\frac{\partial x^j}{\partial \tilde{\xi}^i}(\tilde{\xi})\,\underline{g}_h(\xi)\,.$$

Mit der Kettenregel $(\xi(x(\tilde{\xi})) = \xi(\tilde{\xi}))$ folgt:

$$\tilde{\underline{g}}_i(\tilde{\xi}) = \frac{\partial \xi^k}{\partial \tilde{\xi}^i}(\tilde{\xi})\,\underline{g}_k(\xi)\,.$$

Wir haben also die Basisübergangsmatrix:

$$\underset{\sim}{a}_i^k(\tilde{\xi}) = \frac{\partial \xi^k}{\partial \tilde{\xi}^i}(\tilde{\xi})\,.$$

Entsprechend bekommen wir:

$$\underline{g}_k(\xi) = \frac{\partial \tilde{\xi}^k}{\partial \xi^i}(\xi)\,\tilde{\underline{g}}_i(\tilde{\xi})$$

und

$$\tilde{a}_i^k(\xi) = \frac{\partial \tilde{\xi}^k}{\partial \xi^i}(\xi)\,.$$

Analog zum früheren Vorgehen bekommt man für die Umrechnung der kontravarianten Basen:

$$\tilde{\underline{g}}^i(\tilde{\xi}) = \tilde{a}_k^i(\xi)\,\underline{g}^k(\xi)\,,\quad \underline{g}^i(\xi) = \underset{\sim}{a}_k^i(\tilde{\xi})\,\tilde{\underline{g}}^k(\tilde{\xi})\,.$$

Nun können wir einen Tensor transformieren. Wir betrachten einen Tensor 1. Stufe mit kontravarianten Komponenten als Modellfall:

$$T(\xi) = t^i(\xi)\,\underline{g}_i(\xi)\,,\quad T(\tilde{\xi}) = \tilde{t}^i(\tilde{\xi})\,\tilde{\underline{g}}_i(\tilde{\xi})\,.$$

Entsprechend zu den Transformationsgesetzen

$$\tilde{t}^i = \tilde{a}_k^i\,t^k\,,\quad t^i = \underset{\sim}{a}_k^i\,\tilde{t}^k\,,$$

bekommen wir:

$$\tilde{t}^i(\tilde{\xi}) = \frac{\partial \tilde{\xi}^i}{\partial \xi^k}(\xi)\,t^k(\xi)\,,\quad t^i(\xi) = \frac{\partial \xi^k}{\partial \tilde{\xi}^i}(\tilde{\xi})\,\tilde{t}_k(\tilde{\xi})\,.$$

Analog transformiert man kovariante Komponenten mit

$$\tilde{t}_i = \underset{\sim}{a}_i^k\,t_k\,,\quad t_i = \tilde{a}_i^k\,\tilde{t}_k\,.$$

Beispiel 1.34

Gegeben sei ein Tensor 1. Stufe mit kovarianten Komponenten in cartesischen Koordinaten:

$$T(x) = t_i(x)\,\underline{e}^i\,.$$

Wir übertragen den Tensor in Zylinderkoordinaten $\tilde{\xi} = (r, \varphi, z)$ und in Kugelkoordinaten $\tilde{\xi} = (r, \varphi, \vartheta)$. Werten wir die Umrechnungsformel

$$T(\tilde{\xi}) = \tilde{t}_i(\tilde{\xi})\,\underline{\tilde{g}}^i(\tilde{\xi})\,, \quad \tilde{t}_i(\tilde{\xi}) = \frac{\partial x^j}{\partial \tilde{\xi}^i}(\tilde{\xi})\,t_j(x)\,,$$

aus, so ergibt sich für Zylinderkoordinaten:

$$\tilde{t}_1(\tilde{\xi}) = \cos(\varphi)\,t_1(x) + \sin(\varphi)\,t_2(x)\,,$$
$$\tilde{t}_2(\tilde{\xi}) = -r\,\sin(\varphi)\,t_1(x) + r\,\cos(\varphi)\,t_2(x)\,,$$
$$\tilde{t}_3(\tilde{\xi}) = t_3(x)\,.$$

Für Kugelkoordinaten bekommen wir:

$$\tilde{t}_1(\tilde{\xi}) = \sin(\vartheta)\,\cos(\varphi)\,t_1(x) + \sin(\vartheta)\,\sin(\varphi)\,t_2(x) + \cos(\vartheta)\,t_3(x)\,,$$
$$\tilde{t}_2(\tilde{\xi}) = r\,\cos(\vartheta)\,\cos(\varphi)\,t_1(x) + r\,\cos(\vartheta)\,\sin(\varphi)\,t_2(x) - r\,\sin(\vartheta)\,t_3(x)\,,$$
$$\tilde{t}_3(\tilde{\xi}) = -r\,\sin(\vartheta)\,\sin(\varphi)\,t_1(x) + r\,\sin(\vartheta)\,\cos(\varphi)\,t_2(x)\,.$$

Es ist üblich bei Zylinder- und Kugelkoordinaten keine Schlangen zu verwenden und die Komponenten eines Vektorfelds mit $t_i(x)$ in cartesischen Koordinaten und mit $t_i(\xi)$ in Zylinder- bzw Kugelkoordinaten zu schreiben. Es gilt hierbei aber nicht $t_i(\xi) = t_i(x(\xi))$.

Beispiel 1.35

Wir betrachten einen Tensor 1. Stufe im Koordinatensystem ξ:

$$T(\xi) = t^i(\xi)\,g_i(\xi)$$

und bilden das Tensorquadrat:

$$T(\xi) \otimes T(\xi) = t^i(\xi)\,t^j(\xi)\,g_i(\xi) \otimes g_j(\xi)\,.$$

Wir können das Tensorquadrat auf zwei Arten in ein neues Koordinatensystem $\tilde{\xi}$ transformieren. Wir transformieren zuerst

$$T(\tilde{\xi}) = \tilde{t}^i(\tilde{\xi})\,\tilde{g}_i(\tilde{\xi})\,, \quad \tilde{t}^i(\tilde{\xi}) = \tilde{a}^i_k(\tilde{\xi})\,t^k(\xi)\,, \quad \tilde{a}^i_k(\tilde{\xi}) = \frac{\partial \tilde{\xi}^j}{\partial \xi^k}(\xi)\,,$$

und bekommen dann das Quadrat:

$$T(\tilde{\xi}) \otimes T(\tilde{\xi}) = \tilde{t}^i(\tilde{\xi})\, \tilde{t}^j(\tilde{\xi})\, \tilde{g}_i(\tilde{\xi}) \otimes \tilde{g}_j(\tilde{\xi}) \,.$$

Andererseits kann mit der Regel für die Transformation kontravarianter Komponenten sofort umrechnen:

$$\begin{aligned}
\tilde{t}^i(\tilde{\xi})\, \tilde{t}^j(\tilde{\xi}) &= \tilde{a}^i_k(\tilde{\xi})\, \tilde{a}^j_l(\tilde{\xi})\, t^k(\xi)\, t^l(\xi) \\
&= \tilde{a}^i_k(\tilde{\xi})\, t^k(\xi)\, \tilde{a}^j_l(\tilde{\xi})\, t^l(\xi) \\
&= \tilde{a}^i_k(\tilde{\xi})\, t^k(\xi)\, \tilde{a}^j_l(\tilde{\xi})\, t^l(\xi)\,.
\end{aligned}$$

Beispiel 1.36

Gegeben sei ein einfach-kontravariant und ein einfach-kovarianter Tensor

$$T(\xi) = t^i_j(\xi)\, \underline{g}_i(\xi) \otimes \underline{g}^j(\xi)\,.$$

Durch Transformation übertragen wir den Tensor in eine neue Karte $\tilde{\xi}$:

$$T(\tilde{\xi}) = \tilde{t}^i_j(\tilde{\xi})\, \underline{\tilde{g}}_i(\tilde{\xi}) \otimes \underline{\tilde{g}}^j(\tilde{\xi})\,,$$

$$\tilde{t}^i_j(\tilde{\xi}) = \tilde{a}^i_k(\tilde{\xi})\, \underline{a}^l_j(\tilde{\xi})\, t^k_l(\xi)\,,$$

$$\tilde{a}^i_k(\tilde{\xi}) = \frac{\partial \tilde{\xi}^j}{\partial \xi^k}(\xi)\,, \qquad \underline{a}^l_j(\tilde{\xi}) = \frac{\partial \xi^l}{\partial \tilde{\xi}^j}(\tilde{\xi})\,.$$

Die Verjüngung des gegebenen Tensors 2. Stufe liefert ein Skalarenfeld. Wir können die Verjüngung in jedem Koordinatensystem vornehmen und bekommen:

$$t^i_i(\xi) = \tilde{t}^i_i(\tilde{\xi}) = \tilde{a}^i_k(\tilde{\xi})\underline{a}^l_i(\xi)\, t^k_l(\xi)\,.$$

Betrachten wir nur die Matrix der Komponenten, so ergibt sich folgender Sachverhalt. Die Spur der Matrix $t^i_j(\xi)$ ist invariant gegenüber der Koordinatentransformation. Wir können dies auch direkt bestätigen, ohne die Unabhängigkeit der Verjüngung vom Koordinatensystem zu verwenden:

$$\tilde{t}^i_i(\tilde{\xi}) = \frac{\partial \tilde{\xi}^i}{\partial \xi^k}(\xi)\, \frac{\partial \xi^l}{\partial \tilde{\xi}^i}(\tilde{\xi})\, t^k_l(\xi) = \delta^l_k\, t^k_l(\xi) = t^k_k(\xi)\,.$$

Beispiel 1.37

Wir betrachten einen Tensor 2. Stufe und ein Vektorfeld:

$$T(\xi) = t_{ij}(\xi)\,\underline{g}^i(\xi) \otimes \underline{g}^j(\xi)\,, \quad U(\xi) = u^k(\xi)\,\underline{g}_k(\xi)\,.$$

Durch Produktbildung erhalten wir einen Tensor 4. Stufe:

$$V(\xi) = T(\xi) \otimes U(\xi) \otimes U(\xi) = t_{ij}(\xi)\,u^k(\xi)\,u^l(\xi)\,\underline{g}^i(\xi) \otimes \underline{g}^j(\xi)\,\underline{g}_k(\xi) \otimes \underline{g}_l(\xi)\,.$$

mit den Komponenten $v_{ij}^{kl}(\xi) = t_{ij}(\xi)\,u^k(\xi)\,u^l(\xi)$. Zweimal Verjüngen ergibt das Skalarenfeld:

$$Q(\xi) = t_{ij}(\xi)\,u^i(\xi)\,u^j(\xi)\,.$$

Dieses Skalarenfeld nennt man Quadratische Form. Eine quadratische Form ist invariant gegenüber Koordinatentransformationen. Zur Bestätigung transformieren wir die Komponenten von V in das System $\tilde{\xi}$

$$\tilde{v}_{ij}^{kl}(\tilde{\xi}) = \underline{a}_i^n(\tilde{\xi})\underline{a}_j^o(\tilde{\xi})\,\tilde{a}_p^k(\xi)\,\tilde{a}_q^l(\xi)\,s_{no}^{pq}(\xi) = \underline{a}_i^n(\tilde{\xi})\underline{a}_j^o(\tilde{\xi})\,\tilde{a}_p^k(\xi)\,\tilde{a}_q^l(\xi)\,t_{no}(\xi)\,u^p(\xi)\,u^q(\xi)\,.$$

Verjüngen ergibt nun:

$$\tilde{s}_{ij}^{ij}(\tilde{\xi}) = \underline{a}_i^n(\tilde{\xi})\underline{a}_j^o(\tilde{\xi})\,\tilde{a}_p^i(\xi)\,\tilde{a}_q^j(\xi)\,t_{no}(\xi)\,u^p(\xi)\,u^q(\xi)$$

$$= \delta_p^n\,\delta_q^o\,t_{no}(\xi)\,u^p(\xi)\,u^q(\xi) = t_{no}(\xi)\,u^n(\xi)\,u^o(\xi)$$

$$= s_{ij}^{ij}(\xi)\,.$$

Beispiel 1.38

Wir betrachten die Metrikkoeffizienten $\underline{g}_i \cdot \underline{g}_j$ in jedem Punkt des Tangentialraums und bekommen den Metriktensor mit zweifach kovariante Komponenten:

$$g_{ij}(\xi)\,\underline{g}^i(\xi) \otimes \underline{g}^j(\xi) = \underline{g}_i(\xi) \cdot \underline{g}_j(\xi)\,\underline{g}^i(\xi) \otimes \underline{g}^j(\xi)\,.$$

Wir transformieren die Koeffizienten:

$$\tilde{g}_{ij}(\tilde{\xi}) = \underline{a}_i^l(\tilde{\xi})\,\underline{a}_j^k(\tilde{\xi})\,g_{lk}(\xi)$$

$$= \underline{a}_i^l(\tilde{\xi})\,\underline{a}_j^k(\tilde{\xi})\,\underline{g}_l(\xi) \cdot \underline{g}_k(\xi)$$

$$= (\underline{a}_i^l(\tilde{\xi})\,\underline{g}_l(\xi)) \cdot (\underline{a}_j^k(\tilde{\xi})\,\underline{g}_k(\xi))$$

$$= \tilde{\underline{g}}_i(\tilde{\xi}) \cdot \tilde{\underline{g}}_j(\tilde{\xi})\,.$$

Beispiel 1.39

Für Zylinderkoordinaten

$$x^1 = r \cos(\varphi), \quad x^2 = r \sin(\varphi), \quad x^3 = z,$$

mit den Basisvektoren im Tangentialraum:

$$\underline{g}_1(\xi) = \cos(\varphi)\,\underline{e}_1 + \sin(\varphi)\,\underline{e}_2,$$
$$\underline{g}_2(\xi) = -r\sin(\varphi)\,\underline{e}_1 + r\cos(\varphi)\,\underline{e}_2,$$
$$\underline{g}_3(\xi) = \underline{e}_3,$$

und der zugehörigen kontravarianten Basis:

$$\underline{g}^1(\xi) = \underline{g}_1(\xi), \quad \underline{g}^2(\xi) = \frac{1}{r^2}\,\underline{g}_2(\xi), \quad \underline{g}^3(\xi) = \underline{g}_3(\xi),$$

bekommen wir den Metriktensor:

$$(g_{ij}(\xi)) = \begin{pmatrix} 1 & 0 & 0 \\ 0 & r^2 & 0 \\ 0 & 0 & 1 \end{pmatrix}.$$

Analog besitzt der zweifach kontravariante Metriktensor die Koordinaten:

$$(g^{ij}(\xi)) = \begin{pmatrix} 1 & 0 & 0 \\ 0 & \frac{1}{r^2} & 0 \\ 0 & 0 & 1 \end{pmatrix}.$$

Für Kugelkoordinaten:

$$x^1 = r\sin(\vartheta)\cos(\varphi), \quad x^2 = r\sin(\vartheta)\sin(\varphi), \quad x^3 = r\cos(\vartheta),$$

mit den Basisvektoren im Tangentialraum:

$$\underline{g}_1(\xi) = \sin(\vartheta)\cos(\varphi)\,\underline{e}_1 + \sin(\vartheta)\sin(\varphi)\,\underline{e}_2 + \cos(\vartheta)\,\underline{e}_3,$$
$$\underline{g}_2(\xi) = r\cos(\vartheta)\cos(\varphi)\,\underline{e}_1 + r\cos(\vartheta)\sin(\varphi)\,\underline{e}_2 - r\sin(\vartheta)\,\underline{e}_3,$$
$$\underline{g}_3(\xi) = -r\sin(\vartheta)\sin(\varphi)\,\underline{e}_1 + r\sin(\vartheta)\cos(\varphi)\,\underline{e}_2,$$

und der zugehörigen kontravarianten Basis:

$$\underline{g}^1(\xi) = \underline{g}_1(\xi), \quad \underline{g}^2(\xi) = \frac{1}{r^2}\,\underline{g}_2(\xi), \quad \underline{g}^3(\xi) = \frac{1}{r^2\,(\sin(\vartheta))^2}\,\underline{g}_3(\xi),$$

bekommen wir den Metriktensor:

$$\left(g_{ij}(\xi)\right) = \begin{pmatrix} 1 & 0 & 0 \\ 0 & r^2 & 0 \\ 0 & 0 & r^2\,(\sin(\vartheta))^2 \end{pmatrix}.$$

Analog besitzt der zweifach kontravariante Metriktensor die Koordinaten:

$$\left(g^{ij}(\xi)\right) = \begin{pmatrix} 1 & 0 & 0 \\ 0 & \frac{1}{r^2} & 0 \\ 0 & 0 & \frac{1}{r^2\,(\sin(\vartheta))^2} \end{pmatrix}.$$

Beispiel 1.40

Wir betrachten die Volumenform (in cartesischen Koordinaten):

$$dV(x) = \varepsilon_{ijk}\,\underline{e}^i \otimes \underline{e}^j \otimes \underline{e}^k$$

und übertragen sie in ein Rechtssystem $\underline{\tilde{g}}_1(\tilde{\xi}), \underline{\tilde{g}}_2(\tilde{\xi}), \underline{\tilde{g}}_3(\tilde{\xi})$:

$$dV(\tilde{\xi}) = \tilde{\varepsilon}_{ijk}(\tilde{\xi})\,\underline{\tilde{g}}^i(\tilde{\xi}) \otimes \underline{\tilde{g}}^j(\tilde{\xi}) \otimes \underline{\tilde{g}}^k(\tilde{\xi}) = \sqrt{g(\tilde{\xi})}\,\varepsilon_{ijk}\,\underline{\tilde{g}}^i(\tilde{\xi}) \otimes \underline{\tilde{g}}^j(\tilde{\xi}) \otimes \underline{\tilde{g}}^k(\tilde{\xi}),$$
$$\tilde{g}(\tilde{\xi}) = \det(\tilde{g}_{ij}(\tilde{\xi}))\,.$$

Die Volumenform liefert nun das Volumenelement:

$$dV(x)(dx^1\,\underline{e}_1, dx^2\,\underline{e}_2, dx^3\,\underline{e}_3) = dx^1\,dx^2\,dx^3$$

und allgemein:

$$dV(\tilde{\xi})(d\tilde{\xi}^1\,\underline{g}_1(\tilde{\xi}), d\tilde{\xi}^2\,\underline{g}_2(\tilde{\xi}), d\tilde{\xi}^3\,\underline{g}_3(\tilde{\xi})) = \sqrt{\tilde{g}(\tilde{\xi})}\,d\tilde{\xi}^1\,d\tilde{\xi}^2\,d\tilde{\xi}^3\,.$$

Für Kugelkoordinaten ergibt sich das Volumenelement:

$$dV(\tilde{\xi})(dr\,\underline{g}_1(\tilde{\xi}), d\vartheta\,\underline{g}_2(\tilde{\xi}), d\varphi\,\underline{g}_3(\tilde{\xi})) = r^2\,\sin(\vartheta)\,dr\,d\vartheta\,d\varphi\,.$$

1.5 Kovariante Ableitung

Wir beginnen mit einem Skalarenfeld $t(\xi)$ und bilden die partiellen Ableitungen

$$\frac{\partial t}{\partial \xi^i}(\xi) = t_{,i}(\xi)\,.$$

Wir fragen nach den Transformationseigenschaften der partiellen Ableitungen:

$$\frac{\partial \tilde{t}}{\partial \tilde{\xi}^i}(\tilde{\xi}) = \frac{\partial t}{\partial \xi^j}(\xi) \frac{\partial \xi^j}{\partial \tilde{\xi}^i}(\tilde{\xi}) = \frac{\partial \xi^j}{\partial \tilde{\xi}^i}(\tilde{\xi}) \, t_{,j}(\xi) \,.$$

Wir haben also das Transformationsverhalten der kovarianten Komponenten eines Tensors 1. Stufe:

$$\tilde{t}_{,i}(\tilde{\xi}) = a_i^j(\tilde{\xi}) \, t_{,j}(\xi) \,.$$

Satz: Gradient, kovariante Ableitung eines Skalarenfeldes

Durch kovariante Ableitung eines Skalarenfeldes $t(\xi)$ entsteht ein Tensorfeld 1. Stufe mit kovarianten Komponenten:

$$\nabla t(\xi) = t|_i(\xi) \, \underline{g}^i(\xi) = t_{,i}(\xi) \, \underline{g}^i(\xi) \,.$$

Beispiel 1.41

Wir gehen aus von einem Skalarenfeld in cartesischen Koordinaten $t(x)$. Der Gradient lautet:

$$\nabla t(x) = \frac{\partial t}{\partial x^i}(x) \, \underline{e}^i = \frac{\partial t}{\partial x^i}(x) \, \underline{e}_i = \left(\frac{\partial t}{\partial x^1}(x), \frac{\partial t}{\partial x^2}(x), \frac{\partial t}{\partial x^3}(x) \right) \,.$$

Wir beschreiben den Gradienten in Kugelkoordinaten: $\xi = (\xi^1, \xi^2, \xi^3) = (r, \vartheta, \varphi)$:

$$x^1 = r \sin(\vartheta) \cos(\varphi), \quad x^2 = r \sin(\vartheta) \sin(\varphi), \quad x^3 = r \cos(\vartheta) \,.$$

Die zugeordnete kovariante Basis im Tangentialraum lautet:

$$\underline{g}_1(\xi) = \sin(\vartheta) \cos(\varphi) \, \underline{e}_1 + \sin(\vartheta) \sin(\varphi) \, \underline{e}_2 + \cos(\vartheta) \, \underline{e}_3 \,,$$

$$\underline{g}_2(\xi) = r \cos(\vartheta) \cos(\varphi) \, \underline{e}_1 + r \cos(\vartheta) \sin(\varphi) \, \underline{e}_2 - r \sin(\vartheta) \, \underline{e}_3 \,,$$

$$\underline{g}_3(\xi) = -r \sin(\vartheta) \sin(\varphi) \, \underline{e}_1 + r \sin(\vartheta) \cos(\varphi) \, \underline{e}_2 \,.$$

Die kontravariante Basis lautet:

$$\underline{g}^1(\xi) = \underline{g}_1(\xi), \quad \underline{g}^2(\xi) = \frac{1}{r^2} \underline{g}_2(\xi), \quad \underline{g}^3(\xi) = \frac{1}{r^2 (\sin(\vartheta))^2} \underline{g}_3(\xi) \,.$$

Der Gradient nimmt nun folgende Gestalt an:

$$\nabla t(\xi) = t|_i(\xi) \, \underline{g}^i(\xi)$$

$$= \frac{\partial t}{\partial r}(\xi) \, \underline{g}^1(\xi) + \frac{\partial t}{\partial \vartheta}(\xi) \, \underline{g}^2(\xi) + \frac{\partial t}{\partial \varphi} \, \underline{g}^3(\xi) \,,$$

bzw.

$$\nabla t(\xi) = \frac{\partial t}{\partial r}(\xi)\, \underline{g}_1(\xi) + \frac{\partial t}{\partial \vartheta}(\xi)\, \frac{1}{r^2}\, \underline{g}_2(\xi) + \frac{\partial t}{\partial \varphi}(\xi)\, \frac{1}{r^2\,(\sin(\vartheta))^2}\, \underline{g}_3(\xi)$$

$$= \frac{\partial t}{\partial r}(\xi)\, \underline{g}_1(\xi) + \frac{1}{r^2}\, \frac{\partial t}{\partial \vartheta}(\xi)\, \underline{g}_2(\xi) + \frac{1}{r^2\,(\sin(\vartheta))^2}\, \frac{\partial t}{\partial \varphi}(\xi)\, \underline{g}_3(\xi).$$

Häufig gibt man den Gradienten auch mithilfe von Tangenteneinheitsvektoren an

$$\underline{g}_1^*(\xi) = \underline{g}_1(\xi),$$

$$\underline{g}_2^*(\xi) = \frac{1}{\sqrt{r^2}}\, \underline{g}_2(\xi) = \frac{1}{r}\, \underline{g}_2(\xi),$$

$$\underline{g}_3^*(\xi) = \frac{1}{\sqrt{r^2\,(\sin(\vartheta))^2}}\, \underline{g}_3(\xi) = \frac{1}{r\,\sin(\vartheta)}\, \underline{g}_3(\xi),$$

und erhält so genannte physikalische Komponenten:

$$\nabla t(\xi) = \frac{\partial t}{\partial r}(\xi)\, \underline{g}_1^*(\xi) + \frac{1}{r}\, \frac{\partial t}{\partial \vartheta}(\xi)\, \underline{g}_2^*(\xi) + \frac{1}{r\,\sin(\vartheta)}\, \frac{\partial t}{\partial \varphi}(\xi)\, \underline{g}_3^*(\xi).$$

Im nächsten Schritt nehmen wir ein Tensorfeld 1. Stufe mit kontravarianten Komponenten:

$$T(\xi) = t^i(\xi)\, \underline{g}_i(\xi)$$

und bilden partielle Ableitungen. Die Frage ist, ob ein Tensorfeld 2. Stufe $t^i{}_{,j}$ mit kontravarianten-kovarianten Komponenten entsteht. Dies ist nicht der Fall. Wir müssen von der partiellen Ableitung zur kovarianten Ableitung übergehen. Das Transformationsverhalten der partiellen Ableitung

$$\frac{\partial t^i}{\partial \xi^j}(\xi) = t^i{}_{,j}(\xi)$$

entnimmt man der folgenden Rechnung:

$$\tilde{t}^i{}_{,j}(\tilde{\xi}) = \frac{\partial}{\partial \tilde{\xi}^j}\left(\frac{\partial \tilde{\xi}^i}{\partial \xi^k}(\xi)\, t^k(\xi) \right)$$

$$= \frac{\partial^l \tilde{\xi}^i}{\partial \xi^k\, \partial \xi^l}(\xi)\, \frac{\partial \xi^l}{\partial \tilde{\xi}^j}(\tilde{\xi})\, t^k(\xi) + \frac{\partial \tilde{\xi}^i}{\partial \xi^k}(\xi)\, t^k{}_{,m}(\tilde{\xi})\, \frac{\partial \xi^m}{\partial \tilde{\xi}^j}(\tilde{\xi}),$$

also:

$$\tilde{t}^i{}_{,j}(\tilde{\xi}) = \frac{\partial \tilde{\xi}^i}{\partial \xi^k}(\xi)\, \frac{\partial \xi^m}{\partial \tilde{\xi}^j}(\tilde{\xi})\, t^k{}_{,m}(\xi) + \frac{\partial^2 \tilde{\xi}^i}{\partial \xi^k\, \partial \xi^l}(\xi)\, \frac{\partial \xi^l}{\partial \tilde{\xi}^j}(\tilde{\xi})\, t^k(\xi).$$

Der erste Summand entspricht der Transformation eines Tensorfelds mit kontravarianten-kovarianten Komponenten, aber der zweite Summand stört dieses Transformationsverhalten. Die partielle Ableitung eines kontravarianten Vektorfeldes bildet kein Tensorfeld.

Wir beziehen ein Koordinatensystem ξ auf kartesischen Koordinaten x:

$$\underline{g}_k(\xi) = \frac{\partial x^i}{\partial \xi^k}(\xi)\, \underline{e}_i \,, \quad \underline{e}_i = \frac{\partial \xi^j}{\partial x^i}(x)\, \underline{g}_j(\xi)\,.$$

Partielle Ableitung ergibt:

$$\underline{g}_{k,l}(\xi) = \frac{\partial^2 x^i}{\partial \xi^k \partial \xi^l}(\xi)\, \underline{e}_i = \frac{\partial \xi^j}{\partial x^i}(\xi)\, \frac{\partial^2 x^i}{\partial \xi^k \partial \xi^l}(\xi)\, \underline{g}_j\,.$$

Satz: Christoffel-Symbole
Mit den Christoffel-Symbolen

$$\Gamma^j_{kl}(\xi) = \frac{\partial \xi^j}{\partial x^i}(x)\, \frac{\partial^2 x^i}{\partial \xi^k \partial \xi^l}(\xi)$$

werden die partiellen Ableitungen von Basisvektoren durch Basisvektoren ausgedrückt:

$$\underline{g}_{k,l}(\xi) = \Gamma^j_{kl}(\xi)\, \underline{g}_j(\xi)\,.$$

Es gilt die Symmetrie

$$\Gamma^j_{kl}(\xi) = \Gamma^j_{lk}(\xi)\,.$$

Ferner erfüllen die Christoffel-Symbole das Transformationsgesetz:

$$\tilde{\Gamma}^i_{jk}(\tilde{\xi}) = \Gamma^l_{mn}(\xi)\, \frac{\partial \tilde{\xi}^i}{\partial \xi^l}(\xi)\, \frac{\partial \xi^m}{\partial \tilde{\xi}^j}(\tilde{\xi})\, \frac{\partial \xi^n}{\partial \tilde{\xi}^k}(\tilde{\xi}) - \frac{\partial^2 \tilde{\xi}^i}{\partial \xi^m \partial \xi^n}(\xi)\, \frac{\partial \xi^m}{\partial \tilde{\xi}^j}(\tilde{\xi})\, \frac{\partial \xi^n}{\partial \tilde{\xi}^k}(\tilde{\xi})\,.$$

Die Symmetrie der Christoffel-Symbole ergibt sich sofort aus der Vertauschbarkeit der partiellen Ableitung. Das Transformationsgesetz leiten wir her.

$$\frac{\partial \tilde{\xi}^j}{\partial x^i}(x) = \frac{\partial \tilde{\xi}^j}{\partial \xi^m}(\xi)\, \frac{\partial \xi^m}{\partial x^i}(x)\,, \quad \frac{\partial x^i}{\partial \tilde{\xi}^k}(\tilde{\xi}) = \frac{\partial x^i}{\partial \xi^n}(\xi)\, \frac{\partial \xi^n}{\partial \tilde{\xi}^k}(\tilde{\xi})\,,$$

und damit

$$\frac{\partial^2 x^i}{\partial \tilde{\xi}^k \partial \tilde{\xi}^l}(\tilde{\xi}) = \frac{\partial^2 x^i}{\partial \xi^n \partial \xi^p}(\xi)\, \frac{\partial \xi^p}{\partial \tilde{\xi}^l}(\tilde{\xi})\, \frac{\partial \xi^n}{\partial \tilde{\xi}^k}(\tilde{\xi}) + \frac{\partial x^i}{\partial \xi^n}(\xi)\, \frac{\partial^2 \xi^n}{\partial \tilde{\xi}^k \partial \tilde{\xi}^l}(\tilde{\xi})\,.$$

Einsetzen ergibt:

$$\tilde{\Gamma}_{kl}^{j}(\tilde{\xi}) = \frac{\partial \tilde{\xi}^{j}}{\partial x^{i}}(\xi)\, \frac{\partial^{2} x^{i}}{\partial \tilde{\xi}^{k}\, \partial \tilde{\xi}^{l}}(\tilde{\xi})$$

$$= \frac{\partial \tilde{\xi}^{j}}{\partial \xi^{m}}(\xi)\, \frac{\partial \xi^{m}}{\partial x^{i}}(x)\left(\frac{\partial^{2} x^{i}}{\partial \xi^{n}\, \partial \xi^{p}}(\xi)\, \frac{\partial \xi^{p}}{\partial \tilde{\xi}^{l}}(\tilde{\xi})\, \frac{\partial \xi^{n}}{\partial \tilde{\xi}^{k}}(\tilde{\xi}) + \frac{\partial x^{i}}{\partial \xi^{n}}(\xi)\, \frac{\partial^{2} \xi^{n}}{\partial \tilde{\xi}^{k}\, \partial \tilde{\xi}^{l}}(\tilde{\xi}) \right)$$

$$= \Gamma_{np}^{m}(\xi)\, \frac{\partial \tilde{\xi}^{j}}{\partial \xi^{m}}(\xi)\, \frac{\partial \xi^{n}}{\partial \tilde{\xi}^{k}}(\tilde{\xi})\, \frac{\partial \xi^{p}}{\partial \tilde{\xi}^{l}}(\tilde{\xi}) + \frac{\partial \tilde{\xi}^{j}}{\partial \xi^{m}}(\xi)\, \delta_{n}^{m}\, \frac{\partial^{2} \xi^{n}}{\partial \tilde{\xi}^{k}\, \partial \tilde{\xi}^{l}}(\tilde{\xi})$$

$$= \Gamma_{np}^{m}(\xi)\, \frac{\partial \tilde{\xi}^{j}}{\partial \xi^{m}}(\xi)\, \frac{\partial \xi^{n}}{\partial \tilde{\xi}^{k}}(\tilde{\xi})\, \frac{\partial \xi^{p}}{\partial \tilde{\xi}^{l}}(\tilde{\xi}) + \frac{\partial \tilde{\xi}^{j}}{\partial \xi^{m}}(\xi)\, \frac{\partial^{2} \xi^{m}}{\partial \tilde{\xi}^{k}\, \partial \tilde{\xi}^{l}}(\tilde{\xi}).$$

Wegen

$$\frac{\partial \tilde{\xi}^{j}}{\partial \xi^{m}}(\xi)\, \frac{\partial \xi^{m}}{\partial \tilde{\xi}^{l}}(\tilde{\xi}) = \delta_{l}^{j}$$

folgt

$$\frac{\partial^{2} \tilde{\xi}^{j}}{\partial \xi^{m}\, \partial \xi^{n}}(\xi)\, \frac{\partial \xi^{m}}{\partial \tilde{\xi}^{l}}(\tilde{\xi})\, \frac{\partial \xi^{n}}{\partial \tilde{\xi}^{o}}(\tilde{\xi}) + \frac{\partial \tilde{\xi}^{j}}{\partial \xi^{m}}(\xi)\, \frac{\partial^{2} \xi^{m}}{\partial \tilde{\xi}^{l}\, \partial \tilde{\xi}^{o}}(\tilde{\xi}) = 0$$

bzw.

$$\frac{\partial \tilde{\xi}^{j}}{\partial \xi^{m}}(\xi)\, \frac{\partial^{2} \xi^{m}}{\partial \tilde{\xi}^{l}\, \partial \tilde{\xi}^{o}}(\tilde{\xi}) = -\frac{\partial^{2} \tilde{\xi}^{j}}{\partial \xi^{m}\, \partial \xi^{n}}(\xi)\, \frac{\partial \xi^{m}}{\partial \tilde{\xi}^{l}}(\tilde{\xi})\, \frac{\partial \xi^{n}}{\partial \tilde{\xi}^{o}}(\tilde{\xi}).$$

Insgesamt bekommen wir nun das Transformationsgesetz.

Mit den Christoffel-Symbolen können wir nun die kovariante Ableitung eines Tensorfelds 1. Stufe mit kontravarianten Komponenten erklären.

Definition: Kovariante Ableitung eines kontravarianten Vektorfelds
Die kovariante Ableitung des kontravarianten Vektorfelds

$$T(\xi) = t^{i}(\xi)\, \underline{g}_{i}(\xi)$$

wird erklärt durch

$$\nabla T(\xi) = t^{i}|_{j}(\xi)\, \underline{g}^{j}(\xi) \otimes \underline{g}_{i}(\xi), \quad t^{i}|_{j}(\xi) = t^{i}_{,j}(\xi) + \Gamma_{jk}^{i}(\xi)\, t^{k}(\xi).$$

Bei der partiellen Ableitung der Komponenten $t^{i}(\xi)$ bekommen wir einen Summanden, der das tensorielle Transformationsverhalten zerstört. Diese Störung wird gerade durch den Korrekturterm $\Gamma_{jk}^{i}(\xi)\, t^{k}(\xi)$ behoben. Der Übergang in ein anderes Koordinatensystem

$$\tilde{t}^{i}|_{j}(\tilde{\xi}) = \tilde{t}^{i}_{,j}(\tilde{\xi}) + \tilde{\Gamma}_{jk}^{i}(\tilde{\xi})\, \tilde{t}^{k}(\tilde{\xi})$$

muss durch tensorielle Transformation erfolgen:

$$\tilde{t}^i|_j(\tilde{\xi}) = \frac{\partial \tilde{\xi}^i}{\partial \xi^k}(\xi)\, \frac{\partial \xi^r}{\partial \tilde{\xi}^j}(\tilde{\xi})\, t^k|_r(\xi)\,.$$

Wir zeigen:

$$\tilde{\Gamma}^i_{js}(\tilde{\xi})\, \tilde{t}^s(\tilde{\xi}) = \frac{\partial \tilde{\xi}^i}{\partial \xi^k}(\xi)\, \frac{\partial \xi^r}{\partial \tilde{\xi}^j}(\tilde{\xi})\, t^k|_r(\xi) - \tilde{t}^i{}_{,j}(\tilde{\xi})\,.$$

Aus dem Transformationsgesetz

$$\tilde{\Gamma}^i_{js}(\tilde{\xi}) = \Gamma^k_{rl}(\xi)\, \frac{\partial \tilde{\xi}^i}{\partial \xi^k}(\xi)\, \frac{\partial \xi^r}{\partial \tilde{\xi}^j}(\tilde{\xi})\, \frac{\partial \xi^l}{\partial \tilde{\xi}^s}(\tilde{\xi}) - \frac{\partial^2 \tilde{\xi}^i}{\partial \xi^r \partial \xi^l}(\xi)\, \frac{\partial \xi^r}{\partial \tilde{\xi}^j}(\tilde{\xi})\, \frac{\partial \xi^l}{\partial \tilde{\xi}^s}(\tilde{\xi})$$

erhalten wir durch Multiplikation:

$$\tilde{\Gamma}^i_{js}(\tilde{\xi})\, \frac{\partial \tilde{\xi}^s}{\partial \xi^l}(\xi) = \Gamma^k_{rl}(\xi)\, \frac{\partial \tilde{\xi}^i}{\partial \xi^k}(\xi)\, \frac{\partial \xi^r}{\partial \tilde{\xi}^j}(\tilde{\xi}) - \frac{\partial^2 \tilde{\xi}^i}{\partial \xi^l \partial \xi^r}(\xi)\, \frac{\partial \xi^r}{\partial \tilde{\xi}^j}(\tilde{\xi})$$

und

$$\tilde{\Gamma}^i_{js}(\tilde{\xi})\, \frac{\partial \tilde{\xi}^s}{\partial \xi^l}(\xi)\, t^l(\xi) = \Gamma^k_{rl}(\xi)\, t^l(\xi)\, \frac{\partial \tilde{\xi}^i}{\partial \xi^k}(\xi)\, \frac{\partial \xi^r}{\partial \tilde{\xi}^j}(\tilde{\xi}) - t^l(\xi)\, \frac{\partial^2 \tilde{\xi}^i}{\partial \xi^l \partial \xi^r}(\xi)\, \frac{\partial \xi^r}{\partial \tilde{\xi}^j}(\tilde{\xi})\,.$$

Mit der Beziehung

$$\tilde{t}^s(\tilde{\xi}) = \frac{\partial \tilde{\xi}^s}{\partial \xi^l}(\xi)\, t^l(\xi)$$

folgt schließlich:

$$\begin{aligned}
\tilde{\Gamma}^i_{js}(\tilde{\xi})\, \tilde{t}^s(\tilde{\xi}) &= \Gamma^k_{rl}(\xi)\, t^l(\xi)\, \frac{\partial \tilde{\xi}^i}{\partial \xi^k}(\xi)\, \frac{\partial \xi^r}{\partial \tilde{\xi}^j}(\tilde{\xi}) - t^l(\xi)\, \frac{\partial^2 \tilde{\xi}^i}{\partial \xi^l \partial \xi^r}(\xi)\, \frac{\partial \xi^r}{\partial \tilde{\xi}^j}(\tilde{\xi}) \\[1mm]
&= \frac{\partial \tilde{\xi}^i}{\partial \xi^k}(\xi)\, \frac{\partial \xi^r}{\partial \tilde{\xi}^j}(\tilde{\xi})\, \left(t^k{}_{,r}(\xi) + \Gamma^k_{rl}(\xi)\, t^l(\xi) \right) \\[1mm]
&\quad - \left(\frac{\partial \tilde{\xi}^i}{\partial \xi^r}(\xi)\, \frac{\partial \xi^m}{\partial \tilde{\xi}^j}(\tilde{\xi})\, t^k{}_{,r}(\xi) + \frac{\partial^2 \tilde{\xi}^i}{\partial \xi^l \partial \xi^r}(\xi)\, \frac{\partial \xi^l}{\partial \tilde{\xi}^j}(\tilde{\xi})\, t^r(\xi) \right) \\[1mm]
&= \frac{\partial \tilde{\xi}^i}{\partial \xi^k}(\xi)\, \frac{\partial \xi^r}{\partial \tilde{\xi}^j}(\tilde{\xi})\, t^k|_r(\xi) - \tilde{t}^i{}_{,j}(\tilde{\xi})\,.
\end{aligned}$$

Beispiel 1.42

Wir geben noch eine Interpretation der kovarianten Ableitung eines kontravarianten Vektorfeldes:

$$T(\xi) = t^i(\xi)\, \underline{g}_i(\xi)\,.$$

Die kovariante Ableitungskomponenten:

$$t^i|_j(\xi) = t^i{}_{,j}(\xi) + \Gamma^i_{jk}(\xi)\, t^k(\xi)$$

treten nämlich bei der partiellen Ableitung auf:

$$T_{,j}(\xi) = \frac{\partial T}{\partial \xi^j}(\xi)$$

Es gilt:

$$T_{,j}(\xi) = t^i{}_{,j}(\xi)\, \underline{g}_i(\xi) + t^i(\xi)\, \underline{g}_{i,j}(\xi)$$
$$= t^i{}_{,j}(\xi)\, \underline{g}_i(\xi) + t^i(\xi)\, \Gamma^l_{ij}(\xi)\, \underline{g}_l(\xi)$$
$$= t^i|_j(\xi)\, \underline{g}_i(\xi)\,.$$

Als Nächstes geben wir die Christoffel-Symbole nur mit der zugrunde liegenden Karte ohne Bezug auf die cartesischen Koordinaten an.

Satz: Christoffel-Symbole und Metrikkoeffizienten
Die Christoffel-Symbole können durch die Metriktensoren ausgedrückt werden:

$$\Gamma^k_{lm}(\xi) = \tfrac{1}{2}\, g^{kn}(\xi)\, \left(g_{mn,l}(\xi) + g_{nl,m}(\xi) - g_{lm,n}(\xi)\right)\,.$$

Die Christoffel-Symbole treten als Faktoren bei der partiellen Ableitung der Basisvektoren auf:

$$\underline{g}_{k,l}(\xi) = \Gamma^m_{kl}(\xi)\, \underline{g}_m(\xi)\,.$$

Wir zeigen entsprechend für die kontravariante Basis:

$$\underline{g}^k{}_{,l}(\xi) = -\Gamma^k_{lm}(\xi)\, \underline{g}^m(\xi)\,.$$

Es gibt eine Basisdarstellung:

$$\underline{g}^i{}_{,j}(\xi) = \hat{\Gamma}^i_{jn}(\xi)\, \underline{g}^n(\xi)\,.$$

Aus der Beziehung

$$\underline{g}^i(\xi) \cdot \underline{g}_j(\xi) = \delta^i_j$$

folgern wir:

$$\left(\underline{g}^i(\xi)\cdot\underline{g}_j(\xi)\right)_{,k} = \underline{g}^i_{,k}(\xi)\cdot\underline{g}_j(\xi) + \underline{g}^i(\xi)\cdot\underline{g}_{j,k}(\xi)$$

$$= \hat{\Gamma}^i_{kn}(\xi)\,\underline{g}^n(\xi)\cdot\underline{g}_j(\xi) + \underline{g}^i(\xi)\cdot\left(\Gamma^l_{jk}(\xi)\,\underline{g}_l(\xi)\right)$$

$$= \hat{\Gamma}^i_{kn}(\xi)\,\delta^n_j(\xi) + \Gamma^l_{jk}(\xi)\,\delta^i_l$$

$$= \hat{\Gamma}^i_{kj} + \Gamma^i_{jk}$$

$$= 0\,,$$

also

$$\hat{\Gamma}^i_{jk}(\xi) = -\Gamma^i_{jk}(\xi)\,.$$

Aus den Ableitung der Basisvektoren

$$\underline{g}_{k,l}(\xi) = \Gamma^m_{kl}(\xi)\,\underline{g}_m(\xi)\,,\quad \underline{g}^k_{,l}(\xi) = -\Gamma^k_{lm}(\xi)\,\underline{g}^m(\xi)\,,$$

bekommen wir folgenden Ausdruck für die Christoffel-Symbole:

$$\Gamma^n_{kl}(\xi) = \underline{g}_{k,l}(\xi)\cdot\underline{g}^n(\xi)\,,\quad \Gamma^k_{ln}(\xi) = -\underline{g}^k_{,l}(\xi)\cdot\underline{g}_n\,.$$

Ableiten liefert:

$$\frac{\partial}{\partial\xi^n}\underline{g}_l(\xi) = \frac{\partial}{\partial\xi^n}\left(g_{kl}(\xi)\,\underline{g}^k(\xi)\right)\quad\text{bzw.}\quad \underline{g}_{l,n}(\xi) = g_{kl,n}(\xi)\,\underline{g}^k(\xi) + g_{kl}(\xi)\,\underline{g}^k_{,n}(\xi)\,.$$

Multiplikation mit $\underline{g}^p$ ergibt:

$$\Gamma^p_{ln}(\xi) = \underline{g}_{l,n}(\xi)\cdot\underline{g}^p(\xi)$$

$$= g_{kl,n}(\xi)\,\underline{g}^k(\xi)\cdot\underline{g}^p(\xi) + g_{kl}(\xi)\,\underline{g}^k_{,n}(\xi)\cdot\underline{g}^p(\xi)$$

$$= g^{kp}(\xi)\,g_{kl,n}(\xi) + g_{kl}(\xi)\left(-\Gamma^k_{nq}(\xi)\,\underline{g}^q(\xi)\cdot\underline{g}^p(\xi)\right)$$

$$= g^{kp}(\xi)\,g_{kl,n}(\xi) - g_{kl}(\xi)\,g^{pq}(\xi)\,\Gamma^k_{nq}(\xi)\,,$$

also

$$\Gamma^p_{ln}(\xi) + g_{kl}(\xi)\,g^{pq}(\xi)\,\Gamma^k_{nq}(\xi) = g^{kp}(\xi)\,g_{kl,n}(\xi)\,.$$

Multiplikation dieser Beziehung mit g_{pm} und Summation über p führt auf:

$$g_{pm}(\xi)\,\Gamma^p_{ln}(\xi) + g_{kl}(\xi)\,g^{qp}(\xi)\,g_{pm}(\xi)\,\Gamma^k_{nq}(\xi) = g^{kp}(\xi)\,g_{pm}(\xi)\,g_{kl,n}(\xi)$$

bzw.

$$g_{ml,n}(\xi) = g_{pm}(\xi)\,\Gamma^p_{ln}(\xi) + g_{kl}(\xi)\,\Gamma^k_{nm}(\xi)\,.$$

Wir vertauschen zyklisch und erhalten:

$$g_{lm,n}(\xi) = g_{pm}\,\Gamma_{ln}^{p} + g_{kl}\,g_{ml,n}(\xi)\,\Gamma_{mn}^{k}(\xi)\,,$$

$$g_{mn,l}(\xi) = g_{pn}(\xi)\,\Gamma_{ml}^{p}(\xi) + g_{km}(\xi)\,\Gamma_{nl}^{k}(\xi)\,,$$

$$g_{nl,m}(\xi) = g_{pl}(\xi)\,\Gamma_{nm}^{p} + g_{kn}(\xi)\,\Gamma_{lm}^{k}(\xi)\,.$$

Hieraus folgt:

$$\frac{1}{2}\left(g_{mn,l}(\xi) + g_{nl,m}(\xi) - g_{lm,n}(\xi)\right) = -\frac{1}{2}\,g_{lm,n}(\xi) + \frac{1}{2}\,g_{mn,l}(\xi) + \frac{1}{2}\,g_{nl,m}(\xi)$$
$$= \frac{1}{2}\,g_{pn}(\xi)\,\Gamma_{ml}^{p}(\xi) + \frac{1}{2}\,g_{kn}(\xi)\,\Gamma_{lm}^{k}(\xi)$$
$$= g_{pn}(\xi)\,\Gamma_{lm}^{p}(\xi)\,.$$

Schließlich multiplizieren wir mit $g^{kn}(\xi)$ und addieren über n:

$$\Gamma_{lm}^{k}(\xi) = \frac{1}{2}\,g^{kn}(\xi)\,\left(g_{mn,l}(\xi) + g_{nl,m}(\xi) - g_{lm,n}(\xi)\right)\,.$$

Beispiel 1.43

Wir geben die Christoffel-Symbole in cartesischen, Zylinder- und in Kugelkoordinaten an. Mit den Metrikkoeffizienten in cartesischen Koordinaten bekommen wir:

$$\Gamma_{lm}^{k}(\xi) = \frac{1}{2}\,\delta^{kn}\,\left(\delta_{mn,l} + \delta_{nl,m} - \delta_{lm,n}\right) = 0\,.$$

Wir betrachten die Metrikkoeffizienten in Zylinderkoordinaten:

$$\left(g_{ij}(\xi)\right) = \begin{pmatrix} 1 & 0 & 0 \\ 0 & r^2 & 0 \\ 0 & 0 & 1 \end{pmatrix}, \quad \left(g^{ij}\right) = \begin{pmatrix} 1 & 0 & 0 \\ 0 & \frac{1}{r^2} & 0 \\ 0 & 0 & 1 \end{pmatrix}.$$

Wegen $g^{kn}(\xi) = 0$ für $k \neq n$ folgt zunächst:

$$\Gamma_{lm}^{k}(\xi) = \frac{1}{2}\,g^{kk}(\xi)\,\left(g_{mk,l}(\xi) + g_{kl,m}(\xi) - g_{lm,k}(\xi)\right) \quad \text{(nicht über } k \text{ summieren)}$$

und schließlich:

$$\left(\Gamma_{ij}^{1}(\xi)\right) = \begin{pmatrix} 0 & 0 & 0 \\ 0 & -r & 0 \\ 0 & 0 & 0 \end{pmatrix},$$

$$\left(\Gamma_{ij}^{2}(\xi)\right) = \begin{pmatrix} 0 & \frac{1}{r} & 0 \\ \frac{1}{r} & 0 & 0 \\ 0 & 0 & 0 \end{pmatrix},$$

$$\left(\Gamma_{ij}^{3}(\xi)\right) = \begin{pmatrix} 0 & 0 & 0 \\ 0 & 0 & 0 \\ 0 & 0 & 0 \end{pmatrix}.$$

Beispielsweise gilt:

$$\Gamma_{22}^1(\xi) = \tfrac{1}{2} g^{11}(\xi) \left(g_{21,2}(\xi) + g_{12,2}(\xi) - g_{22,1}(\xi)\right)$$
$$= \tfrac{1}{2} \left(0,_\varphi + 0,_\varphi - (r^2),_r \right) = -r .$$
$$\Gamma_{12}^2(\xi) = \tfrac{1}{2} g^{22}(\xi) \left(g_{22,1}(\xi) + g_{21,2}(\xi) - g_{12,2}(\xi)\right)$$
$$= \frac{1}{2} \frac{1}{r^2} \left((r^2),_r + 0,_\varphi - 0,_z \right) = \frac{1}{r} .$$

Wir betrachten die Metrikkoeffizienten in Kugelkoordinaten:

$$\left(g_{ij}(\xi)\right) = \begin{pmatrix} 1 & 0 & 0 \\ 0 & r^2 & 0 \\ 0 & 0 & r^2 (\sin(\vartheta))^2 \end{pmatrix}, \quad \left(g^{ij}\right) = \begin{pmatrix} 1 & 0 & 0 \\ 0 & \frac{1}{r^2} & 0 \\ 0 & 0 & \frac{1}{r^2 (\sin(\vartheta))}{}^2 \end{pmatrix} .$$

Wieder haben wir nur in der Diagonale von Null verschiedene Metrikkoeffizienten:

$$\Gamma_{lm}^k(\xi) = \tfrac{1}{2} g^{kk}(\xi) \left(g_{mk,l}(\xi) + g_{kl,m}(\xi) - g_{lm,k}(\xi)\right) \quad \text{(nicht über } k \text{ summieren)},$$

und wir bekommen:

$$\left(\Gamma_{ij}^1(\xi)\right) = \begin{pmatrix} 0 & 0 & 0 \\ 0 & -r^2 & 0 \\ 0 & 0 & -r^2 (\sin(\vartheta))^2 \end{pmatrix},$$

$$\left(\Gamma_{ij}^2(\xi)\right) = \begin{pmatrix} 0 & \frac{1}{r} & 0 \\ \frac{1}{r} & 0 & 0 \\ 0 & 0 & -\sin(\vartheta) \cos(\vartheta) \end{pmatrix},$$

$$\left(\Gamma_{ij}^3(\xi)\right) = \begin{pmatrix} 0 & 0 & \frac{1}{r} \\ 0 & 0 & \cot(\vartheta) \\ \frac{1}{r} & \cot(\vartheta) & 0 \end{pmatrix} .$$

Beispielsweise gilt:

$$\Gamma_{23}^3(\xi) = \frac{1}{2} g^{33}(\xi) \left(g_{33,2}(\xi) + g_{32,3}(\xi) - g_{23,3}(\xi)\right)$$
$$= \frac{1}{2} \frac{1}{r^2 (\sin(\vartheta))^2} \left((r^2 (\sin(\vartheta))^2),_\vartheta + 0,_\varphi - 0,_\varphi \right)$$
$$= \frac{1}{2} \frac{1}{r^2 (\sin(\vartheta))^2} 2 r^2 (\sin(\vartheta))^2 \cos(\vartheta) = \cot(\vartheta) .$$

Wir haben Tensorfelder 0. und 1. Stufe mit den Christoffel-Symbolen kovariant abgeleitet:

$$u|_j(\xi) = u,_j(\xi) ,$$
$$t^i|_j(\xi) = t^i,_j(\xi) + \Gamma_{jk}^i(\xi) t^k(\xi) .$$

Aus einem Tensor 0. Stufe entsteht dabei ein Tensor 1. Stufe mit kovarianten Komponenten, während aus einem Tensor 1. Stufe mit kontravarianten Komponenten ein Tensor 2. Stufe mit kontravarianten-kovarianten Komponenten entsteht. Zunächst fragen wir, wie die kovariante Ableitung eines Tensors 1. Stufe mit kovarianten Komponenten erklärt werden kann. Nehmen wir an, dass bei der kovarianten Ableitung die Produktregel gilt. Ein kovariantes Vektorfeld $t_i(\xi)$ verjüngen wir mit einem kontravarianten Vektorfeld $s^j(\xi)$ und bekommen ein Skalarenfeld, welches kovariant abgeleitet werden kann:

$$(t_i\, s^i)|_j(\xi) = (t_i\, s^i)_{,j}(\xi)\,.$$

Andererseits ergäbe sich mit der Produktregel:

$$(t_i\, s^i)|_j(\xi) = t_i|_j(\xi)\, s^i(\xi) + t_i(\xi)\, s^i|_j(\xi) = t_i|_j(\xi)\, s^i(\xi) + t_i(s^i_{,j}(\xi) + \Gamma^i_{jk}(\xi)\, s^k(\xi))\,,$$

also:

$$t_i|_j(\xi)\, s^i(\xi) = t_{i,j}\, s^i(\xi) - \Gamma^i_{jk}(\xi)\, t_i(\xi)\, s^k(\xi)\,.$$

Da dies für beliebige Felder $s^i(\xi)$ gelten müsste, bleibt nur folgende kovariante Ableitung:

$$t_i|_j(\xi) = t_{i,j}(\xi) - \Gamma^k_{ij}(\xi)\, t_k(\xi)\,.$$

In der Tat kann man leicht zeigen, dass die kovariante Ableitung des Tensors $T(\xi) = t_i(\xi)\, \underline{g}^i(\xi)$ einen zweifach kovarianten Tensor ergibt:

$$\nabla T(\xi) = t_i|_j(\xi)\underline{g}^j(\xi) \otimes \underline{g}^i(\xi)\,.$$

Durch ähnliche Überlegungen wie im obigen Modellfall wird man auf die kovariante Ableitung im Allgemeinen geführt.

Definition: Kovariante Ableitung von Tensoren beliebiger Stufe

Die kovariante Ableitung erhöht die Kovarianzstufe um 1 und wird erklärt durch:

$$t^{i_1,\dots,i_m}_{k_1,\dots,k_n}|_j(\xi) = t^{i_1,\dots,i_m}_{k_1,\dots,k_n,j}(\xi)$$

$$+ \sum_{\mu=1}^{m} \Gamma^{i_\mu}_{jr}(\xi)\, t^{i_1,\dots,r,\dots,i_m}_{k_1,\dots,k_n}(\xi)$$

$$- \sum_{\nu=1}^{n} \Gamma^s_{jk_\nu}(\xi)\, t^{i_1,\dots,i_m}_{k_1,\dots,s,\dots,k_n}(\xi)\,.$$

(Dabei steht der Index r an der μ-ten Stelle und der Index s an der ν-ten Stelle).

Beispiel 1.44

Die kovariante Ableitung des Tensors $T(\xi) = t^{i_1 i_2}(\xi)\,\underline{g}_{i_1}(\xi) \otimes \underline{g}_{i_2}(\xi)$ ergibt:

$$\nabla T(\xi) = t^{i_1 i_2}|_k(\xi)\,\underline{g}^j(\xi) \otimes \underline{g}_{i_1}(\xi) \otimes \underline{g}_{i_1}(\xi),$$

$$t^{i_1 i_2}|_j(\xi) = t^{i_1 i_2}_{,j}(\xi) + \Gamma^{i_1}_{jr}(\xi)\,t^{r\,i_2}(\xi) + \Gamma^{i_2}_{jr}(\xi)\,t^{i_1 r}(\xi).$$

Die kovariante Ableitung des Tensors

$$T(\xi) = t^{i_1}_{k_1}(\xi)\,\underline{g}^{k_1}(\xi) \otimes \underline{g}_{i_1}(\xi)$$

ergibt:

$$\nabla T(\xi) = t^{i_1}_{k_1}|_j(\xi)\,\underline{g}^j(\xi) \otimes \underline{g}^{k_1}(\xi) \otimes \underline{g}_{i_1}(\xi)$$

$$t^{i_1}_{k_1}|_j(\xi) = t^{i_1}_{k_1,j}(\xi) + \Gamma^{i_1}_{jr}(\xi)\,t^r_{k_1}(\xi) - \Gamma^s_{jk_1}(\xi)\,t^{i_1}_s(\xi).$$

Wir können den Operator der kovarianten Ableitung (Nabla-Operator) als Vektor mit kovarianten Komponenten auffassen:

$$\underline{\nabla}(\xi) = \underline{e}^i\,\frac{\partial}{\partial x^i}.$$

In einem beliebigen Koordinatensystem $\tilde{\xi}$ lautet der Nabla-Operator:

$$\underline{\nabla}(\tilde{\xi}) = \tilde{\underline{g}}^i(\tilde{\xi})\,\frac{\partial}{\partial \tilde{\xi}^i}.$$

Die Komponenten transformieren sich wie kovariante Komponenten:

$$\frac{\partial}{\partial \tilde{\xi}^i} = \frac{\partial x^j}{\partial \tilde{\xi}^i}(\tilde{\xi})\,\frac{\partial}{\partial x^j},$$

bzw.

$$\frac{\partial}{\partial \tilde{\xi}^i} = \underline{a}^j_i(\tilde{\xi})\,\frac{\partial}{\partial \xi^j}.$$

Ähnlich wie das vektorielle Produkt bilden wir die Rotation eines kovarianten Vektorfelds (Tensorfeld 1. Stufe mit kovarianten Komponenten). Wir gehen vom kontravarianten ε-Tensor aus:

$$\varepsilon^{ijk}(\xi)\,\underline{g}_i(\xi)\otimes\underline{g}_j(\xi)\otimes\underline{g}_k(\xi)\,,$$

$$\varepsilon^{ijk}(\xi) = \frac{1}{\sqrt{g(\xi)}}\,\varepsilon^{ijk}$$

$$= \begin{cases} \frac{1}{\sqrt{g(\xi)}} & ijk \text{ paarweise verschieden, gerade Permutation} \\ -\frac{1}{\sqrt{g(\xi)}} & ijk \text{ paarweise verschieden, ungerade Permutation} \\ 0 & \text{sonst} \end{cases},$$

$$g(\xi) = \det(g_{ij}(\xi))\,,$$

(mit einem Rechtssystem $\underline{g}_i(\xi)$).

Definition: Rotation

Sei $\underline{T}(\xi) = t_j(\xi)\,\underline{g}^j(\xi)$ ein kovariantes Vektorfeld. Durch zweifache Verjüngung des Tensors

$$\varepsilon^{klm}(\xi)\left(\frac{\partial}{\partial\xi^i}\right) t_j(\xi)\,\underline{g}_k(\xi)\otimes\underline{g}_l(\xi)\otimes\underline{g}_m(\xi)\otimes\underline{g}^i(\xi)\otimes\underline{g}^j(\xi)$$

entsteht das kontravariante Vektorfeld:

$$\text{rot } T(\xi) = \varepsilon^{klm}(\xi)\left(\frac{\partial}{\partial\xi^k}\right) t_l(\xi)\,\underline{g}_m(\xi) = \varepsilon^{klm}(\xi)\, t_{l,k}(\xi)\,\underline{g}_m(\xi)\,.$$

Man schreibt die Rotation in Kurzform:

$$\text{rot } T(\xi) = \underline{\nabla}(\xi)\times T(\xi)\,.$$

Beispiel 1.45

Wir gehen aus von einem Vektorfeld in cartesischen Koordinaten $T(x) = t_j(x)\,\underline{e}^j$. Die Rotation lautet:

$$\text{rot } T(x) = (t_{3,2}(x) - t_{2,3}(x))\,\underline{e}_1 + (t_{1,3}(x) - t_{3,1}(x))\,\underline{e}_2 + (t_{2,1}(x) - t_{1,2}(x))\,\underline{e}_3\,.$$

Wir beschreiben die Rotation in Kugelkoordinaten: $\xi = (\xi^1, \xi^2, \xi^3) = (r, \vartheta, \varphi)$:

$$x^1 = r\,\sin(\vartheta)\,\cos(\varphi), \quad x^2 = r\,\sin(\vartheta)\,\sin(\varphi), \quad x^3 = r\,\cos(\vartheta)$$

und bekommen

$$\operatorname{rot} T(\xi) = \operatorname{rot}\left(t_i(\xi)\, \underline{g}^i(\xi)\right)$$

$$= \frac{1}{\sqrt{g(\xi)}}\left(t_{3,2}(\xi) - t_{2,3}(\xi)\right)\underline{g}^1(\xi) + \frac{1}{\sqrt{g(\xi)}}\left(t_{1,3}(\xi) - t_{3,1}(\xi)\right)\underline{g}^2(\xi)$$

$$+ \frac{1}{\sqrt{g(\xi)}}\left(t_{2,1}(\xi) - t_{1,2}(\xi)\right)\underline{g}^3(\xi),$$

mit

$$\sqrt{g(\xi)} = \sqrt{\det(g_{ij}(\xi))} = r^2\, \sin(\vartheta)\,.$$

Verwenden wir wieder Tangenteneinheitsvektoren:

$$\underline{g}^*_1(\xi) = \underline{g}_1(\xi),\quad \underline{g}^*_2(\xi) = \frac{1}{r}\,\underline{g}_2(\xi),\quad \underline{g}^*_3(\xi) = \frac{1}{r\,\sin(\vartheta)}\,\underline{g}_3(\xi)\,.$$

Die Komponenten bezüglich dieser Einheitsvektoren ergeben sich wie folgt

$$t_1(\xi)\,\underline{g}^1(\xi) + t_2(\xi)\,\underline{g}^2(\xi) + t_3(\xi)\,\underline{g}^3(\xi)$$

$$= t_1(\xi)\,\underline{g}_1(\xi) + r^2\, t_2(\xi)\,\underline{g}_2(\xi) + r^2\,(\sin(\vartheta))^2\, t_3(\xi)\,\underline{g}_3(\xi)$$

$$= t_1(\xi)\,\underline{g}^*_1(\xi) + r\, t_2(\xi)\,\underline{g}^*_2(\xi) + r\,\sin(\vartheta)\, t_3(\xi)\,\underline{g}^*_3(\xi)$$

$$= t^{*1}(\xi)\,\underline{g}^*_1(\xi) + t^{*2}(\xi)\,\underline{g}^*_2(\xi) + t^{*3}(\xi)\,\underline{g}^*_3(\xi)$$

und wir erhalten die Rotation:

$$\operatorname{rot} T(\xi) = \frac{1}{r^2\,\sin(\vartheta)}\left(\left(\frac{\partial}{\partial\vartheta}\left(r\,\sin(\vartheta)\, t^{*3}(\xi)\right) - \frac{\partial}{\partial\varphi}\left(r\, t^{*2}(\xi)\right)\right)\underline{g}^*_1(\xi)\right.$$

$$+ \left(\frac{\partial}{\partial\varphi}\left(t^{*1}\right) - \frac{\partial}{\partial r}\left(r\,\sin\vartheta\, t^{*3}\right)\right) r\,\underline{g}^*_2(\xi)$$

$$+ \left.\left(\frac{\partial}{\partial r}\left(r\, t^{*2}(\xi)\right) - \frac{\partial}{\partial\vartheta}\left(t^{*1}(\xi)\right)\right) r\,\sin(\vartheta)\,\underline{g}^*_3(\xi)\right)$$

$$= \left(\frac{1}{r}\,\frac{\partial t^{*3}(\xi)}{\partial\vartheta} - \frac{1}{r\,\sin(\vartheta)}\,\frac{\partial t^{*2}(\xi)}{\partial\varphi} + \frac{\cot(\vartheta)}{r}\, t^{*3}(\xi)\right)\underline{g}^*_1(\xi)$$

$$+ \left(\frac{1}{r\,\sin(\vartheta)}\,\frac{\partial t^{*1}(\xi)}{\partial\varphi} - \frac{\partial t^{*3}(\xi)}{\partial r} - \frac{1}{r}\, t^{*3}(\xi)\right)\underline{g}^*_2(\xi)$$

$$+ \left(\frac{\partial t^{*2}(\xi)}{\partial r} - \frac{1}{r}\,\frac{\partial t^{*1}(\xi)}{\partial\vartheta} + \frac{1}{r}\, t^{*2}(\xi)\right)\underline{g}^*_3(\xi)$$

Beispiel 1.46

Für jedes Skalarenfeld $t(\xi)$ gilt:

$$\text{rot}\,(\nabla\,t(\xi)) = \underline{0}\,.$$

Wir gehen aus von einem Skalarenfeld in cartesischen Koordinaten $t(x)$. Der Gradient lautet:

$$\nabla\,t(x) = \frac{\partial t}{\partial x^i}(x)\,\underline{e}^i\,.$$

Die Rotation lautet:

$$\text{rot}\,(\nabla\,t(x)) = \left(\frac{\partial^2 t}{\partial x^2 \partial x^3}(x) - \frac{\partial^2 t}{\partial x^3 \partial x^2}(x)\right)\underline{e}_1$$

$$+ \left(\frac{\partial^2 t}{\partial x^1 \partial x^3}(x) - \frac{\partial^2 t}{\partial x^3 \partial x^1}(x)\right)\underline{e}_2$$

$$+ \left(\frac{\partial^2 t}{\partial x^2 \partial x^1}(x) - \frac{\partial^2 t}{\partial x^1 \partial x^2}(x)\right)\underline{e}_3$$

$$= \underline{0}\,.$$

Eine ebenso wichtige Rolle wie die Rotation spielt die Divergenz eines Vektorfelds.

Definition: Divergenz

Sei $\underline{T}(\xi) = t^j(\xi)\,\underline{g}_j(\xi)$ ein kontravariantes Vektorfeld. Durch Verjüngung des Tensors

$$\nabla T(\xi) = t^j|_i(\xi)\,\underline{g}^i(\xi) \otimes \underline{g}_j(\xi)$$

entsteht ein Skalarenfeld

$$\text{div}\,T(\xi) = t^i|_i(\xi)\,.$$

Wie den Gradienten kann man auch die Divergenz eines Tensorfelds beliebiger Stufe bilden. Man leitet kovariant ab und verjüngt anschließend.

Beispiel 1.47

Wir gehen aus von einem Vektorfeld in cartesischen Koordinaten

$$T(x) = t^j(x)\,\underline{e}_j\,.$$

Die Divergenz lautet:

$$\text{div}\,T(x) = t^i{}_{,i}(x) = \frac{\partial t^1}{\partial x^1}(x) + \frac{\partial t^2}{\partial x^2}(x) + \frac{\partial t^3}{\partial x^3}(x)\,.$$

(Alle Christoffel-Symbole sind gleich Null). Bei der Berechnung der kovarianten Ableitung in Kugelkoordinaten gehen die Christoffel-Symbole ein:

$$t^i|_i(\xi) = t^i{}_{,i}(\xi) + \Gamma^i_{ik}(\xi)\, t^k(\xi),$$

also:

$$t^1|_1(\xi) = t^1{}_{,1}(\xi) + \Gamma^1_{1k}(\xi)\, t^k(\xi) = t^1{}_{,1}(\xi),$$

$$t^2|_2(\xi) = t^2{}_{,2}(\xi) + \Gamma^2_{2k}(\xi)\, t^k(\xi) = t^2{}_{,2}(\xi) + \frac{1}{r}\, t^1(\xi),$$

$$t^3|_3(\xi) = t^3{}_{,3}(\xi) + \Gamma^3_{3k}(\xi)\, t^k(\xi) = t^3{}_{,3}(\xi) + \frac{1}{r}\, t^1(\xi) + \cot(\vartheta)\, t^2(\xi),$$

und

$$\operatorname{div} T(\xi) = t^1{}_{,1}(\xi) + t^2{}_{,2}(\xi) + t^3{}_{,3}(\xi) + \frac{2}{r}\, t^1(\xi) + \cot(\vartheta)\, t^2(\xi).$$

Wir schreiben die Divergenz noch mithilfe von Komponenten bezüglich der Tangenteneinheitsvektoren:

$$T(\xi) = t^i(\xi)\, \underline{g}_i(\xi) = t^{*i}(\xi)\, \underline{g}^*_i(\xi).$$

Es gilt:

$$T(\xi) = t^1(\xi)\, \underline{g}^*_1(\xi) + t^2(\xi)\, r\, \underline{g}^*_2(\xi) + t^3(\xi)\, r\, \sin(\vartheta)\, \underline{g}^*_3(\xi)$$

bzw.

$$t^{*1}(\xi) = t^1(\xi), \quad t^{*2}(\xi) = r\, t^2(\xi), \quad t^{*3}(\xi) = r\, \sin(\vartheta)\, t^3(\xi).$$

Schließlich nimmt die Divergenz in Kugelkoordinaten die Gestalt an:

$$\operatorname{div} T(\xi) = \frac{\partial t^{*1}(\xi)}{\partial r} + \frac{1}{r}\, \frac{\partial t^{*2}(\xi)}{\partial \vartheta} + \frac{1}{r\, \sin(\vartheta)}\, \frac{\partial t^{*3}(\xi)}{\partial \varphi} + \frac{2}{r}\, t^{*1}(\xi) + \frac{\cot\vartheta}{r}\, t^{*2}(\xi).$$

Beispiel 1.48

Wir gehen aus von einem Skalarenfeld in cartesischen Koordinaten $t(x)$. Der Gradient lautet:

$$\nabla t(x) = \frac{\partial t}{\partial x^i}(x)\, \underline{e}^i = \frac{\partial t}{\partial x^i}(x)\, \underline{e}_i.$$

Die Divergenz des Gradientenfeldes lautet:

$$\operatorname{div}(\nabla t(x)) = \frac{\partial^2 t}{\partial (x^1)^2}(x) + \frac{\partial^2 t}{\partial (x^2)^2}(x) + \frac{\partial^2 t}{\partial (x^3)^2}(x).$$

Man bezeichnet

$$\Delta = \text{div } \nabla$$

als Laplaceoperator.

Wir geben den Laplaceoperator in Kugelkoordinaten $\xi = (r, \vartheta, \varphi)$ an. Dazu übernehmen wir den Gradienten in Kugelkoordinaten:

$$\nabla t(\xi) = \frac{\partial t}{\partial r}(\xi)\,\underline{g}_1(\xi) + \frac{1}{r^2}\frac{\partial t}{\partial \vartheta}(\xi)\,\underline{g}_2(\xi) + \frac{1}{r^2\,(\sin(\vartheta))^2}\frac{\partial t}{\partial \varphi}(\xi)\,\underline{g}_3(\xi).$$

Danach wenden wir die Divergenzoperation in Kugelkoordinaten an:

$$\text{div}(\nabla t(x)) = \frac{\partial^2 t}{\partial r^2}(\xi) + \frac{1}{r^2}\frac{\partial^2 t}{\partial \vartheta^2}(\xi) + \frac{1}{r^2\,(\sin(\vartheta))^2}\frac{\partial^2 t}{\partial \varphi^2}(\xi)$$
$$+ \frac{2}{r}\frac{\partial t}{\partial r}(\xi) + \frac{\cot(\vartheta)}{r^2}\frac{\partial t}{\partial \vartheta}(\xi).$$

Häufig schreibt man:

$$\text{div}(\nabla t(x))$$
$$= \frac{1}{r^2}\left(\frac{\partial}{\partial r}\left(r^2\frac{\partial t}{\partial r}(\xi)\right) + \frac{1}{\sin(\vartheta)}\frac{\partial t}{\partial \vartheta}\left(\sin(\vartheta)\frac{\partial t}{\partial \vartheta}(\xi)\right) + \frac{1}{(\sin(\vartheta))^2}\frac{\partial^2 t}{\partial \varphi^2}(\xi)\right).$$

Beispiel 1.49

Es gilt stets:

$$\text{div rot } T(x) = 0.$$

Wir gehen aus von einem Vektorfeld in cartesischen Koordinaten

$$T(x) = t_j(x)\,\underline{e}^j.$$

Die Rotation lautet:

$$\text{rot } T(x) = (t_{3,2}(x) - t_{2,3}(x))\,\underline{e}_1 + (t_{1,3}(x) - t_{3,1}(x))\,\underline{e}_2 + (t_{2,1}(x) - t_{1,2}(x))\,\underline{e}_3.$$

Damit ergibt sich:

$$\text{div rot } T(x) = \frac{\partial(t_{3,2} - t_{2,3})}{\partial x^1}(x) + \frac{\partial(t_{1,3} - t_{3,1})}{\partial x^2}(x) + \frac{\partial(t_{2,1} - t_{1,2})}{\partial x^3}(x) = 0.$$

Beispiel 1.50

Wir betrachten die Feldgleichungen der Elektrodynamik (Maxwellsche Gleichungen):

$$\operatorname{rot} H = J + \epsilon_0 \, \frac{\partial E}{\partial t} \,,$$

$$\operatorname{rot} E = -\mu_0 \, \frac{\partial H}{\partial t} \,,$$

$$\operatorname{div} (\mu_0 \, H) = 0 \,,$$

$$\operatorname{div} (\epsilon_0 \, E) = \rho \,.$$

Die (zeitabhängigen) Vektorfelder H, E und J stehen für das elektrische Feld, das magnetische Feld und für die elektrische Stromdichte. Das Skalarenfeld ρ ist die Ladungsdichte, welche das elektrische Feld erzeugt. Die Konstanten ϵ_0 und μ_0 sind Materialkonstanten.

Wenden wir auf die erste Maxwellsche Gleichung den Divergenzoperator an, und berücksichtigen die vierte Gleichung, so folgt:

$$\operatorname{div} J = -\frac{\partial \rho}{\partial t} \,.$$

Wir haben dabei noch die Divergenzoperation und die Ableitung nach der Zeit vertauscht:

$$\operatorname{div} \left(\frac{\partial (\epsilon_0 \, E)}{\partial t} \right) = \frac{\partial \, \operatorname{div} (\epsilon_0 \, E)}{\partial t} \,.$$

Beispiel 1.51

Die Gleichungen der Elektrostatik lauten:

$$\operatorname{rot} E = 0 \,,$$

$$\operatorname{div} (\epsilon_0 \, E) = \rho \,.$$

Wir führen ein Potenzial P für das elektrische Feld E ein:

$$E = -\nabla P$$

und bekommen mit dem Laplace-Operator ($\Delta P = \operatorname{div}(\nabla P)$):

$$\Delta P = -\frac{\rho}{\epsilon_0} \,.$$

Beispiel 1.52

Wir betrachten die Maxwell-Gleichungen für $E(x, y, z, t)$, $H(x, y, z, t)$ in der Form:

$$\operatorname{rot} H = \sigma E + \epsilon_0 \, \frac{\partial E}{\partial t} \,, \quad \operatorname{rot} E = -\mu_0 \, \frac{\partial H}{\partial t} \,,$$

mit Konstanten $\mu_0 \, \epsilon_0 \, \sigma$. Wir geben die Anfangsbedingungen

$$\text{div } E(x, y, z, 0) = 0, \quad \text{div } H(x, y, z, 0) = 0$$

vor. Wir zeigen für alle $t > 0$: div $E(x, y, z, t) = 0$, div $H(x, y, z, t) = 0$.

Wir wenden den Divergenzoperator auf die zweite Gleichung an und bekommen wegen div rot $= 0$:

$$\mu_0 \, \frac{\partial \text{ div } H}{\partial t} = 0 .$$

Die Anfangsbedingung div $H(x, y, z, 0) = 0$ liefert: div $H(x, y, z, t) = 0$. Wir wenden den Divergenzoperator auf die erste Gleichung an. Vertauschen der Divergenzoperation und der Ableitung nach der Zeit ergibt die Differentialgleichung:

$$\frac{\partial \text{ div } E}{\partial t} = \frac{\sigma}{\epsilon_0} \, \text{div } E .$$

Wegen der Anfangsbedingung div $E(x, y, z, 0) = 0$ folgt wieder div $E(x, y, z, t) = 0$.

Beispiel 1.53

Wir betrachten die Bewegungsgleichungen der Kontinuumsmechanik:

$$\rho \, \frac{dv}{dt} = F + \text{div } T .$$

Dabei ist ρ eine konstante Dichte. Das Vektorfeld v bezeichnet die Geschwindigkeit, und der Tensor T zweiter Stufe steht für den Spannungstensor. Wir benutzen geradlinige Koordinaten. Die Basisvektoren $\underline{g}_i$ und $\underline{g}^i$ sind ortsunabhängig. Wir schreiben:

$$\frac{dv^j}{dt} = \frac{\partial v^j}{\partial t} + v^j_{,k} \, v^k$$

und nehmen eine reibungsfreie Flüssigkeit mit dem Druck p:

$$(\text{div } T)^j = -p_{,i} \, \delta^{ij} .$$

Wir bekommen die Euler-Gleichungen:

$$\frac{\partial v^j}{\partial t} + v^j_{,k} \, v^k = \frac{1}{\rho} \, F^j - \frac{1}{\rho} \, p_{,i} \, \delta^{ij} .$$

In vektorieller Form ergibt sich:

$$\frac{\partial v}{\partial t} + \nabla \left(\frac{v^2}{2} \right) - v \times \text{rot } v = \frac{1}{\rho} \, F - \frac{1}{\rho} \, \nabla p .$$

Dabei benutzen wir das Vektorfeld:

$$\nabla \left(\frac{v^2}{2} \right) = v^k\, v_{k,i}\, \underline{g}^i\,.$$

Nach Definition des vektoriellen Produkts und der Rotation bekommen wir zunächst:

$$v \times \mathrm{rot}\, v = \left(\epsilon_{kli}\, \epsilon^{mnl}\, v^k\, v_{n,m} \right) \underline{g}^i\,.$$

Nun überlegt man sich, dass gilt:

$$\epsilon_{kli}\, \epsilon^{mnl}\, v^k\, v_{n,m} = v^k\, v_{k,i} - v^k\, v_{i,k}\,.$$

Wir müssen nur Indexpaare $k, i, k \neq i$, und $m, n, m \neq n$, betrachten. Wäre $\{k, i\} \neq \{m, n\}$ und $k \neq i$ und $m \neq n$, dann wäre $\{k, i, l\} \neq \{m, n, l\}$ nicht mehr möglich. Es bleibt also nur: $k = m, i = n$ oder $k = n, i = m$. Die Permutationen k, l, i und k, i, l haben verschiedene Vorzeichen, also $\epsilon_{kli}\, \epsilon^{kil} = -1$. Die Permutationen k, l, i und i, k, l haben gleiche Vorzeichen, also $\epsilon_{kli}\, \epsilon^{kil} = +1$. Insgesamt haben wir nun:

$$\nabla \left(\frac{v^2}{2} \right) - v \times \mathrm{rot}\, v = v^k\, v_{i,k}\, \underline{g}^i\,.$$

Da die Basisvektoren konstant sind, folgt:

$$v_{i,k}\, \underline{g}^i = v^j_{,k}\, \underline{g}_j\,.$$

1.6   Kurven- und Flächenintegrale

Werden (stetige) Kurven aus endlich vielen glatten Teilkurven zusammengesetzt, so bezeichnen wir sie als stückweise glatt. In den Endpunkten eines Teilstückes wird dann im Allgemeinen kein Tangentenvektor existieren. Damit haben wir eine sehr große Klasse von Kurven. Bei glatten Kurven ist die Länge des Tangentenvektors stets von Null verschieden: $\left\| \frac{dr}{dt}(t) \right\| \neq 0$, und wir können zum Einheitsvektor in Tangentenrichtung übergehen.

Definition: Tangenteneinheitsvektor

Durch $\underline{r}: [a, b] \longrightarrow \mathbb{R}^n$, $n = 2$ oder $n = 3$ werde eine glatte Kurve gegeben. Der folgende Vektor heißt Tangenteneinheitsvektor im Kurvenpunkt $\underline{r}(t)$:

$$\underline{r}'^0(t) = \frac{\frac{d\underline{r}}{dt}(t)}{\left\| \frac{d\underline{r}}{dt}(t) \right\|}\,.$$

Abb. 1.19 Äquivalente Parametrisierung einer Kurve: $\tilde{\underline{r}}(\tilde{t}) = \underline{r}(\psi^{-1}(\tilde{t}))$, $\underline{r}(t) = \tilde{\underline{r}}(\psi(t)), \psi'(t) > 0$

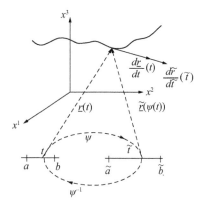

Der Tangenteneinheitsvektor bleibt bei einer neuen Parametrisierung der Kurve erhalten, wenn die Orientierung erhalten bleibt.

Definition: Äquivalente Parametrisierung einer Kurve

Durch $\underline{r}:[a,b] \longrightarrow \mathbb{R}^3$ werde eine glatte Kurve dargestellt. Sei $\psi:[a,b] \longrightarrow [\tilde{a},\tilde{b}]$ eine stetig differenzierbare Funktion mit $\psi'(t) > 0$ für alle $t \in [a,b]$. Durch

$$\tilde{\underline{r}}(\tilde{t}) = \underline{r}(\psi^{-1}(\tilde{t})), \quad \tilde{t} \in [\tilde{a},\tilde{b}],$$

wird eine äquivalente Darstellung der Kurve gegeben (Abb. 1.19).

Bei äquivalenter Parametrisierung bleibt der Tangenteneinheitsvektor erhalten. Wir gehen aus von der Gleichung $\underline{r}(t) = \tilde{\underline{r}}(\psi(t))$ und bekommen mit der Kettenregel:

$$\frac{d\underline{r}}{dt}(t) = \frac{d\tilde{\underline{r}}}{d\tilde{t}}(\psi(t))\,\psi'(t)\,.$$

Wegen $\psi'(t) > 0$ ergibt sich

$$\left\|\frac{d\underline{r}}{dt}(t)\right\| = \psi'(t)\left\|\frac{d\tilde{\underline{r}}}{d\tilde{t}}(\psi(t))\right\|$$

und damit

$$\frac{\frac{d\underline{r}}{dt}(t)}{\left\|\frac{d\underline{r}}{dt}(t)\right\|} = \frac{\frac{d\tilde{\underline{r}}}{d\tilde{t}}(\psi(t))}{\left\|\frac{d\tilde{\underline{r}}}{d\tilde{t}}(\psi(t))\right\|}\,.$$

Wächst die Funktion $\psi(t)$ beim Parameterwechsel monoton, dann bleibt also die Tangentenrichtung und damit die Orientierung (der Durchlaufsinn) der Kurve erhalten.

Abb. 1.20 Nichtäquivalente
Parametrisierung eines Kreises

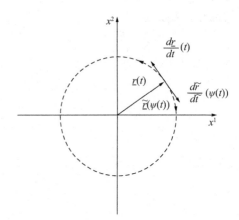

Beispiel 1.54

Der Kreis

$$\underline{r}(t) = \cos(t)\,\underline{e}_1 + \sin(t)\,\underline{e}_2\,, \quad t \in [0, 2\pi]\,,$$

wird im entgegensetzten Uhrzeigersinn durchlaufen. Der Tangentenvektor lautet:

$$\frac{d\underline{r}}{dt}(t) = -\sin(t)\,\underline{e}_1 + \cos(t)\,\underline{e}_2\,.$$

Offenbar hat dieser Vektor die Länge eins:

$$\underline{r}'^{0}(t) = \frac{d\underline{r}}{dt}(t)\,.$$

Der Parameterwechsel

$$\psi(t) = -t\,,$$

überführt das Parameterintervall $[0, 2\pi]$ in das Intervall $[-2\pi, 0]$. Durch

$$\tilde{\underline{r}}(\tilde{t}) = \underline{r}(\psi^{-1}(\tilde{t})) = \underline{r}(-\tilde{t}) = (\cos(\tilde{t}), -\sin(\tilde{t}))\,, \quad \tilde{t} \in [-2\pi, 0]\,,$$

wird wieder der Kreis beschrieben, aber der Umlaufsinn wird umgekehrt:

$$\frac{d\tilde{\underline{r}}}{d\tilde{t}}(\tilde{t}) = -\sin(\tilde{t})\,\underline{e}_1 - \cos(\tilde{t})\,\underline{e}_2\,, \quad \frac{d\tilde{\underline{r}}}{d\tilde{t}}(\psi(t)) = \sin(t)\,\underline{e}_1 - \cos(t)\,\underline{e}_2 = -\frac{d\underline{r}}{dt}(t)\,.$$

Es liegt keine äquivalente Parametrisierung vor (Abb. 1.20).

Wir nähern die Kurve $\underline{r}(t) = x^i(t)\,\underline{e}_i$ lokal durch die Tangente an und gelangen zur Kurvenlänge:

$$\underline{r}(t + dt) - \underline{r}(t) \cong \frac{d\underline{r}}{dt}(t)\,dt\,.$$

Abb. 1.21 Kurve stückweise durch die Tangente ersetzen

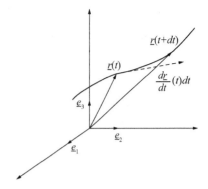

Die Länge des Vektors, der die Kurve stückweise ersetzt, beträgt (Abb. 1.21):

$$\left\| \frac{d\underline{r}}{dt}(t)\,dt \right\| = \sqrt{\frac{d\underline{r}}{dt}(t)\,dt \cdot \frac{d\underline{r}}{dt}(t)\,dt} = \sqrt{\frac{d\underline{r}}{dt}(t) \cdot \frac{d\underline{r}}{dt}(t)}\,dt\,.$$

Definition: Länge einer Kurve

Gegeben sei eine Kurve K in cartesischen Koordinaten:

$$\underline{r}(t) = x^i(t)\,\underline{e}_i\,, \quad t \in [a,b]\,.$$

Die Länge der Kurve wird gegeben durch:

$$L(K) = \int_a^b \sqrt{\frac{d\underline{r}}{dt}(t) \cdot \frac{d\underline{r}}{dt}(t)}\,dt\,.$$

Wir zeigen später beim Kurvenintegral allgemein, dass die Parametrisierung keine Rolle spielt. Mit

$$\frac{d\underline{r}}{dt}(t) = \frac{dx^i}{dt}(t)\,\underline{e}_i = \frac{d\xi^k}{dt}(t)\,\underline{g}_k(\xi(t))\,.$$

bekommen wir das Skalarprodukt in beliebigen Koordinaten:

$$\frac{d\underline{r}}{dt}(t) \cdot \frac{d\underline{r}}{dt}(t) = \left(\underline{g}_i(\xi(t)) \cdot \underline{g}_j(\xi(t))\right) \frac{d\xi^i}{dt}(t) \frac{d\xi^j}{dt}(t)$$

und die Kurven- bzw. Weglänge:

$$L(K) = \int_a^b \sqrt{g_{ij}(\xi(t)) \frac{d\xi^i}{dt}(t) \frac{d\xi^j}{dt}(t)}\,dt\,.$$

Sind Kurven stückweise glatt, so addieren wir die Länge der glatten Teilstücke zur Gesamtlänge.

Beispiel 1.55

Wir berechnen die Länge der logarithmischen Spirale:

$$\underline{r}(t) = e^{-t}\cos(t)\,\underline{e}_1 + e^{-t}\sin(t))\,\underline{e}_2, \quad t \in [0, b].$$

Der Tangentenvektor

$$\frac{d\underline{r}}{dt}(t) = -e^{-t}(\cos(t) + \sin(t))\,\underline{e}_1 - e^{-t}(-\cos(t) + \sin(t))\,\underline{e}_2$$

besitzt folgende Länge:

$$\left\|\frac{d\underline{r}}{dt}(t)\,dt\right\| = \sqrt{2}\,e^{-t}.$$

Damit ergibt sich die Kurvenlänge:

$$L(K) = \sqrt{2}\int_0^b e^{-t}\,dt = 1 - e^{-b}.$$

Wir bilden das Intervall $(0, b]$ in das Intervall $(1, e^b]$ ab mit der Funktion

$$\psi(t) = e^t.$$

Dann ist $\psi'(t) = e^t > 0$, und wir erhalten folgende äquivalente Parametrisierung der Kurve:

$$\tilde{\underline{r}}(\tilde{t}) = \underline{r}(\psi^{-1}(\tilde{t})) = \frac{1}{t}\cos(\ln(\tilde{t}))\,\underline{e}_1 + \frac{1}{t}\sin(\ln(\tilde{t}))\,\underline{e}_2.$$

Beispiel 1.56

Mit den Metrikkoeffizienten in Kugelkoordinaten bekommen wir für einen Weg

$$\underline{r}(t) = r_0\sin(\vartheta(t))\cos(\varphi(t))\,\underline{e}_1 + r_0\sin(\vartheta(t))\sin(\varphi(t))\,\underline{e}_2 + r_0\cos(\vartheta(t))\,\underline{e}_3$$

auf einer Kugeloberfläche mit dem Radius r_0:

$$L(K) = \int_a^b \sqrt{r_0^2\left(\frac{d\vartheta}{dt}(t)\right)^2 + r_0^2\sin^2(\vartheta(t))\left(\frac{d\varphi}{dt}(t)\right)^2}\,dt$$

$$= r_0\int_{t_1}^{t_2}\sqrt{\left(\frac{d\vartheta}{dt}(t)\right)^2 + \sin^2(\vartheta(t))\left(\frac{d\varphi}{dt}(t)\right)^2}\,dt.$$

(Die Kugelkoordinaten des Punktes $\underline{r}(t)$ sind gerade $(\xi^1(t), \xi^2(t), \xi^3(t)) = (r_0, \vartheta(t), \varphi(t))$).

Abb. 1.22 Kurvenintegral

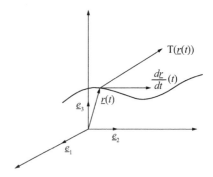

Beispiel 1.57

Analog zum Volumenelement bekommen wir das Quadrat des Wegelements:

$$(dS)^2 = \left(\underline{g}_i(\xi(t)) \cdot \underline{g}_j(\xi(t))\right) \frac{d\xi^i}{dt} \frac{d\xi^j}{dt} (dt)^2 \, .$$

Es ergibt sich, indem man den Metriktensor

$$g_{ij}(\xi)\, \underline{g}^i(\xi) \otimes \underline{g}^j(\xi)$$

auf Paare von Tangentenvektoren:

$$\left(\frac{d\underline{r}}{dt}(t)\, dt, \frac{d\underline{r}}{dt}(t)\, dt\right)$$

wirken lässt.

Beim Integral eines Vektorfelds längs einer Kurve wird das Vektorfeld auf die Tangente projiziert (Abb. 1.22).

Definition: Integral eines Vektorfelds längs einer Kurve

Gegeben sei eine Kurve K durch $\underline{r}(t) = x^i(t)\,\underline{e}_i$, $t \in [a, b]$, und ein Vektorfeld in cartesischen Koordinaten: $T(x) = t_i(x)\,\underline{e}^i$. Das Integral eines Vektorfelds längs einer Kurve wird gegeben durch:

$$\int_K T\, dS = \int_a^b T(\underline{r}(t)) \frac{d\underline{r}}{dt}(t)\, dt \, .$$

Anschaulich bilden wir die Projektion und multiplizieren mit einem Wegelement:

$$T(\underline{r}(t))\underline{r}'^0(t) \left| \frac{d\underline{r}}{dt}(t) \right| dt \, .$$

Eine äquivalente Parametrisierung verändert das Kurvenintegral nicht ($\underline{r}(t) = \underline{\tilde{r}}(\psi(t))$):

$$\int_{\tilde{a}}^{\tilde{b}} T(\underline{\tilde{r}}(\tilde{t}))\, \frac{d\underline{\tilde{r}}}{d\tilde{t}}(\tilde{t})\, d\tilde{t} = \int_{a}^{b} T(\underline{\tilde{r}}(\psi(t)))\, \frac{d\underline{\tilde{r}}}{d\tilde{t}}(\psi(t))\, \psi'(t)\, dt$$

$$= \int_{a}^{b} T(\underline{r}(t))\, \frac{d\underline{r}}{dt}(t)\, dt\,.$$

Wir berechnen das Skalarprodukt in beliebigen Koordinaten:

$$T(\underline{r}(t)) \cdot \frac{d\underline{r}}{dt}(t) = \left(t_i(\xi(t))\, \underline{g}^i(\xi(t)) \right) \cdot \left(\frac{d\xi^k}{dt}(t)\, \underline{g}_k(\xi(t)) \right) = t_i(\xi(t))\, \frac{d\xi^i}{dt}(t)\,.$$

Beim Kurvenintegral lassen wir das Vektorfeld $T(\xi) = t_i(\xi)\, \underline{g}^i(\xi)$ auf Tangentenvektoren $\frac{d\underline{r}}{dt}$ wirken und integrieren.

Sind Kurven stückweise glatt, so addieren wir wieder die Integrale über die glatten Teilstücke zum gesamten Kurvenintegral.

Beispiel 1.58

Gegeben sei das Vektorfeld

$$T(x) = ((x^1)^2 + 6\,x^2)\, \underline{e}_1 + x^1\, x^2\, \underline{e}_2 + (x^1 + x^3)\, \underline{e}_3\,.$$

(a) Wir berechnen jeweils das Kurvenintegral von T über die Strecken, welche die Punkte $(0,0,0)$ und $(1,0,0)$, $(1,0,0)$ und $(1,1,0)$ sowie $(1,1,0)$ und $(1,1,1)$ verbinden.

(b) Wir berechnen danach das Kurvenintegral von T über die Strecke, welche die Punkte $(0,0,0)$ und $(1,1,1)$ direkt verbindet.

Im Fall (a) betrachten wir drei Teilstrecken und parametrisieren sie wie folgt:

$$\underline{r}_1(t) = t\,\underline{e}_1\,, \quad t \in [0,1]\,,$$
$$\underline{r}_2(t) = \underline{e}_1 + t\,\underline{e}_2\,, \quad t \in [0,1]\,,$$
$$\underline{r}_3(t) = \underline{e}_1 + \underline{e}_2 + t\,\underline{e}_3\,, \quad t \in [0,1]\,.$$

Wir berechnen die Kurvenintegrale über die Teilstrecken:

$$\int_0^1 (t^2\,\underline{e}_1 + t\,\underline{e}_3)\,\underline{e}_1\, dt = \int_0^1 t^2\, dt = \frac{1}{3}\,,$$

$$\int_0^1 ((1+6\,t)\,\underline{e}_1 + t\,\underline{e}_2 + t\,\underline{e}_3)\,\underline{e}_2\, dt = \int_0^1 t\, dt = \tfrac{1}{2}\,,$$

$$\int_0^1 ((1+6\,t)\,\underline{e}_1 + \underline{e}_2 + (1+t)\,\underline{e}_3)\,\underline{e}_3\, dt = \int_0^1 (1+t)\, dt = \frac{3}{2}\,.$$

Die Summe der drei Kurvenintegrale ergibt $\frac{7}{3}$.

Im Fall (b) parametrisieren wir die Verbindungsstrecke der Punkte $(0,0,0)$ und $(1,1,1)$ wie folgt:

$$\underline{r}(t) = t\,\underline{e}_1 + t\,\underline{e}_2 + t\,\underline{e}_3\,, \quad t \in [0,1]\,.$$

Das Kurvenintegral über diese Strecke ergibt:

$$\int_0^1 \left((t^2 + 6\,t)\,\underline{e}_1 + t^2\,\underline{e}_2 + 2\,t\,\underline{e}_3\right)(\underline{e}_1 + \underline{e}_2 + \underline{e}_3)\,dt = \int_0^1 (2\,t^2 + 8\,t)\,dt = \frac{14}{3}\,.$$

Beispiel 1.59

Gegeben sei ein Vektorfeld T in cartesischen Koordinaten

$$T(x) = t_i(x)\,\underline{e}^i$$

und eine Kurve K auf einer Zylinderoberfläche durch

$$\underline{r}(t) = r_0 \cos(\varphi(t))\,\underline{e}_1 + r_0 \sin(\varphi(t))\,\underline{e}_2 + z(t)\,\underline{e}_3\,, \quad t \in [a,b]\,.$$

Wir berechnen das Kurvenintegral in cartesischen Koordinaten:

$$\frac{d\underline{r}}{dt}(t) = -r_0 \sin(\varphi(t))\,\frac{d\varphi}{dt}(t)\,\underline{e}_1 + r_0 \cos(\varphi(t))\,\frac{d\varphi}{dt}(t)\,\underline{e}_2 + \frac{dz}{dt}(t)\,\underline{e}_3\,,$$

$$\begin{aligned}
\int_K T\,dS &= \int_a^b t_i(x(t))\,\frac{dx^i}{dt}(t)\,dt \\
&= -\int_a^b -r_0 \sin(\varphi(t))\,t_1(r_0 \cos(\varphi(t)), r_0 \sin(\varphi(t)), z(t))\,\frac{d}{dt}(\varphi(t))\,dt \\
&\quad + \int_a^b r_0 \cos(\varphi(t))\,t_2(r_0 \cos(\varphi(t)), r_0 \sin(\varphi(t)), z(t))\,\frac{d}{dt}(\varphi(t))\,dt \\
&\quad + \int_a^b t_3(r_0 \cos(\varphi(t)), r_0 \sin(\varphi(t)), z(t))\,\frac{d}{dt}(z(t))\,dt\,.
\end{aligned}$$

Wir berechnen das Kurvenintegral $\int_K T\,dS$ mit Zylinderkoordinaten. Zuerst übertragen wir das Vektorfeld in Zylinderkoordinaten $\tilde{\xi} = (r, \varphi, z)$ und bekommen:

$$T(\xi) = t_i(\xi)\,\underline{g}^i(\xi)\,.$$

Die Komponenten ergeben sich aus den Umrechnungsformeln:

$$\begin{aligned}
t_1(\xi) &= \cos(\varphi)\,t_1(x) + \sin(\varphi)\,t_2(x)\,, \\
t_2(\xi) &= -r \sin(\varphi)\,t_1(x) + r \cos(\varphi)\,t_2(x)\,, \\
t_3(\xi) &= t_3(x)\,.
\end{aligned}$$

Damit bekommen wir folgende Gestalt des Kurvenintegrals:

$$
\begin{aligned}
\int_K T\,dS &= \int_a^b t_i(\xi(t))\frac{d\xi^i}{dt}(t)\,dt \\
&= \int_a^b \cos(\varphi(t))\,t_1(r_0\cos(\varphi(t)), r_0\sin(\varphi(t)), z(t))\frac{d}{dt}(r_0)\,dt \\
&\quad + \int_a^b \sin(\varphi(t))\,t_2(r_0\cos(\varphi(t)), r_0\sin(\varphi(t)), z(t))\frac{d}{dt}(r_0)\,dt \\
&\quad + \int_a^b (-r_0\sin(\varphi(t)))\,t_1(r_0\cos(\varphi(t)), r_0\sin(\varphi(t)), z(t))\frac{d}{dt}(\varphi(t))\,dt \\
&\quad + \int_a^b r_0\cos(\varphi(t))\,t_2(r_0\cos(\varphi(t)), r_0\sin(\varphi(t)), z(t)))\frac{d}{dt}(\varphi(t))\,dt \\
&\quad + \int_a^b t_3(r_0\cos(\varphi(t)), r_0\sin(\varphi(t)), z(t))\frac{d}{dt}(z(t))\,dt\,.
\end{aligned}
$$

Die ersten beiden Summanden verschwinden wieder wegen $\frac{d}{dt}(r_0) = 0$.

Beispiel 1.60

Durch kovariante Ableitung eines Skalarenfeldes $p(\xi)$ entsteht der Gradient:

$$
\nabla p(\xi) = p|_i(\xi)\,\underline{g}^i(\xi) = p_{,i}(\xi)\,\underline{g}^i(\xi)\,, \quad p|_i(\xi) = \frac{\partial p}{\partial \xi^i}(\xi)\,.
$$

Man spricht auch vom Potenzial $p(\xi)$ des Feldes $p|_i(\xi)\,\underline{g}^i(\xi)$. Eine Kurve werde zunächst in cartesischen Koordinaten gegeben und in das Koordinatensystem ξ umgeschrieben:

$$
\underline{r}(t) = x^i(t)\,\underline{e}_i = x^i(\xi(t))\,\underline{e}_i\,.
$$

Das Kurvenintegral über ein Potenzialfeld ist wegunabhängig. Es hängt nur vom Potenzial im Anfangspunkt $\underline{r}(a)$ und im Endpunkt $\underline{r}(b)$ ab:

$$
\begin{aligned}
\int_K T\,dS &= \int_a^b \nabla p(\underline{r}(t))\cdot\frac{d\underline{r}}{dt}(t)\,dt = \int_a^b t_i(\xi(t))\frac{d\xi^i}{dt}(t)\,dt \\
&= \int_a^b \frac{d}{dt}p(\xi(t)\,dt = p(\underline{r}(b)) - p(\underline{r}(a))\,.
\end{aligned}
$$

Wir zeigen als Nächstes, dass das Kurvenintegral genau dann wegunabhängig ist, wenn ein Potenzialfeld vorliegt. Das Tensorfeld soll dabei auf einem konvexen Teilgebiet des $\mathbb{R}^3$ erklärt sein. Ein Gebiet D heißt konvex, wenn mit je zwei Punkten aus D auch die Verbindungsstrecke zu D gehört.

Abb. 1.23 Integrationsweg zur
Herstellung eines Potenzials

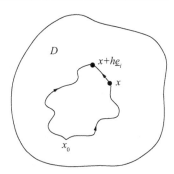

Satz: Wegunabhängigkeit des Kurvenintegrals

Sei $D \subset \mathbb{R}^3$ ein konvexes Gebiet und $T(x) = t_i(x)\,\underline{e}^i$ ein (mindestens) auf D in cartesischen Koordinaten gegebenes Tensorfeld. Es gibt genau dann ein (mindestens auf D) erklärtes Potenzial $p(x)$:

$$T(x) = \nabla p(x),$$

wenn das Kurvenintegral $\int_K T \, dS$ wegunabhängig ist.

Wenn ein Potenzial existiert, ist das Integral wegunabhängig. Umgekehrt liege nun Wegunabhängigkeit vor. Wir gehen von einem festen Punkt $x_0 \in D$ aus und erklären eine Funktion $p(x)$ als Kurvenintegral $\int_{\overline{x_0,x}} T \, dS$ über eine beliebige Kurve mit dem Anfangspunkt x_0 und dem Endpunkt x (Abb. 1.23).

Die Differenz $p(x + h\,\underline{e}_i) - p(x)$ können wir wegen der Unabhängigkeit vom Weg als Kurvenintegral über die Verbindungsstrecke von x und $x + h\,\underline{e}_i$ berechnen:

$$\frac{p(x + h\,\underline{e}_i) - p(x)}{h} = \frac{1}{h} \int_0^h T(x + t\,\underline{e}_i)\,\underline{e}_i \, dt = \frac{1}{h} \int_0^h t_i(x + t\,\underline{e}_i)\, dt.$$

Hieraus folgt, dass $p(x)$ stetige partielle Ableitungen besitzt:

$$\frac{\partial p}{\partial x^i}(x) = \lim_{h \to 0} \frac{1}{h} \int_0^h t_i(x + h\,\underline{e}_i)\, dt = t_i(x).$$

Beispiel 1.61

Gegeben sei ein Vektorfeld T in cartesischen Koordinaten

$$T(x) = t_i(x)\,\underline{e}^i = (x^i)^2\,\underline{e}^i$$

und eine Kurve K durch:

$$\underline{r}(t) = x^i(t)\,\underline{e}_i, \quad a \le t \le b.$$

Offensichtlich gilt

$$T(x) = \nabla p(x) = \nabla \frac{(x^1)^3 + (x^2)^3 + (x^3)^3}{3}.$$

Damit ergibt sich das Kurvenintegral zu:

$$\int_K T \, dS = p(\underline{r}(b)) - p(\underline{r}(a))$$

$$= \frac{(x^1(b))^3 - (x^1(a))^3 + (x^2(b))^3 - (x^2(a))^3 + (x^3(b))^3 - (x^3(b))^3}{3}.$$

Flächen sind zweidimensionale Untermannigfaltigkeiten des Raumes. Der Parameterbereich ist ein Teilgebiet der Ebene.

Definition: Glatte Fläche im Raum

Sei $D \subset \mathbb{R}^2$ eine offene Menge und

$$\underline{r}(u) = x^i(u) \, \underline{e}_i, \quad u = (u^1, u^2) \in D,$$

eine stetig differenzierbare Funktion. Für alle $u = (u^1, u^2) \in D$ seien die beiden Tangentenvektoren

$$\frac{\partial \underline{r}}{\partial u^1}(u) = \frac{\partial x^i}{\partial u^1}(u) \, \underline{e}_i, \quad \frac{\partial \underline{r}}{\partial u^2}(u) = \frac{\partial x^i}{\partial u^2}(u) \, \underline{e}_i,$$

linear unabhängig. Dann bezeichnen wir die folgende Punktmenge als glatte Fläche

$$F = \{P \mid P = \underline{r}(u), \, u \in D\}.$$

Die beiden Tangentenvektoren spannen die Tangentialebene auf:

$$\underline{r}(u)^T = \underline{r}(u_0)^T + \begin{pmatrix} \frac{\partial x^1}{\partial u^1}(u_0) & \frac{\partial x^1}{\partial u^2}(u_0) \\ \frac{\partial x^2}{\partial u^1}(u_0) & \frac{\partial x^2}{\partial u^2}(u_0) \\ \frac{\partial x^3}{\partial u^1}(u_0) & \frac{\partial x^3}{\partial u^2}(u_0) \end{pmatrix} (u - u_0)^T.$$

Die Tangentialebene berührt die Fläche (Abb. 1.24):

$$x^1(u) = x^1(u_0) + \nabla x^1(u_0)(u - u_0)^T + h^1(u) \, |u - u_0|,$$
$$x^2(u) = x^2(u_0) + \nabla x^2(u_0)(u - u_0)^T + h^2(u) \, |u - u_0|,$$
$$x^3(u) = x^3(u_0) + \nabla x^3(u_0)(u - u_0)^T + h^3(u) \, |u - u_0|.$$

Abb. 1.24 Tangentialebene an eine Fläche mit Normalenvektor

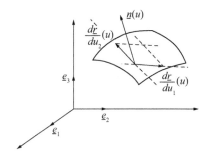

Auf der Tangentialebene steht der Normalenvektor senkrecht.

Definition: Normalenvektor an eine Fläche

Durch $\underline{r}(u)$, $u = (u^1, u^2) \in D \subseteq \mathbb{R}^2$ werde eine glatte Fläche F dargestellt. Der Vektor

$$\underline{n}(u) = \frac{\partial \underline{r}}{\partial u^1}(u) \times \frac{\partial \underline{r}}{\partial u^2}(u)$$

heißt Normalenvektor an die Fläche F im Punkt $\underline{r}(u)$. Der folgende Vektor heißt Normaleneinheitsvektor:

$$\underline{n}^0(u) = \frac{\underline{n}(u)}{\|\underline{n}(u)\|}.$$

Beispiel 1.62

Wir beschreiben die Oberfläche eines Ellipsoids mit den Halbachsen $a, b, c > 0$ mit dem Parameterbereich

$$D = \left\{ (\vartheta, \varphi) \mid 0 \le \vartheta \le \pi, 0 \le \varphi \le 2\pi \right\}$$

durch die Abbildung (Abb. 1.25):

$$\underline{r}(\vartheta, \varphi) = \left(a \sin(\vartheta) \cos(\varphi), b \sin(\vartheta) \sin(\varphi), c \cos(\vartheta) \right).$$

Wir erhalten Tangentenvektoren:

$$\frac{\partial \underline{r}}{\partial \vartheta}(\vartheta, \varphi) = \left(a \cos(\vartheta) \cos(\varphi), b \cos(\vartheta) \sin(\varphi), -c \sin(\vartheta) \right),$$

$$\frac{\partial \underline{r}}{\partial \varphi}(\vartheta, \varphi) = \left(-a \sin(\vartheta) \sin(\varphi), b \sin(\vartheta) \cos(\varphi), 0 \right),$$

und den Normalenvektor:

$$\underline{n}(\vartheta, \varphi) = \left(b c (\sin(\vartheta))^2 \cos(\varphi), a c (\sin(\vartheta))^2 \sin(\varphi), a b \sin(\vartheta) \cos(\vartheta) \right).$$

Abb. 1.25 Ellipsoid

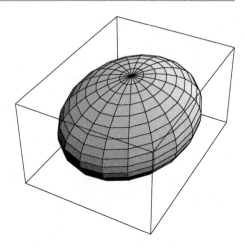

(Der Normalenvektor zeigt nach außen).

Beispiel 1.63

Eine Fläche wird in der einfachsten Form durch den Graphen einer Funktion

$$(x^1, x^2) \longrightarrow f(x^1, x^2)$$

gegeben. Wir bekommen dann

$$\underline{r}(x^1, x^2) = (x^1, x^2, f(x^1, x^2))$$

und die Tangentenvektoren

$$\frac{\partial \underline{r}}{\partial x^1}(x) = \left(1, 0, \frac{\partial f}{\partial x^1}(x)\right),$$

$$\frac{\partial \underline{r}}{\partial x^2}(x) = \left(0, 1, \frac{\partial f}{\partial x^2}(x)\right),$$

und den Normalenvektor:

$$\underline{n}(x) = \left(-\frac{\partial f}{\partial x^1}(x), -\frac{\partial f}{\partial x^2}(x), 1\right).$$

Der Normalenvektor schließt also mit der positiven x^3-Achse stets einen Winkel ein, der zwischen 0 und $\frac{\pi}{2}$ liegt.

Wir können eine Fläche mithilfe des Normalenvektors orientieren. Wir bezeichnen die Fläche als positiv orientiert, wenn die Tangentenvektoren und der Normalenvektor ein

Abb. 1.26 Äquivalente Parametrisierung einer Fläche:
$\tilde{r}(\tilde{u}) = r(\psi^{-1}(\tilde{u}))$,
$r(u) = \tilde{r}(\psi(u))$,
$\det\left(\frac{d\psi}{du}(u)\right) > 0$

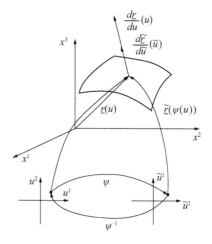

Rechtssystem bilden und sonst als negativ orientiert. Die Orientierung ergibt sich also aus dem Vorzeichen der Determinante (Spatprodukt):

$$\left[\frac{\partial r}{\partial u^1}(u), \frac{\partial r}{\partial u^2}(u), \underline{n}(u)\right].$$

Da die Tangentenvektoren linear unabhängig sind, ist die Determinante stets von Null verschieden. Wir wollen wieder nur solche Parameterwechsel zulassen, welche die Orientierung erhalten.

Definition: Äquivalente Parametrisierung einer Fläche

Durch $r(u)$, $u \in D$ und $\tilde{r}(\tilde{u})$, $\tilde{u} \in \tilde{D}$, werde jeweils eine glatte Fläche F dargestellt. Es existiere eine stetig differenzierbare, umkehrbare Funktion $\psi \colon D \longrightarrow \tilde{D}$ mit

$$r(u) = \tilde{r}(\psi(u))$$

für alle $u \in D$. Ferner sei die Funktionaldeterminante stets positiv:

$$\det\left(\frac{d\psi}{du}(u)\right) > 0.$$

Dann heißt $\tilde{r}(\tilde{u})$ eine zu $r(u)$ äquivalente Parametrisierung der Fläche F (Abb. 1.26).

Wir zeigen, dass der Normaleneinheitsvektor nicht von der Parametrisierung abhängt. Aus

$$\frac{\partial r}{\partial u^1}(u) = \frac{\partial \tilde{r}}{\partial \tilde{u}_1}(\psi(u))\,\frac{\partial \psi^1}{\partial u^1}(u) + \frac{\partial \tilde{r}}{\partial \tilde{u}_2}(\psi(u))\,\frac{\partial \psi^2}{\partial u^1}(u)$$

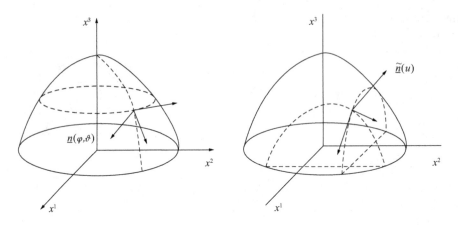

Abb. 1.27 Zwei nichtäquivalente Parametrisierungen einer Kugeloberfläche

und

$$\frac{\partial \underline{r}}{\partial u^2}(u) = \frac{\partial \underline{\tilde{r}}}{\partial \tilde{u}_1}(\psi(u)) \frac{\partial \psi^1}{\partial u^2}(u) + \frac{\partial \underline{\tilde{r}}}{\partial \tilde{u}_2}(\psi(u)) \frac{\partial \psi^2}{\partial u^2}(u)$$

folgt

$$\underline{n}(u) = \det\left(\frac{d\psi}{du}(u)\right) \underline{\tilde{n}}(\psi(u)).$$

Da die Funktionaldeterminante positiv ist, ergibt sich die Erhaltung des Normaleneinheitsvektors. Bei einer äquivalenten Parametrisierung kann man also die Ober- und Unterseite einer Fläche nicht vertauschen.

Beispiel 1.64

Wir beschreiben die Oberfläche einer Halbkugel mit dem Radius r_0 durch

$$\underline{r}(\varphi, \vartheta) = (r_0 \cos(\varphi) \sin(\vartheta), r_0 \sin(\varphi) \sin(\vartheta), r_0 \cos(\vartheta))$$

auf dem Parameterbereich $D = \left\{(\varphi, \vartheta) \,|\, 0 \le \varphi \le 2\pi, 0 \le \vartheta \le \dfrac{\pi}{2}\right\}$. Weiter stellen wir die Halbkugel durch

$$\underline{\tilde{r}}(u) = \left(u^1, u^2, \sqrt{r_0^2 - (u^1)^2 - (u^2)^2}\right)$$

auf dem Parameterbereich $\tilde{D} = \{u = (u^1, u^2) \,|\, 0 \le (u^1)^2 + (u^2)^2 \le r_0^2\}$ dar. Offensichtlich sind die Normalenvektoren $\underline{n}(\varphi, \vartheta))$ und $\underline{\tilde{n}}(u^1, u^2))$ entgegengesetzt gerichtet. Die Parametrisierungen können nicht äquivalent sein (Abb. 1.27).

Analog zur Kurvenlänge können wir den Inhalt einer glatten Fläche erklären.

Definition: Oberflächeninhalt

Durch $\underline{r}(u)$, $u \in D \subseteq \mathbb{R}^2$, werde eine glatte Fläche F dargestellt. Dann wird der Inhalt der Fläche F gegeben durch:

$$\int_F dA = \int_D \|\underline{n}(u)\|\, du\,.$$

Anschaulich nähern wir die Fläche lokal durch ein von den Tangentenvektoren

$$\frac{\partial \underline{r}}{\partial u^1}(u)\, du^1\,, \quad \frac{\partial \underline{r}}{\partial u^2}(u)\, du^2\,,$$

aufgespanntes Parallelogramm an. Das Flächenelement $\|\underline{n}(u)\|\, du$ gibt den Inhalt dieses Parallelogramms an. Im Fall einer Fläche F in der Ebene $\underline{r}(x^1, x^2) = (x^1, x^2, 0)$, $x \in D \subset \mathbb{R}^2$ gilt $\underline{n}(x) = (0, 0, 1)$, und wir bekommen $\int_D dx = \int_F dA = \int_D 1\, dx$.

Beispiel 1.65

Wir geben eine Fläche F durch den Graphen einer Funktion $f(x^1, x^2)$ vor:

$$\underline{r}(x^1, x^2) = (x^1, x^2, f(x^1, x^2))\,, \quad (x^1, x^2) \in D\,.$$

Wir erhalten den Normalenvektor:

$$\underline{n}(x) = \left(-\frac{\partial f}{\partial x^1}(x^1, x^2), -\frac{\partial f}{\partial x^2}(x^1, x^2), 1 \right)$$

und den Flächeninhalt:

$$\int_F dA = \int_D \sqrt{1 + \left(\frac{\partial f}{\partial x^1}(x^1, x^2) \right)^2 + \left(\frac{\partial f}{\partial x^2}(x^1, x^2) \right)^2}\, dx^1 dx^2\,.$$

Das Oberflächenintegral hängt nicht von der gewählten Parameterdarstellung ab. Nehmen wir zwei äquivalente Parametrisierungen mit einem Übergang $\psi: D \longrightarrow \tilde{D}$, dann gilt:

$$\int_F dA = \int_D \|\underline{n}(u)\|\, du = \int_{\tilde{D}} \|\underline{\tilde{n}}(\tilde{u})\|\, d\tilde{u}\,.$$

Denn mit der Substitutionsregel und

$$\underline{n}(u) = \det\left(\frac{d\psi}{du}(u) \right) \underline{\tilde{n}}(\psi(u))$$

Abb. 1.28 Fluss eines Vektorfelds durch eine Fläche

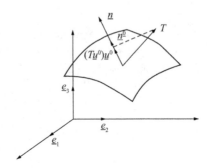

folgt die Beziehung:

$$\int_{\tilde{D}} \|\tilde{\underline{n}}(\tilde{u})\| \, d\tilde{u} = \int_{\psi(D)} \|\tilde{\underline{n}}(\tilde{u})\| \, d\tilde{u}$$

$$= \int_{D} \|\tilde{\underline{n}}(\psi(u))\| \, \left| \det\left(\frac{d\psi}{du}(u) \right) \right| \, du$$

$$= \int_{D} \|\underline{n}(u)\| \, du \, .$$

Das Oberflächenintegral berechnet den Fluss eines Vektorfelds durch eine Fläche.

Definition: Integral eines Vektorfelds über eine Fläche

Durch $\underline{r}(u)$, $u \in D \subseteq \mathbb{R}^2$, werde eine glatte Fläche F dargestellt. Die Fläche F sei in einem Gebiet $G \subset \mathbb{R}^3$ enthalten, auf dem ein Vektorfeld $T = t^i(x)\,\underline{e}_i$ erklärt ist. Dann wird das Integral eines Vektorfelds T über die Fläche F gegeben durch (Abb. 1.28):

$$\int_{F} T\,\underline{n}^0 \, dA = \int_{D} T(\underline{r}(u))\,\underline{n}(u) \, du \, .$$

Beispiel 1.66

Wir nehmen ein Vektorfeld mit kontravarianten Komponenten (in cartesischen Koordinaten):

$$T(x) = t^i(x)\,\underline{e}_i \, .$$

Wir bilden das tensorielle Produkt T mit der Volumenform:

$$T(x) \otimes dV(x) = t^i(x)\,\varepsilon_{jkl}\,\underline{e}_i \otimes \underline{e}^j \otimes \underline{e}^k \otimes \underline{e}^l \, .$$

Verjüngen über i und j ergibt die Oberflächenform:

$$t^i(x)\,\varepsilon_{ikl}\,\underline{e}^k \otimes \underline{e}^l = t^1(x)\,(\underline{e}^2 \otimes \underline{e}^3 - \underline{e}^3 \otimes \underline{e}^2)$$
$$+\, t^2(x)\,(\underline{e}^3 \otimes \underline{e}^1 - \underline{e}^1 \otimes \underline{e}^3)$$
$$+\, t^3(x)\,(\underline{e}^1 \otimes \underline{e}^2 - \underline{e}^2 \otimes \underline{e}^1)$$

Wendet man die Oberflächenform auf Tangentenvektoren an

$$\frac{\partial \underline{r}}{\partial u^1}(u)\,du^1,\quad \frac{\partial \underline{r}}{\partial u^2}(u)\,du^2,$$

so erhält man das Flusselement:

$$T(\underline{r}(u)) \cdot \underline{n}(u)\,du^1\,du^2.$$

1.7 Integralsätze

Normalbereiche im $\mathbb{R}^2$ oder $\mathbb{R}^3$ sind Mengen, die man längs jeder Koordinatenachse projizieren kann. Beim Satz von Stokes wird das Integral eines kovarianten Vektorfeldes längs der Randkurve einer Fläche F durch den Fluss der Rotation durch F ausgedrückt. Die Fläche entstehe dadurch, dass ein Normalbereich $D \subset \mathbb{R}^2$ durch $\underline{r}(u)$ in den $\mathbb{R}^3$ abgebildet wird. Der Rand $u(t)$ von D wird dann in den Rand der Fläche $\underline{r}(u(t))$ abgebildet. Die Fläche besitzt eine Orientierung. Die Randkurve muss so orientiert werden, dass beide Orientierungen verträglich sind. Dies ist dann der Fall, wenn ein Rechtssystem vorliegt. Bilden wir das vektorielle Produkt aus dem Normalenvektor der Fläche und dem Tangentenvektor der Randkurve:

$$\underline{n}(\underline{r}(u(t))) \times \frac{d\underline{r}(u(t))}{dt}$$

so muss ein Vektor entstehen, der in das Innere der Fläche zeigt.

Satz: Satz von Stokes

Durch $T = t_i(x)\,\underline{e}^i$ werde auf $\tilde{D}$ ein Vektorfeld mit kovarianten Komponenten gegeben. Die glatte Fläche F sei werde durch $\underline{r}(u)$, $u \in D \subset \mathbb{R}^2$, beschrieben. Der Parameterbereich D sei ein Normalbereich. Wird die Randkurve $\partial(F)$ von F so durchlaufen, dass der Normalenvektor zusammen mit dem Durchlaufsinn ein Rechtssystem bildet, dann gilt:

$$\int_F \operatorname{rot} T\,\underline{n}^0\,dA = \int_{\partial(F)} T\,dS.$$

Die Rotation des kovarianten Vektorfeldes T ergibt ein kontravariantes Vektorfeld. Alle Operationen sind Tensoroperationen und können in beliebigen Koordinatensystemen im $\mathbb{R}^3$ ausgeführt werden. Das Vektorfeld brauchen wir nur in einem Gebiet zu erklären, welches die Fläche F enthält.

Beispiel 1.67

Ein Tensorfeld $T(x) = t^i(x)\, \underline{e}_i$ sei (in cartesischen Koordinaten) auf einem Normalbereich $D \subset \mathbb{R}^3$ erklärt. Das Feld T besitzt genau dann ein Potenzial p, wenn gilt:

$$\operatorname{rot} T = \underline{0}\,.$$

Wir haben stets: $\operatorname{rot}(\nabla p(x)) = 0$. Nun nehmen wir an, dass die Rotation verschwindet. Nach dem Satz von Stokes verschwindet das Kurvenintegral, wenn der geschlossene Weg eine glatte Fläche berandet. Damit haben wir die Wegunabhängigkeit des Kurvenintegrals und die Existenz eines Potenzials.

Beispiel 1.68

Gegeben sei das Vektorfeld

$$T(x) = \left((x^1)^2 + \lambda\, x^2 + \mu\, x^2\, x^3\right) \underline{e}_1 + \left(5\, x^1 + \mu\, x^1\, x^3\right) \underline{e}_2 + \left(\lambda\, x^1\, x^2 - x^3\right).$$

Wir bestimmen die Parameter λ und μ so, dass das Vektorfeld T ein Potenzial besitzt.
    Wir berechnen zuerst die Rotation:

$$\operatorname{rot} T(x) = \left(t_{3,2}(x) - t_{2,3}(x)\right) \underline{e}_1 + \left(t_{1,3}(x) - t_{3,1}(x)\right) \underline{e}_2 + \left(t_{2,1}(x) - t_{1,2}(x)\right) \underline{e}_3$$
$$= (\lambda - \mu)\, x^1\, \underline{e}_1 + (\mu - \lambda)\, x^2\, \underline{e}_2 + (5 - \lambda)\, \underline{e}_3\,.$$

Für $\lambda = \mu = 5$ ergibt die Rotation den Nullvektor, und wir haben ein Potenzialfeld.

Beispiel 1.69

Wir nehmen an, dass das Tensorfeld $T(x) = t^i(x)\, \underline{e}_i$ wirbelfrei sei

$$\operatorname{rot} T = \underline{0}$$

und zeigen auf direktem Weg:

$$\frac{\partial}{\partial x^l} \int_{\overline{x_0 x}} T\, dS = \frac{d}{dx^l}\left(\int_0^1 T(x_0 + s\,(x - x_0))\,(x - x_0)\, ds\right) = t^l(x)\,.$$

Zunächst differenzieren wir unter dem Integral:

$$\frac{\partial}{\partial x^l} \int_{\overline{x_0 x}} T\, dS = \int_0^1 t^l(x_0 + s\,(x - x_0))\, ds$$
$$+ \int_0^1 \sum_{j=1}^3 \frac{\partial t^j}{\partial x^l}(x_0 + s\,(x - x_0))\,(x^j - x_0^j)\, s\, ds\,.$$

Im zweiten Summanden verwenden wir die Wirbelfreiheit:

$$\frac{\partial}{\partial x^l} \int_{\overline{x_0 x}} T\, dS = \int_0^1 t^l (x_0 + s(x - x_0))\, ds$$

$$+ \int_0^1 \sum_{j=1}^3 \frac{\partial t^l}{\partial x^j}(x_0 + s(x - x_0))(x^j - x_0^j)\, s\, ds$$

$$= \int_0^1 t^l(x_0 + s(x - x_0))\, ds + \int_0^1 \frac{d}{ds}\left(t^l(x_0 + s(x - x_0))\right) s\, ds$$

$$= \int_0^1 t^l(x_0 + s(x - x_0))\, ds$$

$$+ \left. t^l(x_0 + s(x - x_0)) \right|_{s=0}^{s=1} - \int_0^1 t^l(x_0 + s(x - x_0))\, ds$$

$$= t^l(x).$$

Beim Satz von Gauß wird der Fluss eines Vektorfeldes durch die Oberfläche eines Gebiets durch das Integral der Divergenz über das Gebiet ausgedrückt.

Satz: Satz von Gauß

Sei $D \subset \mathbb{R}^3$ ein Normalbereich und n^0 sei der nach außen weisende Normaleneinheitsvektor auf der Randfläche $\partial(D)$ von D. Durch $T = t^i(x)\, e_i$ werde ein kontravariantes Vektorfeld gegeben. Dann gilt:

$$\int_D \operatorname{div} T\, dV = \int_{\partial(D)} T\, \underline{n}^0\, dA.$$

Wieder haben wir tensorielle Operationen, die koordinatenunabhängig sind. Die Divergenz ist ein Tensor 0-ter Stufe und die Volumenform stellt einen Tensor dritter Stufe dar. Das Gebiet D besitzt durch die Volumenform eine Orientierung. Die Orientierung wird durch das Rechtssystem $\underline{e}_1, \underline{e}_2, \underline{e}_3$ vorgegeben. Volumina sind dann positiv. Beim Übergang zu äquivalenten Koordinatensystemen im $\mathbb{R}^3$ müssen wieder Rechtssysteme entstehen. Die Orientierung der Randfläche $\partial(D)$ muss verträglich mit der Orientierung von D sein. Dies ist der Fall, wenn wir $\partial(D)$ so parametrisieren, dass der Normalenvektor aus dem Gebiet G hinaus zeigt.

Beispiel 1.70

Sei $D \subset \mathbb{R}^3$ ein Normalbereich mit dem Rand $\partial(D)$. Sei $\underline{n}'^0$ der Normaleneinheitsvektor auf der Fläche $\partial(D)$, der in den Bereich D hinein zeigt. Wie groß wird

$$\int_{\partial(D)} T\, \underline{n}'^0\, dA,$$

wenn das Vektorfeld T durch

$$T(x) = x^1 \underline{e}_1 + 2x^2 \underline{e}_2 - 5x^3 \underline{e}_3$$

gegeben wird?

Nach dem Satz von Gauß gilt:

$$\int_{\partial(D)} T\,\underline{n}'^0\,dA = -\int_{\partial(D)} T\,\underline{n}'^0\,dA = -\int_D \operatorname{div} T\,dV\,.$$

Die Divergenz des Vektorfelds T ergibt sich zu:

$$\operatorname{div} T(x) = -2$$

und

$$\int_{\partial(D)} T\,\underline{n}'^0\,dA = 2\int_D dV = 2\,Vol(D)\,.$$

Beispiel 1.71

In der $x^2 - x^3$-Ebene werde eine glatte, doppelpunktfreie Kurve gegeben durch:

$$t \longrightarrow (0, u(t), v(t))\,, \quad t \in [a, b]\,.$$

Ferner sei $u(t) > 0$, und die Kurve werde im entgegengesetzten Uhrzeigersinn durchlaufen. Außerdem sei die Kurve geschlossen.

Wenn die Kurve um die x^3-Achse im Raum rotiert, entsteht ein Rotationskörper mit der Oberfläche:

$$\underline{r}(\varphi, t) = (u(t)\cos(\varphi), u(t)\sin(\varphi), v(t))\,, \quad \varphi \in [0, 2\pi]\,, \quad t \in [a, b]\,.$$

Wir berechnen das Integral über den Rotationskörper K (Abb. 1.29)

$$\int_K \operatorname{div} T(x)\,dx\,, \quad \text{mit dem Vektorfeld} \quad T(x) = x^1 \underline{e}_1 + x^2 \underline{e}_2\,.$$

Wir berechnen zunächst die Tangentenvektoren:

$$\frac{\partial \underline{r}}{\partial \varphi}(\varphi, t) = -u(t)\sin(\varphi)\,\underline{e}_1 + u(t)\cos(\varphi)\,\underline{e}_2\,,$$

$$\frac{\partial \underline{r}}{\partial t}(\varphi, t) = u'(t)\cos(\varphi)\,\underline{e}_1 + u'(t)\sin(\varphi)\,\underline{e}_2 + v'(t)\,\underline{e}_3\,.$$

Die Normale ergibt sich zu:

$$\underline{n}(\varphi, t) = u(t)\,v'(t)\cos(\varphi)\,\underline{e}_1 + u(t)\,v'(t)\sin(\varphi)\,\underline{e}_2 - u(t)\,u'(t)\,\underline{e}_3$$

$$= u(t)\left(v'(t)\cos(\varphi)\,\underline{e}_1 + v'(t)\sin(\varphi)\,\underline{e}_2 - u'(t)\,\underline{e}_3\right)\,.$$

Abb. 1.29 Kurve in der $x^2 - x^3$-Ebene, die einen Rotationskörper erzeugt

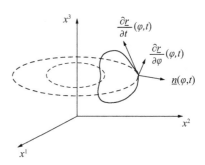

Da die gegebene Kurve positiv orientiert ist, stellt $\underline{n}((\varphi, t))$ eine aus dem Rotationskörper hinaus weisende Normale dar. Der Gaußsche Satz besagt dann: $\int_K \operatorname{div} T \, dV = \int_{\partial K} T \cdot \underline{n}^0 \, dA$. Die Divergenz des Vektorfelds ist konstant $\operatorname{div} T(x) = 2$, und es gilt:

$$
2 \int_K dV = \int_a^b \int_0^{2\pi} (u(t)\cos(\varphi), u(t)\sin(\varphi), 0)
$$
$$
\cdot (u(t)v'(t)\cos(\varphi), u(t)v'(t)\sin(\varphi), -u(t)u'(t)) \, d\varphi \, dt
$$
$$
= \int_a^b \int_0^{2\pi} (u(t))^2 \, v'(t) \, d\varphi \, dt = 2\pi \int_a^b (u(t))^2 \, v'(t) \, dt .
$$

Insgesamt bekommen wir:

$$
\operatorname{Vol}(K) = \pi \int_a^b (u(t))^2 \, v'(t) \, dt .
$$

Beispiel 1.72

Wir betrachten im Raum Kreisscheiben $S_R(x_0)$ mit Mittelpunkt x_0 und Radius R. Nach dem Stokesschen Satz gilt:

$$
\int_{S_R(x_0)} \operatorname{rot} T \, n^0 \, dA = \int_{\partial(S_R(x_0))} T \, dS .
$$

Nach dem Mittelwertsatz der Integralrechnung gilt:

$$
\int_{S_R(x_0)} \operatorname{rot} T \, n^0 \, dA = \eta(R) \, \pi R^2 ,
$$

mit einer Zahl $\eta(R)$

$$
\min_{x \in S_R(x_0)} \operatorname{rot} T(x) \, n^0(x) \leq \eta(R) \leq \max_{x \in S_R(x_0)} \operatorname{rot} T(x) \, n^0(x) .
$$

Hieraus ergibt sich der Grenzwert:

$$\mathrm{rot}\ T(x_0)\, n^0(x_0) = \lim_{R \to 0} \frac{1}{\pi\, R^2} \int_{\partial(S_R(x_0))} T\, dS\,.$$

Betrachten wir nun Kugeln $K_R(x_0)$ im Raum mit Mittelpunkt x_0 und Radius R. Dann gilt nach dem Gaußschen Satz:

$$\int_{K_R(x_0)} \mathrm{div}\ T\, dV = \int_{\partial(S_R(x_0))} T\, n^0\, dA\,.$$

Nach dem Mittelwertsatz der Integralrechnung gilt wieder

$$\int_{K_R(x_0)} \mathrm{div}\ T\, dV = \eta(R)\, \frac{4}{3} \pi\, R^3\,,$$

mit einer Zahl $\eta(R)$

$$\min_{x \in K_R(x_0)} \mathrm{div}\ T(x) \le \eta(R) \le \max_{x \in K_R(x_0)} \mathrm{div}\ T(x)\,.$$

Hieraus bekommen wir den Grenzwert:

$$\mathrm{div}\ T(x_0) = \lim_{R \to 0} \frac{3}{4\, \pi\, R^3} \int_{\partial(K_R(x_0))} T\, n^0\, dA\,.$$

Mit den Sätzen von Stokes und Gauß kann man die Rotation und die Divergenz als Flächen- bzw. als Volumenableitung interpretieren. Man erhält dadurch eine koordinatenfreie Definition der Rotation und der Divergenz.

Die Rotation entspricht dem Grenzwert der Flächendichte der Zirkulation (oder Wirbeldichte). Wählt man Flächen senkrecht zur Rotation, so kommt man zu folgender Interpretation. Wird ein Teilchen im Punkt P dem Einfluss eines Vektorfelds ausgesetzt, so erfolgt eine Drehbewegung. Die Rotation des Vektorfelds in P gibt Winkelgeschwindigkeit und die Achse der Drehung eines Teilchens im Punkt P. Die Divergenz eines Vektorfeldes in einem Punkt P beschreibt die Quellstärke des Vektorfeldes in P.

Bei einem Strömungsfeld gibt die Rotation an, mit welcher Geschwindigkeit und um welche Achse ein mitschwimmendes Teilchen rotiert. Die Divergenz gibt die Stärke von Quellen oder Senken in der Strömung. Der Satz von Gauß bilanziert Quellstärken in einem Volumen und setzt sie gleich dem Fluss durch die Oberfläche des Volumens.

Abb. 1.30 Rechteck als Integrationsgebiet beim Satz von Stokes

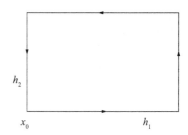

Beispiel 1.73

Wir betrachten ein Tensorfeld $T(x) = t^i(x)\,\underline{e}_i$. Als Integrationsgebiet nehmen wir beim Satz von Stokes ein Rechteck parallel zur x_1-x_2-Ebene. Das Rechteck $R_h(x_0)$ wird in einem festen Punkt x_0 abgetragen und besitzt die Längen h_1, h_2. Wir zeigen die Formel:

$$\operatorname{rot} T(x_0)\,\underline{e}_3 = \lim_{h \to (0,0)} \frac{1}{h_1 h_2} \int_{R(x_0)} \operatorname{rot} T\,\underline{e}_3\,dA$$

$$= \lim_{h \to (0,0)} \frac{1}{h_1 h_2} \int_{\partial(R(x_0))} T\,dS\,.$$

(Entsprechende Aussagen gelten für die zweite und dritte Komponente der Rotation, Abb. 1.30.)

Nach dem Satz von Stokes gilt:

$$\int_{R_h(x_0)} \operatorname{rot} T\,\underline{e}_3\,dA = \int_0^{h_1} T(x_0^1 + t, x_0^2, x_0^3)\,(1,0,0)\,dt$$

$$+ \int_0^{h_2} T(x_0^1 + h_1, x_0^2 + t, x_0^3)\,(0,1,0)\,dt$$

$$- \int_0^{h_1} T(x_0^1 + t, x_0^2 + h_2, x_0^3)\,(1,0,0)\,dt$$

$$- \int_0^{h_2} T(x_0^1, x_0^2 + t, x_0^3)\,(0,1,0)\,dt\,.$$

Wir schreiben:

$$\int_{R_h(x_0)} \operatorname{rot} T\,\underline{e}_3\,dA = \int_0^{h_1} t^1(x_0^1 + t, x_0^2, x_0^3)\,dt - \int_0^{h_1} t^1(x_0^1 + t, x_0^2 + h_2, x_0^3)\,dt$$

$$+ \int_0^{h_2} t^2(x_0^1 + h_1, x_0^2 + t, x_0^3)\,dt - \int_0^{h_2} t^2(x_0^1, x_0^2 + t, x_0^3)\,dt\,.$$

Abb. 1.31 Quader als Integrationsgebiet beim Divergenzsatz

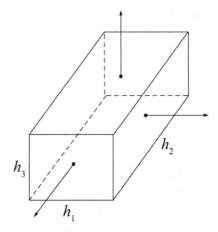

Gehen wir zur Grenze über, dann bekommen wir zuerst:

$$\lim_{h_1 \to 0} \frac{1}{h_1} \int_{R_h(x_0)} \operatorname{rot} T \, \underline{e}_3 \, dA = t^1(x_0^1, x_0^2, x_0^3) - t^1(x_0^1, x_0^2 + h_2, x_0^3)$$

$$+ \int_0^{h_2} \frac{\partial t^2}{\partial x^1}(x_0^1, x_0^2 + t, x_0^3) \, dt \, .$$

Anschließend ergibt sich:

$$\lim_{h_2 \to 0} \frac{1}{h_2} \left(\lim_{h_1 \to 0} \frac{1}{h_1} \int_{R_h(x_0)} \operatorname{rot} T \, \underline{e}_3 \, dA \right) = \frac{\partial t^2}{\partial x^1}(x_0^1, x_0^2, x_0^3) - \frac{\partial t^1}{\partial x^2}(x_0^1, x_0^2, x_0^3) \, .$$

Beispiel 1.74

Wir betrachten ein Tensorfeld $T(x) = t^i(x) \, \underline{e}_i$. Als Integrationsgebiet nehmen wir beim Satz von Gauß einen Quader. Der Quader $Q_h(x_0)$ wird in einem festen Punkt x_0 abgetragen und besitzt die Längen h_1, h_2, h_3. Wir zeigen die Formel (Abb. 1.31):

$$\operatorname{div} T(x_0) = \lim_{h \to (0,0,0)} \frac{1}{h_1 h_2 h_3} \int_{Q_h(x_0)} \operatorname{div} T \, dV = \lim_{h \to (0,0,0)} \frac{1}{h_1 h_2 h_3} \int_{\partial(Q_h(x_0))} T \, \underline{n}^0 \, dA \, .$$

Nach dem Divergenzsatz gilt:

$$\int_{Q_h(x_0)} \operatorname{div} T \, dV$$

$$= \int_0^{h_2} \int_0^{h_1} \left(T(x_0^1 + u^1, x_0^2 + u^2, x_0^3 + h_3)\,(0,0,1) \right.$$

$$\left. + T(x_0^1 + u^1, x_0^2 + u^2, x_0^3)\,(0,0,-1) \right) du^1\, du^2$$

$$+ \int_0^{h_3} \int_0^{h_2} \left(T(x_0^1 + h_1, x_0^2 + u^2, x_0^3 + u^3)\,(1,0,0) \right.$$

$$\left. + T(x_0^1, x_0^2 + u^2, x_0^3 + u^3)\,(-1,0,0) \right) du^2\, du^3$$

$$+ \int_0^{h_3} \int_0^{h_1} \left(T(x_0^1 + u^1, x_0^2 + h_2, x_0^3 + u^3)\,(0,1,0) \right.$$

$$\left. + T(x_0^1 + u^1, x_0^2, x_0^3 + u^3)\,(0,-1,0) \right) du^1\, du^3$$

$$= \int_0^{h_2} \int_0^{h_1} \left(t^3(x_0^1 + u^1, x_0^2 + u^2, x_0^3 + h_3) - t^3(x_0^1 + u^1, x_0^2 + u^2, x_0^3) \right) du^1\, du^2$$

$$+ \int_0^{h_3} \int_0^{h_2} \left(t^1(x_0^1 + h_1, x_0^2 + u^2, x_0^3 + u^3) - t^1(x_0^1, x_0^2 + u^2, x_0^3 + u^3) \right) du^2\, du^3$$

$$+ \int_0^{h_3} \int_0^{h_1} \left(t^2(x_0^1 + u^1, x_0^2 + h_2, x_0^3 + u^3) - t^2(x_0^1 + u^1, x_0^2, x_0^3 + u^3) \right) du^1\, du^3 .$$

Gehen wir im ersten Summanden zur Grenze über, dann gilt zunächst:

$$\lim_{h_3 \to 0} \frac{1}{h_3} \int_0^{h_2} \int_0^{h_1} \left(t^3(x_0^1 + u^1, x_0^2 + u^2, x_0^3 + h_3) - t^3(x_0^1 + u^1, x_0^2 + u^2, x_0^3) \right) du^1\, du^2$$

$$= \int_0^{h_2} \int_0^{h_1} \frac{\partial t^3}{\partial x^3}(x_0^1 + u^1, x_0^2 + u^2, x_0^3) \, du^1\, du^2 .$$

Anschließend folgt:

$$\lim_{h_1 \to 0} \left(\frac{1}{h_1} \lim_{h_2 \to 0} \frac{1}{h_2} \int_0^{h_2} \int_0^{h_1} \frac{\partial t^3}{\partial x^3}(x_0^1 + u^1, x_0^2 + u^2, x_0^3) \, du^1\, du^2 \right) = \frac{\partial t^3}{\partial x^3}(x_0^1, x_0^2, x_0^3) .$$

Behandelt man die anderen beiden Summanden analog, so ergibt sich die Behauptung.

Die Integralsätze sollen nun im Hinblick auf die Potenzialtheorie ausgebaut werden. Wir schildern zunächst den Satz von Green als zweidimensionale Version des Satzes von Gauß. Am Beispiel des Satzes von Green geben wir auch einen Einblick in die Beweisgedanken, die zu den Integralsätzen führen. Dabei stützt man sich auf cartesische Koordinaten.

Satz: Satz von Green

Sei $D \subset \mathbb{R}^2$ ein Normalbereich und $\partial(D)$ sei die im entgegengesetzten Uhrzeigersinn durchlaufene Randkurve von D. Durch $T = t^1(x)\,\underline{e}_1 + t^2(x)\,\underline{e}_2$, $x = (x^1, x^2)$, werde ein ebenes Vektorfeld gegeben. Dann gilt:

$$\int_D \left(\frac{\partial t^2}{\partial x^1}(x) - \frac{\partial t^1}{\partial x^2}(x) \right) dx = \int_{\partial(D)} T\, dS.$$

Wir können das Kurvenintegral auf der rechten Seite umschreiben:

$$\int_D \left(\frac{\partial t^2}{\partial x^1}(x) - \frac{\partial t^1}{\partial x^2}(x) \right) dx$$

$$= \int_a^b T(x(t)) \cdot \frac{dx}{dt}(t)\, dt = \int_a^b \left(t^1(x(t)) \frac{dx^1}{dt}(t) + t^2(x(t)) \frac{dx^2}{dt}(t) \right) dt$$

$$= \int_a^b (t^2(x(t))\,\underline{e}_1 - t^1(x(t)\,\underline{e}_2) \frac{\left(\frac{dx^2}{dt}(t)\,\underline{e}_1 - \frac{dx^1}{dt}(t)\,\underline{e}_2 \right)}{\sqrt{\left(\frac{dx^1}{dt}(t) \right)^2 + \left(\frac{dx^2}{dt}(t) \right)^2}} \sqrt{\left(\frac{dx^1}{dt}(t) \right)^2 + \left(\frac{dx^2}{dt}(t) \right)^2}\, dt$$

$$= \int_{\partial(D)} (t^2\,\underline{e}_1 - t^1\,\underline{e}_2)\,\underline{n}^0\, da$$

und erhalten insgesamt:

$$\int_D \operatorname{div}(t^2(x)\,\underline{e}_1 - t^1(x)\,\underline{e}_2)\, dx = \int_{\partial(D)} (t^2\,\underline{e}_1 - t^1\,\underline{e}_2)\,\underline{n}^0\, da.$$

Mit einem beliebigen ebenen Vektorfeld bekommen wir damit ein zweidimensionales Analogon zum Gaußschen Satz:

$$\int_D \operatorname{div} T\, dx = \int_{\partial(D)} T\,\underline{n}^0\, dA.$$

Der Rand des ebenen Gebiets wird im entgegengesetzten Uhrzeigersinn durchlaufen. Der Normalenvektor $\underline{n}$ zeigt aus dem Gebiet hinaus, denn die Vektoren $\underline{n}$, $\frac{dx^1}{dt}(t)\,\underline{e}_1 + \frac{dx^2}{dt}(t)\,\underline{e}_2$ und $\underline{e}_3$ bilden ein Rechtssystem. Der Satz von Green für das Vektorfeld $t^1(x)\,\underline{e}_1 + t^2(x)\,\underline{e}_2$ entspricht dem Satz von Gauß für das Vektorfeld $t^2(x)\,\underline{e}_1 - t^1(x)\,\underline{e}_2$ und umgekehrt (Abb. 1.32).

Man kann den Satz von Green auch als ebene Version des Satzes von Stokes auffassen. Das ebene Vektorfeld wird durch eine Nullkomponente zu einem räumlichen Vektorfeld erweitert. Die Integrationsfläche liegt in der Ebene, die Normale zeigt senkrecht nach oben. Parallel dazu verläuft das Rotationsfeld.

Abb. 1.32 Satz von Gauß in
der Ebene. Normalgebiet, im
Uhrzeigersinn durchlaufene
Randkurve mit nach außen
weisendem Normalenvektor

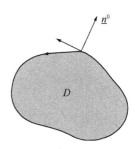

Wir beweisen den Satz von Green für einen Bereich, der parallel zur x^2-Achse projiziert werden kann (Abb. 1.33):

$$D = \left\{ (x^1, x^2) \mid a \le x^1 \le b,\, g_u(x^1) \le x_2 \le g_o(x^1) \right\}.$$

Wir summieren die Teilintegrale in der Reihenfolge 1,3,2,4 und bekommen zunächst:

$$\int_{\partial(D)} T(x)\, ds = \int_a^b \left(t^1(x^1, g_u(x^1)) + t^2(x^1, g_u(x^1)) \frac{d g_u(x^1)}{d x^1} \right) dx^1$$
$$- \int_a^b \left(t^1(x^1, g_o(x^1)) + t^2(x^1, g_o(x^1)) \frac{d g_o(x^1)}{x^1} \right) dx^1$$
$$+ \int_{g_u(b)}^{g_o(b)} t^2(b, x^2)\, dx^2 - \int_{g_u(a)}^{g_o(a)} t^2(a, x^2)\, dx^2.$$

In den ersten beiden Integralen auf der rechten Seite fassen wir die ersten Summanden zu einem Doppelintegral zusammen:

$$\int_a^b \left(t^1(x^1, g_u(x^1)) - t^1(x^1, g_u(x^1)) \right) dx^1 = -\int_a^b \int_{g_u(x^1)}^{g_o(x^1)} \frac{\partial t^1}{\partial x^2}(x)\, dx^2\, dx^1$$
$$= -\int_D \frac{\partial t^1}{\partial x^2}(x)\, dx.$$

Abb. 1.33 Integrationsbe-
reich D. Der Rand besteht aus
vier Teilkurven

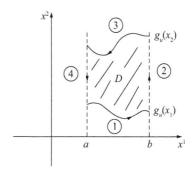

Abb. 1.34 Grundgebiet für
den Greenschen Satz unterteilt
in vier projizierbare Gebiete

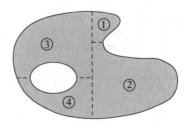

Bevor wir die zweiten Summanden zusammenfassen, führen wir eine Funktion ein mit der Eigenschaft:

$$\frac{\partial \tilde{t}^2}{\partial x^2}(x) = t^2(x)$$

und bekommen:

$$t^2(x^1, g_u(x^1)) \frac{dg_u}{dx^1}(x^1) = \frac{d}{dx^1} \tilde{t}^2(x^1, g_u(x^1)) - \frac{\partial \tilde{t}^2}{\partial x^1}(x^1, g_u(x^1))$$

und

$$t^2(x^1, g_o(x^1)) \frac{dg_o}{dx^1}(x^1) = \frac{d}{dx^1} \tilde{t}^2(x^1, g_o(x^1)) - \frac{\partial \tilde{t}^2}{\partial x^1}(x^1, g_o(x^1)).$$

Nun können wir zusammenfassen:

$$\int_a^b \left(t^2(x^1, g_u(x^1)) \frac{dg_u(x^1)}{dx^1} - t^2(x^1, g_o(x^1)) \frac{dg_o(x^1)}{dx^1} \right) dx^1$$

$$= \int_a^b \int_{g_u(x^1)}^{g_o(x^1)} \frac{\partial^2 \tilde{t}^2}{\partial x^1 \partial x^1}(x) \, dx^2 \, dx^1$$

$$+ \tilde{t}^2(b, g_u(b)) - \tilde{t}^2(a, g_u(a)) - \tilde{t}^2(b, g_o(b)) + \tilde{t}^2(a, g_o(a))$$

$$= \int_D \frac{\partial \tilde{t}^2}{\partial x^1} dx + \tilde{t}^2(b, g_u(b)) - \tilde{t}^2(a, g_u(a)) - \tilde{t}^2(b, g_o(b)) + \tilde{t}^2(a, g_o(a)).$$

Betrachten wir noch die letzten beiden Integrale

$$\int_{g_u(b)}^{g_o(b)} t^2(b, x^2) \, dx^2 - \int_{g_u(a)}^{g_o(a)} t^2(a, x^2) \, dx^2$$

$$= \tilde{t}^2(b, g_o(b)) - \tilde{t}^2(b, g_u(b)) - \tilde{t}^2(a, g_o(a)) + \tilde{t}^2(a, g_u(a)),$$

so folgt die Behauptung.

Wir können den Satz von Green genauso für Grundgebiete beweisen, die in x^1-Richtung projizierbar sind. Anschließend sind weitere Verallgemeinerungen möglich (Abb. 1.34).

Beispiel 1.75

Legen wir das ebene Vektorfeld zugrunde $T(x^1, x^2) = x^1 \underline{e}_2$, so lautet der Greensche Satz:

$$\int_D dx = \int_{\partial(D)} T \, dS.$$

Abb. 1.35 Asteroide

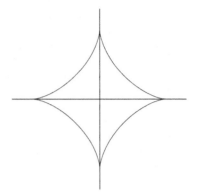

Man kann damit den Inhalt einer ebenen Fläche durch ein Kurvenintegral berechnen. Wir betrachten die Fläche

$$D = \{(x^1, x^2) \,|\, (x^1)^{\frac{2}{3}} + (x_2)^{\frac{2}{3}} \le R^{\frac{2}{3}}\},$$

und parametrisieren die Randkurve (Asteroide) wie folgt (Abb. 1.35):

$$\varphi \longrightarrow R\,(\cos(\varphi))^3\,\underline{e}_1 + R\,(\sin(\varphi))^3\,\underline{e}_2\,, \quad 0 \le \varphi \le 2\,\pi\,.$$

Mit der Parameterdarstellung ergibt sich:

$$\int_D dx$$
$$= \int_0^{2\pi} R(\cos(\varphi))^3)\,\underline{e}_2\,(-3R(\cos(\varphi))^2\sin(\varphi)\,\underline{e}_1 + 3R(\sin(\varphi))^2\cos(\varphi)\,\underline{e}_2)\,d\varphi$$
$$= 3R^3 \int_0^{2\pi} (\cos(\varphi))^4(\sin(\varphi))^2\,d\varphi$$
$$= \frac{3}{8}\,R^2\,\pi\,.$$

Bei ebenen als auch räumlichen Potenzialproblemen können wir auf dem Satz von Gauß in einheitlicher Notation (kartesische Koordinaten) aufbauen:

$$\int_D \operatorname{div} T\,dx = \int_{\partial(D)} T\,\underline{n}^0\,dA\,.$$

Satz: Greensche Formeln

Seien $g, h\colon \mathbb{R}^2 \to \mathbb{R}$ bzw. $g, h\colon \mathbb{R}^3 \to \mathbb{R}$ zweimal stetig differenzierbar. Sei $D \subset \mathbb{R}^2$ bzw. $D \subset \mathbb{R}^3$ ein Normalbereich und $\underline{n}^0$ der nach außen weisende Normaleneinheitsvektor. Dann gilt die erste Greensche Formel:

$$\int_D (g\,\Delta h + \nabla g \cdot \nabla h)\, dx = \int_{\partial(D)} g\,\frac{\partial h}{\partial \underline{n}^0}\, dA$$

und die zweite Greensche Formel:

$$\int_D (g\,\Delta h - h\,\Delta g)\, dx = \int_{\partial(D)} \left(g\,\frac{\partial h}{\partial \underline{n}^0} - h\,\frac{\partial g}{\partial \underline{n}^0} \right) dA.$$

Dabei bezeichnet

$$\frac{\partial f}{\partial \underline{n}^0} = \nabla f \cdot \underline{n}^0$$

die Normalableitung einer Funktion f. Zum Nachweis der ersten Greenschen Formel formen wir zuerst um:

$$g(x)\,\Delta h(x) + \nabla g(x) \cdot \nabla h(x) = g(x) \left(\frac{\partial^2 h}{\partial (x^1)^2}(x) + \frac{\partial^2 h}{\partial (x^2)^2}(x) + \frac{\partial^2 h}{\partial (x^3)^2}(x) \right)$$

$$+ \frac{\partial g}{\partial x^1}(x)\,\frac{\partial h}{\partial x^1}(x) + \frac{\partial g}{\partial x^2}(x)\,\frac{\partial h}{\partial x^2}(x) + \frac{\partial g}{\partial x^3}(x)\,\frac{\partial h}{\partial x^3}(x)$$

$$= \mathrm{div}\,(g(x)\,\nabla h(x)).$$

Mit dem Gaußschen Satz folgt nun die erste Greensche Formel. Die zweite Greensche Formel folgt aus der ersten, wenn man g und h vertauscht und subtrahiert.

Spezielle Funktionen und Differentialgleichungen 2

2.1 Orthogonale Systeme von Polynomen

Von den Vektoren im $\mathbb{R}^3$ gehen wir über zu einem allgemeinen Vektorraum $\mathbb{V}$ mit dem Skalarenkörper $\mathbb{R}$. Die Elemente des Vektorraums bezeichnet man als Vektoren, wenn die Rechenregeln aus dem $\mathbb{R}^3$ weiter gelten. Vektoren können addiert werden. Es gibt einen Nullvektor und einen inversen Vektor bezüglich der Addition. Vektoren können mit Skalaren multipliziert werden. Addition und Multiplikation mit Skalaren unterliegen den folgenden Regeln.

Definition: Vektorraum

Für Vektoren $\underline{x}$, $\underline{y}$, $\underline{z}$ und Skalare α, β gilt:

$$\underline{x} + \underline{y} = \underline{y} + \underline{x},$$

$$(\underline{x} + \underline{y}) + \underline{z} = \underline{x} + (\underline{y} + \underline{z}),$$

$$\underline{x} + \underline{0} = \underline{x},$$

$$\underline{x} + (-\underline{x}) = \underline{0},$$

$$(\alpha + \beta)\,\underline{x} = \alpha\,\underline{x} + \beta\,\underline{x},$$

$$\alpha\,(\underline{x} + \underline{y}) = \alpha\,\underline{x} + \alpha\,\underline{y},$$

$$\alpha\,(\beta\,\underline{x}) = (\alpha\,\beta)\,\underline{x} = \alpha\,\beta\,\underline{x}.$$

Beispiel 2.1

Die stetigen Funktionen $f : [a, b] \to \mathbb{R}$ stellen einen Vektorraum dar. Funktionen können addiert und mit Skalaren multipliziert werden. Sind f und g stetig, dann ist auch $\alpha f + \beta g$ stetig. Wir haben die Nullfunktion $f(x) = 0$, $x \in [a, b]$, und die Regeln eines Vektorraums werden erfüllt.

W. Strampp, *Ausgewählte Kapitel der Höheren Mathematik*, DOI 10.1007/978-3-658-05550-9_2, 103
© Springer Fachmedien Wiesbaden 2014

Beispiel 2.2

Die Polynome höchstens n-ten Grades $f : [a, b] \to \mathbb{R}$ (oder $f : \mathbb{R} \to \mathbb{R}$) stellen einen Vektorraum dar.

Ein beliebiges Polynom:

$$f(x) = \sum_{j=0}^{n} \alpha_j \, x^j$$

wird erzeugt von den Polynomen $1, x, \ldots, x^n$. Für den Raum der Polynome höchstens n-ten Grades schreiben wir

$$\langle 1, x, x^2, \ldots, x^k \rangle \,.$$

Die Polynome $1, x, \ldots, x^n$ sind linear unabhängig. Gilt $\sum_{j=0}^{n} \alpha_j \, x^j = 0$ für alle x, so folgt $a_j = 0$ für $j = 0, 1, \ldots, n$.

Ein Skalarprodukt ordnet je zwei Vektoren $\underline{x}$ und $\underline{y}$ eine Zahl $(\underline{x}, \underline{y})$ aus $\mathbb{R}$ zu. Skalarprodukte besitzen folgende Eigenschaften.

Definition: Skalarprodukt

Für Vektoren $\underline{x}, \underline{y}, \underline{z}$ und Skalare α gilt:

$$(\underline{x}, \underline{x}) \geq 0 \,, \; (\underline{x}, \underline{x}) = 0 \iff \underline{x} = \underline{0} \,,$$

$$(\underline{x}, \underline{y}) = (\underline{y}, \underline{x}) \,,$$

$$(\underline{x} + \underline{y}, \underline{z}) = (\underline{x}, \underline{z}) + (\underline{y}, \underline{z}) \,,$$

$$(\alpha \, \underline{x}, \underline{y}) = \alpha \, (\underline{x}, \underline{y}) \,.$$

Im $\mathbb{R}^3$ ergibt sich das Skalarprodukt geometrisch:

$$\underline{x} \cdot \underline{y} = \|\underline{x}\| \, \|\underline{y}\| \, \cos(\varphi) \,,$$

bzw.

$$\underline{x} \cdot \underline{y} = \sqrt{\underline{x} \cdot \underline{x}} \, \sqrt{\underline{y} \cdot \underline{y}} \, \cos(\varphi) \,.$$

Hieraus folgt sich die Abschätzung:

$$|\underline{x} \cdot \underline{y}| \leq \|\underline{x}\| \, \|\underline{y}\| = \sqrt{\underline{x} \cdot \underline{x}} \, \sqrt{\underline{y} \cdot \underline{y}} \,.$$

Diese Ungleichung kann in beliebige Vektorräume mit Skalarprodukt übertragen werden.

Satz: Cauchy-Schwarzsche Ungleichung

In einem Vektorraum mit Skalarprodukt gilt für alle Vektoren $\underline{x}$, $\underline{y}$, die Cauchy-Schwarzsche Ungleichung:

$$|(\underline{x}, \underline{y})| \leq \sqrt{(\underline{x}, \underline{x})} \sqrt{(\underline{y}, \underline{y})} \,.$$

Wie im $\mathbb{R}^3$ können wir in einem Vektorraum mit einem Skalarprodukt die Länge eines Vektors

$$\|\underline{x}\| = \sqrt{(\underline{x}, \underline{x})}$$

und den Abstand zweier Vektoren

$$\|\underline{x} - \underline{y}\| = \sqrt{(\underline{x} - \underline{y}, \underline{x} - \underline{y})}$$

einführen.

Satz: Länge von Vektoren

Die Länge besitzt folgende Eigenschaften:

$$\|\alpha \, \underline{x}\| = |\alpha| \, \|\underline{x}\| \,,$$
$$\|\underline{x} + \underline{y}\| \leq \|\underline{x}\| + \|\underline{y}\| \,.$$

(Dreiecksungleichung).

Wegen $(\alpha \, \underline{x}, \underline{y}) = (\underline{x}, \alpha \, \underline{y}) = \alpha \, (\underline{x}, \underline{y})$ verschwindet das Skalarprodukt wieder, wenn einer der beteiligten Vektoren der Nullvektor ist. Gilt $\underline{x} \neq \underline{0}$ und $\underline{y} \neq \underline{0}$ und $(\underline{x}, \underline{y}) = 0$, dann bezeichnen wir die Vektoren als orthogonal. Zwei Vektoren $\underline{x}$, $\underline{y}$ eines allgemeinen Vektorraums $\mathbb{V}$ stehen senkrecht aufeinander (sind orthogonal), wenn ihr Skalarprodukt verschwindet: $(\underline{x}, \underline{y}) = 0$.

Wir betrachten den Raum der auf einem Intervall stetigen Funktionen und führen Skalarprodukte ein.

Satz: Belegungsfunktion und Skalarprodukt

Sei $p : [a, b] \to \mathbb{R}$ eine stetige Funktion. Die Funktion p besitze höchstens isolierte Nullstellen, und es gelte $p(x) \geq 0$ für alle $x \in [a, b]$. Zur Belegungsfunktion p wird ein Skalarprodukt auf dem Raum der auf $[a, b]$ stetigen, reellwertigen Funktionen erklärt durch:

$$(f, g) = \int_a^b p(x) \, f(x) \, g(x) \, dx \,.$$

Offenbar liegt ein Skalarprodukt vor. Mit der Stetigkeit und den Voraussetzungen an p ergibt sich zunächst

$$\int_a^b p(x)\,(f(x))^2\,dx = 0 \iff p(x)\,(f(x))^2 = 0 \text{ für alle } x$$

und damit $f(x) = 0$ für alle x, also:

$$(f,f) = 0 \iff f(x) = 0, x \in [a,b].$$

Die Bilinearität des Skalarprodukts bekommen wir aus der Linearität des Integrals.

Die Cauchy-Schwarzsche Ungleichung besagt nun:

$$\left| \int_a^b p(x)\,f(x)\,g(x)\,dx \right| \le \sqrt{\int_a^b p(x)\,(f(x))^2\,dx}\,\sqrt{\int_a^b p(x)\,(g(x))^2\,dx}.$$

Wir gehen vom Raum der stetigen Funktionen auf den Raum der Polynome über. Als Belegungsfunktionen lassen wir auch Funktionen zu, die lediglich im offenen Intervall (a,b) stetig sind. Schließlich geben wir noch die Voraussetzung des beschränkten Intervalls auf. Wenn wir uneigentlich integrieren, müssen wir die Existenz der folgenden Integrale nachweisen:

$$\int_a^b p(x)\,x^{2k}\,dx, \quad k = 0,1,2,\ldots.$$

Die Cauchy-Schwarzsche Ungleichung liefert dann

$$\left| \int_a^b p(x)\,x^k\,x^k\,dx \right| \le \sqrt{\int_a^b p(x)\,x^{2k}\,dx}\,\sqrt{\int_a^b p(x)\,x^{2k}\,dx}.$$

Damit ist die Existenz der Integrale $\int_a^b p(x)\,f(x)\,g(x)\,dx$ für alle Polynome f gesichert.

Systeme von Vektoren, die paarweise senkrecht aufeinander stehen, bezeichnet man als Orthogonalsysteme. Besteht ein Orthogonalsystem aus lauter Einheitsvektoren, dann spricht man von einem Orthonormalsystem. Man kann in jedem Vektorraum Orthonormalsysteme herstellen, indem man von linear unabhängigen Vektoren ausgeht und der Reihe nach Projektionsvektoren bildet. Wir schildern kurz das Orthonormalisierungsverfahren von Hilbert-Schmidt. Man beginnt mit dem Basisvektor $\underline{b}_1$ und normiert ihn zu $\underline{e}_1$. Dann berechnet man die Projektion des zweiten Basisvektors in den von $\underline{e}_1$ aufgespannten Unterraum $\mathbb{U}_1$. Der Differenzvektor steht senkrecht auf $\mathbb{U}_1$ und wird nomiert zu $\underline{e}_2$. Nun berechnet man die Projektion des dritten Basisvektors in den von $\underline{e}_1, \underline{e}_2$ aufgespannten Unterraum $\mathbb{U}_2$. Der Differenzvektor steht wieder senkrecht auf $\mathbb{U}_2$ und wird nomiert zu $\underline{e}_3$. Setzt man das Verfahren fort, so ergibt sich schließlich ein Orthonormalsystem.

Nach Konstruktion des Orthonormalsystems folgt:

$$\langle \underline{b}_1, \ldots, \underline{b}_k \rangle = \langle \underline{e}_1, \ldots, \underline{e}_k \rangle \text{ für alle } k = 1, \ldots, n.$$

Hieraus ergibt sich $(\underline{e}_k, \underline{b}_l) = 0$ für alle $l = 1, \ldots, k-1, k = 2, \ldots, n$. Ist $\underline{o}_1, \ldots, \underline{o}_k$ ein Orthogonalsystem mit der Eigenschaft: $\langle \underline{b}_1, \ldots, \underline{b}_k \rangle = \langle \underline{o}_1, \ldots, \underline{o}_k \rangle$ für alle $k = 1, \ldots, n$, dann gilt:

$$\underline{o}_k = \alpha_k \, \underline{e}_k \text{ für alle } k = 1, \ldots, n,$$

mit $\alpha_k \neq 0$. Man bekommt dies sofort aus der Eigenschaft:

$$(\underline{o}_k, \underline{b}_l) = 0 \text{ für alle } l = 1, \ldots, k-1, k = 2, \ldots, n.$$

Satz: Orthonormalisierungsverfahren von Hilbert-Schmidt

Sei $\mathbb{V}$ ein Vektorraum. Sei $\underline{b}_1, \ldots, \underline{b}_n$ ein System linear unabhängiger Vektoren, die den Unterraum $\mathbb{U}$ erzeugen:

$$\mathbb{U} = \langle \underline{b}_1, \ldots, \underline{b}_k \rangle.$$

Wir berechnen Vektoren $\{\underline{e}_1, \ldots, \underline{e}_n\}$ nach dem folgenden Verfahren:

$$\underline{e}_1 = \frac{1}{\|\underline{b}_1\|} \underline{b}_1,$$

$$\tilde{\underline{b}}_{l+1} = \underline{b}_{l+1} - \sum_{k=1}^{l} (\underline{b}_{l+1} \, \underline{e}_k) \, \underline{e}_k,$$

$$\underline{e}_{l+1} = \frac{1}{\|\tilde{\underline{b}}_{l+1}\|} \tilde{\underline{b}}_{l+1}.$$

Dann sind bilden die Vektoren $\{\underline{e}_1, \ldots, \underline{e}_n\}$ ein Orthonormalsystem und es gilt

$$\mathbb{U} = \langle \underline{e}_1, \ldots, \underline{e}_n \rangle.$$

Beispiel 2.3

Wir betrachten den Raum der Polynome im Intervall $[-1, 1]$ mit dem Skalarprodukt:

$$(f, g) = \int_{-1}^{1} f(x) \, g(x) \, dx.$$

Wir gehen aus von den Polynomen $f_1(x) = 1, f_2(x) = x, f_3(x) = x^2, f_4(x) = x^3$, und berechnen ein Orthonormalsystem.

Es gilt

$$(f_1, f_1) = \int_{-1}^{1} dx = 2$$

und wir bekommen:

$$e_1(x) = \frac{1}{\sqrt{2}}.$$

Durch Projektion berechnen wir:

$$\tilde{f}_2(x) = f_2(x) - (f_2, e_1)\, e_1(x)$$

$$= x - \left(\int_{-1}^{1} x\, \frac{1}{\sqrt{2}}\, dx\right) \frac{1}{\sqrt{2}}$$

$$= x.$$

Normiert man, so ergibt sich:

$$e_2(x) = \frac{x}{\sqrt{\int_{-1}^{1} x^2\, dx}} = \sqrt{\frac{3}{2}}\, x.$$

Wir berechnen durch Projektion:

$$\tilde{f}_3(x) = f_3(x) - (f_3, e_1)\, e_1(x) - (f_3, e_2)\, e_2(x)$$

$$= x^2 - \left(\int_{-1}^{1} x^2\, \frac{1}{\sqrt{2}}\, dx\right) \frac{1}{\sqrt{2}} - \left(\int_{-1}^{1} x^2\, \sqrt{\frac{3}{2}}\, x\, dx\right) \sqrt{\frac{3}{2}}\, x$$

$$= x^2 - \frac{1}{2} \int_{-1}^{1} x^2\, dx$$

$$= x^2 - \frac{1}{3}.$$

Normiert man nun, so ergibt sich:

$$e_3(x) = \frac{x^2 - \frac{1}{3}}{\sqrt{\int_{-1}^{1} \left(x^2 - \frac{1}{3}\right)^2\, dx}} = \frac{3\sqrt{5}}{2\sqrt{2}}\left(x^2 - \frac{1}{3}\right) = \sqrt{\frac{5}{8}}\left(3x^2 - 1\right).$$

Wir berechnen schließlich durch Projektion:

$$\tilde{f}_4(x) = f_4(x) - (f_4, e_1)\, e_1(x) - (f_4, e_2)\, e_2(x) - (f_4, e_3)\, e_3(x)$$

$$= x^3 - \left(\int_{-1}^{1} x^3\, \frac{1}{\sqrt{2}}\, dx\right) \frac{1}{\sqrt{2}} - \left(\int_{-1}^{1} x^3\, \sqrt{\frac{3}{2}}\, x\, dx\right) \sqrt{\frac{3}{2}}\, x$$

$$- \left(\int_{-1}^{1} x^3\, \sqrt{\frac{5}{8}}\, (3x^2 - 1)\, dx\right) \sqrt{\frac{5}{8}}\, (3x^2 - 1)$$

$$= x^3 - \frac{3}{2}\left(\int_{-1}^{1} x^4\, dx\right) x$$

$$= x^3 - \frac{3}{5}\, x.$$

Normiert man wieder, so ergibt sich:

$$e_4(x) = \frac{x^3 - \frac{3}{5}x}{\sqrt{\int_{-1}^{1}\left(x^3 - \frac{3}{5}x\right)^2 dx}} = \frac{5\sqrt{7}}{2}\left(x^3 - \frac{3}{5}x\right) = \sqrt{\frac{7}{4}}\left(5x^3 - 3x\right).$$

Nach Wahl einer Belegungsfunktion orthogonalisieren wir die Monome $1, x, x^2, x^3, \ldots$ nach dem Hilbert-Schmidt-Verfahren in der gegebenen Reihenfolge und erhalten ein Orthonormalsystem von Polynomen $\psi_0(x), \psi_1(x), \psi_2(x), \ldots$:

$$\langle 1, x, x^2, \ldots, x^k \rangle = \langle \psi_0(x), \psi_1(x), \psi_2(x), \ldots, \psi_k(x) \rangle \text{ für alle } k = 0, 1, 2, \ldots.$$

Ist $\varphi_0(x), \varphi_1(x), \varphi_2(x), \ldots$ ein Orthogonalsystem von Polynomen mit

$$\langle 1, x, x^2, \ldots, x^k \rangle = \langle \varphi_0(x), \varphi_1(x), \varphi_2(x), \ldots, \varphi_k(x) \rangle \text{ für alle } k = 0, 1, 2, \ldots,$$

so gilt $\varphi_k(x) = \alpha_k \psi_k(x)$ mit Konstanten $\alpha_k \in \mathbb{R}$. Gilt $\alpha_k 0 \pm 1$, so liegt wieder ein Orthonormalsystem vor. Ein System stellt genau dann ein Orthogonalsystem dar, wenn folgende Bedingung erfüllt ist:

$$(\varphi_k(x), x^l) = 0 \quad l = 0, \ldots, k-1, k = 1, 2, \ldots.$$

Satz: Nullstellen orthogonaler Polynomsysteme
Das auf einem Intervall bis auf Normierung eindeutig gegebene System orthogonaler Polynome hat folgende Eigenschaft: Die n Nullstellen von φ_n sind alle reell, einfach und liegen im Grundintervall (a, b).

Die Polynome des Orthogonalsystems schreiben wir:

$$\varphi_n(x) = \sum_{v=0}^{n} a_v^{(n)} x^v, \quad a_n^{(n)} \neq 0.$$

Das Polynom φ_n besitzt nach dem Fundamentalsatz n Wurzeln in $\mathbb{C}$:

$$x_1^{(n)}, \ldots, x_n^{(n)},$$

und kann faktorisiert werden:

$$\varphi_n(x) = a_n^{(n)}\left(x - x_1^{(n)}\right)\left(x - x_2^{(n)}\right)\cdots\left(x - x_n^{(n)}\right), \quad a_n^{(n)} \neq 0.$$

Die Orthogonalität $(\varphi_0, \varphi_n) = 0, n = 1, 2, \ldots$, liefert:

$$\frac{1}{a_0^{(0)} a_n^{(n)}} (\varphi_0, \varphi_n) = \int_a^b p(x) (x - x_1^{(n)}) \cdots (x - x_n^{(n)}) \, dx = 0.$$

Der Integrand $p(x) (x - x_1^{(n)}) \cdots (x - x_n^{(n)})$ ist auf (a, b) stetig, und besitzt höchstens isolierte Nullstellen. Da $p(x) \geq 0$ höchstens isolierte Nullstellen besitzt, muss φ_n das Vorzeichen in (a, b) wechseln. Also muss φ_n mindestens eine Nullstelle ungerader Vielfachheit im offenen Intervall (a, b) besitzen. Wir bilden die Menge M aller Nullstellen ungerader Vielfachheit in (a, b), und nehmen jede Nullstelle nur einmal auf: $M = \{x_1, \ldots, x_k\}$. Wir nehmen an, die Anzahl der Nullstellen sei kleiner als der Grad von φ_n: $k < n$. Damit besitzt das Polynom

$$\prod_{l=1}^{k} (x - x_l)$$

einen Grad, der kleiner als n ist, und es gilt:

$$\left(\varphi_n(x), \prod_{l=1}^{k} (x - x_l) \right) = 0.$$

Andererseits hat das Polynom

$$\varphi_n(x) \prod_{1}^{k} (x - x_k)$$

nur Nullstellen von gerader Vielfachheit. Damit bekommen wir:

$$\left(\varphi_n(x), \prod_{l=1}^{k} (x - x_l) \right) = \int_a^b p(x) \varphi_n(x) \prod_{l=1}^{k} (x - x_l) \, dx \neq 0.$$

Die Annahme führt also zum Widerspruch. Es gilt $k = n$, und damit sind die Behauptungen bewiesen.

Wir betrachten nun folgende Grundintervalle und Belegungsfunktionen:

$$1. \qquad [-1, 1] \quad p(x) = 1,$$

$$2. \qquad [-1, 1] \quad p(x) = \frac{1}{\sqrt{1 - x^2}},$$

$$3. \qquad [0, \infty] \quad p(x) = e^{-x},$$

$$4. \qquad [-\infty, \infty] \quad p(x) = e^{-x^2}.$$

Mit dem Hilbert-Schmidt-Verfahren bilden wir jeweils Orthonormalbasen der Polynomräume $\langle 1, x, \ldots, x^n \rangle$. Damit werden wir auf folgende Systeme orthonormaler Polynome geführt:

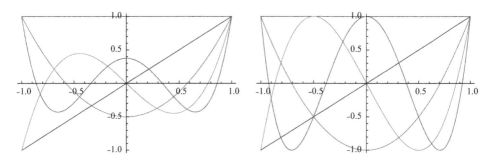

Abb. 2.1 Die ersten fünf Legendre-Polynome (*links*), Tschebyscheff-Polynome (*rechts*)

1. die Legendre-Polynome P_n,
2. die Tschebyscheff-Polynome L_n.
3. die Laguerre-Polynome L_n,
4. die Hermite-Polynome H_n,

Wir müssen noch nachweisen, dass wir mit den Belegungsfunktionen aus 1.–4. tatsächlich Skalarprodukte auf den Polynomräumen über den jeweiligen Grundintervallen erklären. Der Fall 1 ist klar. Im Fall 2 entnimmt man die Existenz des Integrals $\int_a^b p(x)\, x^{2k}\, dx$ aus der Umformung:

$$\int_{-1}^1 \frac{x^{2k}}{\sqrt{1-x^2}}\, dx = \int_0^\pi \frac{(-\cos(t))^{2k}}{\sqrt{1-(-\cos(t))^2}} \sin(t)\, dt$$

$$= \int_0^\pi (\cos(t))^{2k}\, dt\,.$$

Im Fall 3 wählen wir ein x_0, sodass für $x > x_0$ gilt: $e^{\frac{x}{2}} > x^{2k}$ und schreiben:

$$\int_0^\infty e^{-x}\, x^{2k}\, dx \le \int_0^{x_0} e^{-x}\, x^{2k}\, dx + \int_{x_0}^\infty e^{-\frac{x}{2}}\, dx\,.$$

Beide Integrale auf der rechten Seite existieren. Im Fall 4 gehen wir von der Existenz der Integrale $\int_{-\infty}^\infty e^{-x^2}\, dx$ und $\int_{-\infty}^\infty e^{-\frac{x^2}{2}}\, dx$ aus. Wir wählen analog ein x_0, sodass für $|x| > x_0$ gilt: $e^{\frac{x^2}{2}} > x^{2k}$ und schreiben:

$$\int_{-\infty}^\infty e^{-x^2}\, x^{2k}\, dx \le \int_{-\infty}^{-x_0} e^{-\frac{x^2}{2}}\, dx + \int_{-x_0}^{x_0} e^{-x^2}\, x^{2k}\, dx + \int_{x_0}^\infty e^{-\frac{x^2}{2}}\, dx\,.$$

Wieder existieren die Integrale auf der rechten Seite (Abb. 2.1, 2.2).

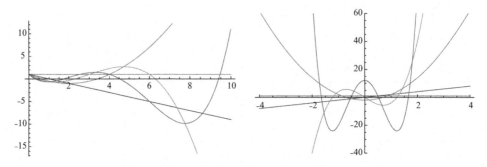

Abb. 2.2 Die ersten fünf Laguerre-Polynome (*links*), Hermite-Polynome (*rechts*)

2.2   Die Legendre-Polynome

Wir orthonormalisieren die Monome $1, x, x^2 \ldots$, nach dem Hilbert-Schmidt-Verfahren mit der Belegungsfunktion $p(x) = 1$. Wir bekommen das Othonormalsystem:

$$\varphi_1(x) = \frac{1}{\sqrt{2}}, \quad \varphi_2(x) = \sqrt{\frac{3}{2}}\, x, \quad \varphi_3(x) = \sqrt{\frac{5}{8}} \left(3\,x^2 - 1\right), \ldots \,.$$

Es gilt:

$$\int_{-1}^{1} \varphi_n(x)\, x^k \, dx = 0 \quad \text{für} \quad k = 0, \ldots, n-1 \,.$$

Die Legendre-Polynome stimmen bis auf Normierung mit den Polynomen φ_n überein. Das Orthonormalisierungsverfahren geht rekursiv vor und kann keine explizite Darstellung orthogonaler Polynomsysteme liefern.

Ein anderer Zugang zu den Legendre-Polynomen führt über die erzeugende Funktion. Wir betrachten einen Punkt $(0, 0, \tilde{r})$ auf der z-Achse. Von einer Masse in diesem Punkt geht ein Gravitationspotenzial aus. Das Potenzial in einem beliebigen Punkt (x, y, z) ist umgekehrt proportional zum Abstand von $(0, 0, \tilde{r})$ (Abb. 2.3):

$$\frac{1}{R} = \frac{1}{\sqrt{x^2 + y^2 + (z - \tilde{r})^2}} \,.$$

Mit den Variablen:

$$r = \sqrt{x^2 + y^2 + z^2}, \quad z = r \cos(\vartheta), \quad \vartheta \in [0, \pi],$$

formen wir um:

$$\frac{1}{R} = \frac{1}{\sqrt{r^2 + \tilde{r}^2 - 2\, r\, \tilde{r} \cos(\vartheta)}} \,.$$

Abb. 2.3 Die Abstände $R, r, \tilde{r}$
und der Polarwinkel ϑ

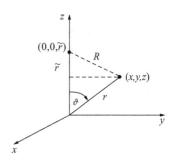

Wir führen weitere Variable t und ξ ein:

$$\tilde{r} < r: \quad t = \frac{\tilde{r}}{r}, \quad 0 \le t \le 1, \quad \xi = \cos(\vartheta), \quad \xi \in [-1,1],$$

und schreiben:

$$\frac{1}{R} = \frac{1}{r\sqrt{1 - 2\,t\,\xi + t^2}}.$$

Analog führen wir $\tilde{t}$ ein:

$$\tilde{r} > r: \quad \tilde{t} = \frac{r}{\tilde{r}}, \quad 0 \le \tilde{t} \le 1, \quad \xi = \cos(\vartheta), \quad \xi \in [-1,1],$$

und schreiben:

$$\frac{1}{R} = \frac{1}{\tilde{r}\sqrt{1 - 2\,\tilde{t}\,\xi + \tilde{t}^2}}.$$

Bei festem $\xi \in [-1,1]$ wollen wir $\frac{1}{R}$ in eine Taylorreihe in t ($\tilde{t}$) entwickeln um den Punkt $t_0 = 0$. Wir betrachten die folgende Funktion im Komplexen:

$$(1 - 2\,t\,\xi + t^2)^{-\frac{1}{2}} \quad t \in \mathbb{C}.$$

Die Funktion ist holomorph und nimmt für $t = 0$ den Wert Eins an. Singularitäten treten auf bei:

$$1 - 2\,t\,\xi + t^2 = 0.$$

Mit $\xi = \cos(\vartheta)$ bedeutet dies:

$$t = \xi \pm \sqrt{\xi^2 - 1} = \cos(\vartheta) \pm i\,\sin(\vartheta) = e^{\pm i\,\vartheta}.$$

Die Taylorreihe konvergiert somit absolut für $|t| < 1$.

Satz: Erzeugende Funktion der Legendre-Polynome

Die Funktion $\dfrac{1}{\sqrt{1-2\,t\,\xi+t^2}}$ stellt die erzeugende Funktion der Legendre-Polynome

P_n dar. Es gilt folgende Potenzreihenentwicklung:

$$\frac{1}{\sqrt{1-2\,t\,\xi+t^2}} = \sum_{v=0}^{\infty} t^v\, P_v(\xi), \quad |t|<1, -1\le \xi \le 1,$$

mit der Beziehung:

$$P_n(x) = \sqrt{\frac{2}{2\,n+1}}\,\varphi_n(x).$$

Die erzeugende Funktion der Legendre-Polynome lässt sich verallgemeinern. Man wird dann auf die Gegenbauer-Polynome C_n^r geführt:

$$\frac{1}{(1-2\,t\,\xi+t^2)^r} = \sum_{v=0}^{\infty} t^v\, C_v^r(\xi), \quad |t|<1, -1\le \xi \le 1.$$

Wir schreiben

$$\frac{1}{R} = \frac{1}{\sqrt{x^2+y^2+(z-\tilde{r})^2}} = f(x,y,z,\tilde{r})$$

und betrachten für $0\le \tilde{r} < r$, $(0\le t<1)$, die Taylorentwicklung:

$$\frac{1}{R} = \frac{1}{\sqrt{x^2+y^2+(z-\tilde{r})^2}} = \sum_{v=0}^{\infty} \frac{\tilde{r}^v}{v!}\frac{\partial^v}{\partial \tilde{r}}\, f(x,y,z,\tilde{r})|_{r=0}$$

$$= \sum_{v=0}^{\infty} (-1)^v\,\frac{\tilde{r}^v}{v!}\frac{\partial^v}{\partial z^v}\, f(x,y,z,\tilde{r})|_{\tilde{r}=0}$$

$$= \sum_{v=0}^{\infty} (-1)^v\,\frac{\tilde{r}^v}{v!}\frac{\partial^v}{\partial z^v}\, f(x,y,z,0).$$

Es bleibt das Problem, die partiellen Ableitungen nach z der folgenden Funktion zu berechnen:

$$\frac{1}{r} = f(x,y,z,0) = \frac{1}{\sqrt{x^2+y^2+z^2}}.$$

Die ersten drei Ableitungen ergeben sich zu:

$$\frac{\partial}{\partial z}\left(\frac{1}{r}\right) = \frac{-z}{r^3} = \frac{F_1(r,z)}{r^3},$$

$$\frac{\partial^2}{\partial z^2}\left(\frac{1}{r}\right) = \frac{-r^2+3z^2}{2\,r^5} = 2\,\frac{-\frac{1}{4}r^2+\frac{3}{4}z^2}{r^5} = \frac{F_2(r,z)}{r^5},$$

$$\frac{\partial^3}{\partial z^3}\left(\frac{1}{r}\right) = \frac{9\,r^2 z-15\,z^3}{2\,r^7} = 6\,\frac{\frac{3}{4}r^2 z-\frac{5}{4}z^3}{r^7} = \frac{F_3(r,z)}{r^7}.$$

Allgemein gilt:

$$\frac{1}{n!} \frac{\partial^n}{\partial z^n} \left(\frac{1}{r}\right) = \frac{F_n(r,z)}{r^{2n+1}}.$$

Dabei ist F_n ein homogenes Polynom n-ten Grades in r und z:

$$F_n(\lambda r, \lambda z) = \lambda^n F_n(r,z).$$

Den Nachweis der Homogenität führen wir mit vollständiger Induktion. Offenbar gilt die Behauptung für $n = 1$. Wir nehmen an:

$$\frac{1}{(n-1)!} \frac{\partial^{n-1}}{\partial z^{n-1}} \left(\frac{1}{r}\right) = \frac{F_{n-1}(r,z)}{r^{2n-1}}$$

mit einem homogenen Polynom F_{n-1} vom Grad $n-1$. Mit $\frac{\partial r}{\partial z} = \frac{z}{r}$ folgt durch Ableiten:

$$\frac{1}{n!} \frac{\partial^n}{\partial z^n} \left(\frac{1}{r}\right) = \frac{1}{n} \frac{\partial}{\partial z} \frac{F_{n-1}(r,z)}{r^{2n-1}}$$

$$= \frac{1}{n} \left(\frac{1}{r^{2n-1}} \left(\frac{\partial F_{n-1}}{\partial z} + \frac{\partial F_{n-1}}{\partial r} \frac{\partial r}{\partial z} \right) - F_{n-1}(r,z) \frac{\partial r^{-2n+1}}{\partial r} \frac{\partial r}{\partial z} \right)$$

$$= \frac{1}{r^{2n+1}} \left(\frac{1}{n} \left(r^2 \frac{\partial F_{n-1}}{\partial z} + z r \frac{\partial F_{n-1}}{\partial r} - (2n-1) z F_{n-1}(r,z) \right) \right).$$

Durch partielle Ableitung nach r bzw. nach z entsteht aus F_{n-1} ein homogenes Polynom vom Grad $n-2$. Insgesamt stellt

$$r^2 \frac{\partial F_{n-1}}{\partial z} + z r \frac{\partial F_{n-1}}{\partial r} - (2n-1) z F_{n-1}(r,z)$$

ein homogenes Polynom vom Grad n dar.

Mit der Homogenität ergibt sich:

$$F_n(r,z) = r^n F_n(1, \frac{z}{r}) = r^n F_n(1, \cos(\vartheta))$$

$$= r^n F_n(1, \xi).$$

Wir können wieder durch Induktion zeigen, dass $F_n(1,z)$ ein Polynom in z vom Grad n ist, bzw. $F_n(1,\xi)$ ein Polynom vom Grad n in ξ. Ersetzen wir:

$$\frac{1}{\nu!} \frac{\partial^\nu}{\partial z^\nu} \left(\frac{1}{r}\right) = \frac{F_\nu(1,\xi)}{r^{\nu+1}}$$

in der Taylorentwicklung, so ergibt sich:

$$\frac{1}{R} = \frac{1}{r} \sum_{n=0}^{\infty} (-1)^n \left(\frac{\tilde{r}}{r}\right)^n F_n(1,\xi) = \frac{1}{r} \sum_{n=0}^{\infty} (-1)^n t^n F_n(1,\xi)$$

bzw.

$$\frac{1}{\sqrt{1 - 2\,t\,\xi + t^2}} = \sum_{n=0}^{\infty} (-1)^n\, t^n\, F_n(1,\xi)\,.$$

Es bleibt zu zeigen:

$$(-1)^n\, F_n(1,\xi) = P_n(\xi)\,.$$

Dies ist äquivalent mit:

$$P_n(\cos(\vartheta)) = (-1)^n\, \frac{r^{n+1}}{n!}\, \frac{\partial^n}{\partial z^n}\left(\frac{1}{r}\right)\,, \quad r = \sqrt{x^2 + y^2 + z^2}\,, \frac{z}{r} = \cos(\vartheta)\,.$$

Zuerst zeigen wir, dass die Polynome $F_n(1,\xi)$ orthogonal sind:

$$\int_{-1}^{1} F_n(1,\xi)\, F_m(1,\xi)\, d\xi = 0 \quad \text{für } n \neq m\,.$$

Wir gehen aus von der Beziehung ($|t| < 1, |s| < 1$):

$$\frac{1}{\sqrt{1 - 2\,t\,\xi + t^2}} \cdot \frac{1}{\sqrt{1 - 2\,s\,\xi + s^2}} = \sum_{n=0}^{\infty} \sum_{m=0}^{\infty} (-1)^{n+m}\, F_n(1,\xi)\, F_m(1,\xi)\, s^n\, t^m$$

und integrieren auf beiden Seiten. Auf der linken Seite bekommen wir:

$$\int_{-1}^{1} \frac{d\xi}{\sqrt{1 - 2\,t\,\xi + t^2}\,\sqrt{1 - 2\,s\,\xi + s^2}} = \frac{1}{\sqrt{s\,t}}\, \ln\left(\frac{1 + \sqrt{s\,t}}{1 - \sqrt{s\,t}}\right)$$

$$= \sum_{n=0}^{\infty} \frac{2}{2\,n + 1}\, s^n\, t^n\,,$$

also

$$\sum_{n=0}^{\infty} \frac{2}{2\,n + 1}\, s^n\, t^n = \sum_{n=0}^{\infty} \sum_{m=0}^{\infty} \left((-1)^{n+m} \int_{-1}^{1} F_n(1,\xi)\, F_m(1,\xi)\, d\xi\right) s^n\, t^m\,.$$

Koeffizientenvergleich ergibt:

$$\int_{-1}^{1} F_n(1,\xi)\, F_m(1,\xi)\, d\xi = \begin{cases} 0 & n \neq m\,, \\ \frac{2}{2\,n+1} & n = m\,. \end{cases}$$

Da $F_n(1,\xi)$ den Grad n hat, können sich die Polynome $F_n(1,\xi)$ und $P_n(\xi)$ nur durch einen konstanten Faktor unterscheiden: $c_n\, F_n(1,\xi) = P_n(\xi)$. Es gilt:

$$P_n(1) = 1\,.$$

Wir betrachten die erzeugende Funktion:

$$\left(1 - 2\,t\,\xi + t^2\right)^{-\frac{1}{2}} = \sum_{n=0}^{\infty} t^n\, F_n(1,\xi)\,(-1)^n$$

und setzten $\xi = 1$:

$$\left(1 - 2\,t + t^2\right)^{-\frac{1}{2}} = (1 - t)^{-1}$$

bzw.

$$\sum_{n=0}^{\infty} t^n\, F_n(1,1)(-1)^n = \sum_{n=0}^{\infty} t^n\,.$$

Hieraus folgt:

$$(-1)^n\, F_n(1,1) = 1$$

und

$$(-1)^n\, F_n(1,\xi) = P_n(\xi)\,.$$

Aus $(\varphi_n, \varphi_n) = 1$ und $P_n, P_n) = \frac{2}{2\,n+1}$ folgt schließlich:

$$\varphi_n(x) = \sqrt{\frac{2\,n+1}{2}}\, P_n(x)\,.$$

Der Vollständigkeit halber beweisen wir die Beziehung

$$\int_{-1}^{1} \frac{d\xi}{\sqrt{1 - 2\,t\,\xi + t^2}\,\sqrt{1 - 2\,s\,\xi + s^2}} = \frac{1}{\sqrt{s\,t}}\, \ln\left(\frac{1 + \sqrt{s\,t}}{1 - \sqrt{s\,t}}\right)$$

$$= \sum_{n=0}^{\infty} \frac{2}{2\,n+1}\, s^n\, t^n\,.$$

Der Beweis ist sehr technisch. Wir beginnen mit dem zweiten Teil ($|x| < 1$):

$$\ln(1 - x) = -\sum_{n=1}^{\infty} \frac{x^n}{n} = -x - \frac{x^2}{2} - \frac{x^3}{3} - \frac{x^4}{4} - \ldots,$$

$$\ln(1 + x) = \sum_{n=1}^{\infty} (-1)^{n-1}\, \frac{x^n}{n} = x - \frac{x^2}{2} + \frac{x^3}{3} - \frac{x^4}{4} + \ldots,$$

$$\frac{1}{x}\, \ln\left(\frac{1 + x}{1 - x}\right) = \frac{\ln(1 + x) - \ln(1 - x)}{x}$$

$$= 2 + \frac{2\,x^2}{3} + \frac{2\,x^4}{5} + \frac{2\,x^6}{7} + \frac{2\,x^8}{9} + \frac{2\,x^{10}}{11} + \ldots$$

$$= \sum_{n=0}^{\infty} \frac{2}{2\,n+1}\, x^{2\,n}\,.$$

Also:

$$\frac{1}{\sqrt{s\,t}}\ln\left(\frac{1+\sqrt{s\,t}}{1-\sqrt{s\,t}}\right) = \sum_{n=0}^{\infty}\frac{2}{2\,n+1}\left(\sqrt{s\,t}\right)^{2\,n} = \sum_{n=0}^{\infty}\frac{2}{2\,n+1}\,s^n\,t^n\,.$$

Es bleibt noch zu zeigen:

$$\int_{-1}^{1}\frac{d\xi}{\sqrt{1-2\,t\,\xi+t^2}\,\sqrt{1-2\,s\,\xi+s^2}} = \frac{1}{\sqrt{s\,t}}\ln\left(\frac{1+\sqrt{s\,t}}{1-\sqrt{s\,t}}\right)\,.$$

Mit der Substitution

$$\frac{\xi-\frac{a+b}{2}}{\frac{a-b}{2}} = u\,,\qquad \xi = \frac{a-b}{2}\,u + \frac{a+b}{2}$$

bekommen wir zunächst:

$$\int_{-1}^{1}\frac{1}{\sqrt{(\xi-a)(\xi-b)}}\,d\xi = \int_{-1}^{1}\frac{1}{\sqrt{\left(\xi-\frac{a+b}{2}\right)^2-\left(\frac{a-b}{2}\right)^2}}\,d\xi$$

$$= \int_{-1}^{1}\frac{1}{\sqrt{\left(\frac{a-b}{2}\right)^2}}\,\frac{1}{\sqrt{\left(\frac{\xi-\frac{a+b}{2}}{\frac{a-b}{2}}\right)^2-1}}\,d\xi$$

$$= \left(\sqrt{\left(\frac{a-b}{2}\right)^2}\right)^{-1}\int_{-1-\frac{a+b}{2}}^{1-\frac{a+b}{2}}\frac{1}{\sqrt{u^2-1}}\,\frac{a-b}{2}\,du$$

$$= \frac{a-b}{2}\left(\sqrt{\left(\frac{a-b}{2}\right)^2}\right)^{-1}\int_{-1-\frac{a+b}{2}}^{1-\frac{a+b}{2}}\frac{1}{\sqrt{u^2-1}}\,du$$

Nun benutzen wir die Stammfunktion:

$$\int\frac{1}{\sqrt{u^2-1}}\,du = \ln\left(u+\sqrt{u^2-1}\right),$$

die Parameter:

$$a = \frac{1+t^2}{2\,t}\,,\qquad b = \frac{1+s^2}{2\,s}\,,$$

die Grenzen:

$$\mathrm{og} = \frac{1-\frac{a+b}{2}}{\frac{a-b}{2}} = \frac{t(1+s^2)+s(1-2\,t)^2}{t(1+s^2)-s(1+t^2)}\,,$$

$$\mathrm{ug} = \frac{-1-\frac{a+b}{2}}{\frac{a-b}{2}} = \frac{t(1+s^2)+s(1+2\,t)^2}{t(1+s^2)-s(1+t^2)}\,,$$

und erhalten:

$$\int_{-1}^{1} \frac{d\xi}{\sqrt{1 - 2t\xi + t^2}} \frac{1}{\sqrt{1 - 2s\xi + s^2}} = \frac{1}{2\sqrt{st}} \int_{ug}^{og} \frac{1}{\sqrt{u^2 - 1}} \, du = \frac{1}{\sqrt{st}} \ln\left(\frac{1 + \sqrt{st}}{1 - \sqrt{st}}\right).$$

Beispiel 2.4

Wir integrieren das Potenzial:

$$\frac{1}{R} = \frac{1}{\sqrt{x^2 + y^2 + (z - \tilde{r})^2}}$$

über eine Kugel K um 0 mit dem Radius ρ: $\int_{K} \frac{1}{R} \, dV$. Zunächst führen wir Kugelkoordinaten ein und bekommen:

$$R = \sqrt{r^2 + \tilde{r}^2 - 2r\tilde{r}\cos(\vartheta)}$$

$$= \tilde{r}\sqrt{1 + \left(\frac{r}{\tilde{r}}\right)^2 - 2\frac{r}{\tilde{r}}\cos(\vartheta)}$$

$$\frac{1}{R} = \frac{1}{\tilde{r}} \frac{1}{\sqrt{1 + \left(\frac{r}{\tilde{r}}\right)^2 - 2\frac{r}{\tilde{r}}\cos(\vartheta)}}.$$

$$\int_{K} \frac{1}{R} \, dV = \int_{0}^{\rho} \int_{0}^{2\pi} \int_{0}^{\pi} \frac{1}{\tilde{r}} \frac{1}{\sqrt{1 + \left(\frac{r}{\tilde{r}}\right)^2 - 2\frac{r}{\tilde{r}}\cos(\vartheta)}} r^2 \sin(\vartheta) \, d\vartheta \, d\varphi \, dr$$

$$= \frac{2\pi}{\tilde{r}} \int_{0}^{\rho} \int_{0}^{\pi} \frac{r^2}{\sqrt{1 + \left(\frac{r}{\tilde{r}}\right)^2 - 2\frac{r}{\tilde{r}}\cos(\vartheta)}} \sin(\vartheta) \, d\vartheta \, dr$$

$$= \frac{2\pi}{\tilde{r}} \int_{0}^{\rho} r^2 \sqrt{1 + \left(\frac{r}{\tilde{r}}\right)^2 - 2\frac{r}{\tilde{r}}\cos(\vartheta)} \, 2\left(-\frac{1}{2}\frac{\tilde{r}}{r}\right)(-1) \Bigg|_{0}^{\pi} \, dr$$

$$= \frac{2\pi}{\tilde{r}} \int_{0}^{\rho} r\tilde{r} \left(\sqrt{1 + \left(\frac{r}{\tilde{r}}\right)^2 + 2\frac{r}{\tilde{r}}} - \sqrt{1 + \left(\frac{r}{\tilde{r}}\right)^2 - 2\frac{r}{\tilde{r}}}\right) \, dr$$

$$= \frac{2\pi}{\tilde{r}} \int_{0}^{\rho} r\tilde{r} \left(\sqrt{\left(1 + \frac{r}{\tilde{r}}\right)^2} - \sqrt{\left(1 - \frac{r}{\tilde{r}}\right)^2}\right) \, dr$$

$$= \frac{2\pi}{\tilde{r}} \int_{0}^{\rho} r\tilde{r} \, 2\frac{r}{\tilde{r}} \, dr = \frac{2\pi}{\tilde{r}} \int_{0}^{\rho} 2r^2 \, dr$$

$$= \frac{4\pi}{\tilde{r}} \frac{\rho^3}{3}.$$

Nun berechnen wir das Potenzial der Kugel mithilfe der Legendre-Polynome. Wir gehen aus von der Beziehung:

$$\frac{1}{R} = \frac{1}{\tilde{r}} \frac{1}{\sqrt{1 + \left(\frac{r}{\tilde{r}}\right)^2 - 2\frac{r}{\tilde{r}}\cos(\vartheta)}}$$

$$= \frac{1}{\tilde{r}^{n+1}} \sum_{n=0}^{\infty} r^n P_n(\cos(\vartheta)).$$

Gliedweise Integration ergibt:

$$\int_K \frac{1}{R} dV = \sum_{n=0}^{\infty} \frac{1}{\tilde{r}^{n+1}} \int_K r^n P_n(\cos(\vartheta)) dV.$$

Mit der Substitution $\cos(\vartheta) = x$, $-\sin(\vartheta) d\vartheta = dx$ bekommt man:

$$\int_K r^n P_n(\cos(\vartheta)) dV = \int_0^\rho \int_0^{2\pi} \int_0^\pi r^n P_n(\cos(\vartheta)) r^2 \sin(\vartheta) d\vartheta d\varphi dr$$

$$= 2\pi \int_0^\rho r^{n+2} dr \int_0^\pi P_n(\cos(\vartheta)) \sin(\vartheta) d\vartheta$$

$$= 2\pi \frac{\rho^{n+3}}{n+3} \int_0^\pi P_n(\cos(\vartheta)) \sin(\vartheta) d\vartheta$$

$$= 2\pi \frac{\rho^{n+3}}{n+3} \int_{-1}^1 P_n(x) (-dx)$$

$$= 2\pi \frac{\rho^{n+3}}{n+3} \int_{-1}^1 P_n(x) dx$$

$$= \begin{cases} 2\pi \frac{\rho^3}{3} 2 & n = 0, \\ 0 & \text{sonst.} \end{cases}$$

Insgesamt bestätigt man das Ergebnis von oben:

$$\int_K \frac{1}{R} dV = \frac{1}{\tilde{r}} 4\pi \frac{\rho^3}{3}.$$

Eine weitere Möglichkeit zur Herstellung der Legendre-Polynome wird durch Rekursion gegeben.

Satz: Formel von Bonnet

Die Legendre-Polynome P_n werden durch die Rekursionsformel gegeben:

$$(n+1) P_{n+1}(\xi) - (2n+1) \xi P_n(\xi) + n P_{n-1}(\xi) = 0,$$
$$P_0(\xi) = 1, \, P_1(\xi) = \xi.$$

Wir betrachten die erzeugende Funktion:

$$(1 - 2t\xi + t^2)^{-\frac{1}{2}} = \sum_{n=0}^{\infty} t^n P_n(\xi),$$

und differenzieren nach t:

$$(\xi - t)(1 - 2t\xi + t^2)^{-\frac{3}{2}} = \sum_{n=1}^{\infty} n t^{n-1} P_n(\xi).$$

Multiplizieren mit $(1 - 2t\xi + t^2)$ ergibt:

$$(1 - 2t\xi + t^2) \sum_{n=1}^{\infty} n t^{n-1} P_n(\xi) + (t - \xi) \sum_{n=0}^{\infty} t^n P_n(\xi) = 0,$$

bzw.

$$\sum_{n=0}^{\infty} t^n (n+1) P_{n+1}(\xi) - \sum_{n=1}^{\infty} t^n 2n \xi P_n(\xi) + \sum_{n=2}^{\infty} t^n (n-1) P_{n-1}(\xi)$$
$$+ \sum_{n=1}^{\infty} t^n P_{n-1}(\xi) - \sum_{n=0}^{\infty} t^n \xi P_n(\xi) = 0.$$

Durch Koeffizientenvergleich bekommen wir für $n = 0$:

$$P_1(\xi) - \xi P_0(\xi) = 0,$$

für $n = 1$:

$$2 P_2(\xi) - 3 \xi P_1(\xi) + P_0(\xi) = 0$$

und für $n \geq 2$ die Rekursionsformel.

Wir haben die Legendre-Polynome über die Orthogonalisierung, die erzeugende Funktion und die Rekursionsformel von Bonnet eingeführt. Man kann die Legendre-Polynome auch durch eine Differentialgleichung festlegen.

Satz: Legendre-Differentialgleichung

Das Legendre-Polynom P_n erfüllt die Legendre-Differentialgleichung:

$$(\xi^2 - 1)\, y'' + 2\,\xi\, y' - n\,(n+1)\, y = 0.$$

Man sieht sofort, dass P_n nur einfache Nullstellen haben kann. Wäre $P_n(x_0) = 0$ und $P_n'(x_0) = 0$, dann wäre P_n nach dem Existenz- und Eindeutigkeitssatz gleich der Nulllösung der Differentialgleichung. Die Legendre-Differentialgleichung besitzt ein Fundamentalsystem $y_1(\xi) = P_n(\xi)$ und $y_2(\xi) = Q_n(\xi)$. Man bezeichnet P_n als Kugelfunktionen 1. Art, n-ter Ordnung, und Q_n als Kugelfunktionen 2. Art, n-ter Ordnung.

Wir differenzieren die Formel von Bonnet nach ξ:

$$(n+1)\, P_{n+1}'(\xi) - (2\,n+1)\,\xi\, P_n'(\xi) + n\, P_{n-1}'(\xi) = (2\,n+1)\, P_n(\xi)$$

und eliminieren P_n':

$$(2\,n+1)\,\xi\, P_n'(\xi) = (n+1)\, P_{n+1}'(\xi) - (2\,n+1)\, P_n(\xi) + n\, P_{n-1}'(\xi).$$

Ableiten der erzeugenden Funktion nach t ergab:

$$(\xi - t)\,(1 - 2\,t\,\xi + t^2)^{-\frac{3}{2}} = \sum_{n=1}^{\infty} n\, t^{n-1}\, P_n(\xi)$$

und nach ξ:

$$t\,(1 - 2\,t\,\xi + t^2)^{-\frac{3}{2}} = \sum_{n=1}^{\infty} t^n\, P_n'(\xi).$$

Beide Ergebnisse zusammen liefern:

$$(\xi - t)\, \sum_{n=1}^{\infty} t^n\, P_n'(\xi) = t\, \sum_{n=1}^{\infty} n\, t^{n-1}\, P_n(\xi)$$

bzw.

$$(\xi - t)\, \sum_{n=1}^{\infty} t^n\, P_n'(\xi) = \sum_{n=1}^{\infty} n\, t^n\, P_n(\xi).$$

Durch Koeffizientenvergleich in der letzten Beziehung folgt:

$$\xi\, P_n'(\xi) - P_{n-1}'(\xi) = n\, P_n(\xi).$$

Eliminieren von P_n' ergibt:

$$(2\,n+1)\,\xi\, P_n'(\xi) = (2\,n+1)\, P_{n-1}'(\xi) + (2\,n+1)\, n\, P_n(\xi).$$

Wir setzen die Ergebnisse für $(2\,n+1)\,\xi\,P_n'(\xi)$ gleich

$$(n+1)\,P_{n+1}'(\xi) + n\,P_{n-1}'(\xi) - (2\,n+1)\,P_{n-1}'(\xi) - (2\,n+1)\,P_n(\xi) - (2\,n+1)\,n\,P_n(\xi) = 0$$

und bekommen:

$$P_{n+1}'(\xi) - P_{n-1}'(\xi) = (2\,n+1)\,P_n(\xi)\,.$$

Wir subtrahieren $\xi\,P_n'(\xi) - P_{n-1}'(\xi) = n\,P_n(\xi)$ und erhalten:

$$P_{n+1}'(\xi) - \xi\,P_n'(\xi) = (n+1)\,P_n(\xi)\,.$$

Ersetzt man n durch $n-1$, so folgt:

$$P_n'(\xi) - \xi\,P_{n-1}'(\xi) = n\,P_{n-1}(\xi)\,.$$

Die Gleichungen $P_n'(\xi) - \xi\,P_{n-1}'(\xi) = n\,P_{n-1}(\xi)$ und $\xi\,P_{n-1}'(\xi) = \xi^2\,P_n'(\xi) - n\,\xi\,P_n(\xi)$ liefern:

$$(\xi^2 - 1)\,P_n'(\xi) = n(\xi\,P_n(\xi) - P_{n-1}(\xi))\,.$$

Differenziert man und ersetzt $P_{n-1}'(\xi) = \xi\,P_n'(\xi) - n\,P_n(\xi)$, so bekommt man

$$(\xi^2 - 1)\,P_n''(\xi) + 2\,\xi\,P_n'(\xi) = n\,\xi\,P_n'(\xi) + n\,P_n(\xi) + n^2\,P_n(\xi) - n\,\xi\,P_n'(\xi)$$

und schließlich die Differentialgleichung:

$$(\xi^2 - 1)\,P_n''(\xi) + 2\,\xi\,P_n'(\xi) - n(n+1)\,P_n(\xi) = 0\,.$$

2.3 Formeln von Rodrigues

Man kann die Legendre-Polynome bequem durch Ableiten bekommen.

Satz: Formel von Rodrigues für Legendre-Polynome
Die Legendre-Polynome werden durch die Formel gegeben:

$$P_n(x) = \frac{1}{2^n\,n!}\,\frac{d^n}{dx^n}\,(x^2 - 1)^n \quad n = 0, 1, 2, \ldots,$$
$$P_0(x) = 1\,.$$

Wir schreiben

$$u_n(x) = (x^2 - 1)^n = (x-1)^n (x+1)^n.$$

Das Polynom u_n hat den Grad $2n$. Wird u_n n-mal abgeleitet, entsteht ein Polynom vom Grad vom Grad n. P_n hat also den Grad n.

Wir zeigen nun die Orthogonalität:

$$\int_{-1}^{1} P_n(x)\, x^m \, dx = 0 \quad m = 0, \ldots, n-1.$$

Wir haben:

$$P_n(x) = \frac{1}{2^n\, n!}\, u_n^{(n)}(x)$$

und

$$u_n(x) = u_n'(x) = \cdots = u_n^{(n-1)}(x) = 0 \quad \text{für} \quad x = \pm 1.$$

Mit partieller Integration formen wir um für $m = 0, 1, \ldots, n-1$:

$$\int_{-1}^{1} P_n(x)\, x^m \, dx = \frac{1}{2^n\, n!} \int_{-1}^{1} u_n^{(n)}(x)\, x^m \, dx$$

$$= \frac{1}{2^n\, n!} \left(u_n^{(n-1)}(x)\, x^m \right)\Big|_{-1}^{1} + (-1)\frac{1}{2^n\, n!}\, m \int_{-1}^{1} u_n^{(n-1)}(x)\, x^{m-1} \, dx$$

$$= (-1)\frac{1}{2^n\, n!}\, m \int_{-1}^{1} u_n^{(n-1)}(x)\, x^{m-1} \, dx$$

$$\vdots$$

$$= (-1)^m \frac{m!}{2^n\, n!} \int_{-1}^{1} u_n^{n-m}(x)\, dx = \frac{(-1)^m\, m!}{2^n\, n!} \left(u_n^{(n-m-1)}(x) \right)\Big|_{-1}^{1} = 0.$$

Damit stimmen die Legendre-Polynome bis auf Normierung mit den orthonormalen Polynomen φ_n überein. Wir berechnen den Normierungsfaktor. Zunächst gilt:

$$(P_n, P_n) = \int_{-1}^{1} (P_n(x))^2 \, dx = \frac{1}{(2^n\, n!)^2} \int_{-1}^{1} \left(u_n^{(n)}(x) \right)^2 \, dx.$$

Wie oben integrieren wir partiell:

$$\int_{-1}^{1} \left(u_n^{(n)}(x)\right)^2 dx = -\int_{-1}^{1} u^{(n-1)}(x)\, u^{(n+1)}(x)\, dx$$

$$\vdots$$

$$= (-1)^n \int_{-1}^{1} u_{(n)}(x)\, u_n^{(2n)}(x)\, dx$$

Das Polynom u_n hat die Gestalt:

$$u_n(x) = x^{2n} + \cdots \quad \text{Terme niederer Ordnung} \quad \cdots,$$

sodass wir bekommen:

$$u_n^{(2n)}(x) = (2n)!$$

und insgesamt:

$$\int_{-1}^{1} \left(u_n^{(n)}(x)\right)^2 dx = (-1)^n (2n)! \int_{-1}^{1} (x-1)^n (x+1)^n\, dx$$

$$= (2n)! \int_{-1}^{1} (1-x)^n (1+x)^n\, dx.$$

Wieder ergibt sich durch partielle Integration:

$$\int_{-1}^{1} (1-x)^n (1+x)^n\, dx = \frac{n}{n+1} \int_{-1}^{1} (1-x)^{n-1} (1+x)^{n+1}\, dx$$

$$\vdots$$

$$= \frac{n!}{(n+1)\cdots(2n)} \int_{-1}^{1} (1+x)^{2n}\, dx$$

$$= \frac{(n!)^2}{(2n)!} \left(\frac{(1+x)^{2n+1}}{2n+1} \right)\Bigg|_{-1}^{1}$$

$$= \frac{(n!)^2}{(2n+1)!}\, 2^{2n+1}$$

und damit:

$$(P_n, P_n) = \int_{-1}^{1} (P_n(x))^2\, dx = \frac{2}{2n+1}.$$

Aus der Formel von Rodrigues kann man auch leicht entnehmen, dass P_n n einfache Nullstellen im Intervall $(-1, 1)$ besitzt. Das Polynom $u(x) = (x^2 - 1)^n$ besitzt zwei n-fache Nullstellen -1 und $+1$. Damit besitzen alle Ableitungen von u bis zur $n - 1$-ten Ordnung in -1 und $+1$ eine Nullstelle. Nach dem Satz von Rolle liegt zwischen zwei Nullstellen einer Funktion eine Nullstelle der Ableitung. Also besitzt die erste Ableitung u' eine Nullstelle in $(-1, 1)$. Die zweite Ableitung u'' zwei Nullstellen in $(-1, 1)$. Die dritte Ableitung u''' drei Nullstellen in $(-1, 1)$. Schließlich besitzt die n-te Ableitung $u^{(n)}$ n Nullstellen in $(-1, 1)$.

Mit der Formel von Rodrigues bekommen wir eine explizite Darstellung der Legendre-Polynome.

Satz: Explizite Form der Legendre-Polynome

Die Legendre-Polynome nehmen folgende Gestalt an:

$$P_n(x) = \sum_{\nu=0}^{\left[\frac{n}{2}\right]} (-1)^\nu \frac{(2n - 2\nu)!}{2^n \, \nu! \, (n - \nu)! \, (n - 2\nu)!} x^{n-2\nu}.$$

P_n enthält entweder nur gerade oder nur ungerade Potenzen.

$(\left[\frac{n}{2}\right]$ ist die größte ganze Zahl $\leq \frac{n}{2})$. Für gerades n haben wir also ein gerades Polynom P_n und für ungerades n ein ungerades Polynom P_n:

$$P_n(-x) = (-1)^n P_n(x).$$

Wir geben einige Koeffizienten an:

$$\begin{aligned}
P_n(x) &= \frac{(2n)!}{2^n \, n! \, n!} x^n + \ldots \\
&= \frac{1 \cdot 3 \cdot \ldots \cdot (2n - 1) \, 2^n \, n!}{2^n \, n! \, n!} x^n + \ldots \\
&= \frac{1 \cdot 3 \cdot \ldots \cdot (2n - 1)}{n!} x^n + \ldots
\end{aligned}$$

bzw.

$$P_n(x) = \frac{1 \cdot 3 \cdot \ldots \cdot (2n - 1)}{n!}$$
$$\cdot \left(x^n - \frac{n(n-1)}{2(2n-1)} x^{n-2} + \frac{n(n-1)(n-2)(n-3)}{2 \cdot 4 \cdot (2n-1)(2n-2)} x^{n-4} + \ldots \right).$$

Hieraus folgt insbesondere:

$$P_n(0) = \begin{cases} 0 & \text{für ungerades } n, \\ (-1)^{\frac{n}{2}} \frac{1 \cdot 3 \cdot \ldots \cdot (n-1)}{2 \cdot 4 \cdot \ldots \cdot n} & \text{für gerades } n, \end{cases}$$

und

$$P_n(-1) = (-1)^n, \quad P_n(1) = 1.$$

Die ersten fünf Legendre-Polynome Lauten:

$$P_0(x) = 1,$$
$$P_1(x) = x,$$
$$P_2(x) = \frac{1}{2}(3x^2 - 1),$$
$$P_3(x) = \frac{1}{2}(5x^3 - 3x),$$
$$P_4(x) = \frac{1}{8}(35x^4 - 30x^2 + 3).$$

Zum Nachweis der expliziten Form gehen wir aus von der Formel von Rodrigues:

$$P_n(x) = \frac{1}{2^n\,n!}\frac{d^n}{dx^n}(x^2 - 1)^n = \frac{1}{2^n\,n!}\frac{d^n}{dx^n}\left(\sum_{v=0}^{n}(-1)^v\binom{n}{k}x^{2n-2v}\right)$$

$$= \frac{1}{2^n\,n!}\frac{d^n}{dx^n}\left(\sum_{v=0}^{\left[\frac{n}{2}\right]}(-1)^v\binom{n}{k}x^{2n-2v} + \sum_{v=\left[\frac{n}{2}\right]+1}^{n}(-1)^v\binom{n}{k}x^{2n-2v}\right).$$

Die zweite Summe stellt ein Polynom vom Grad kleiner als n dar. Die n-te Ableitung ergibt Null und wir bekommen:

$$P_n(x) = \frac{1}{2^n\,n!}\sum_{v=0}^{\left[\frac{n}{2}\right]}(-1)^v\binom{n}{k}\frac{(2n-2v)!}{(n-2v)!}x^{n-2v}$$

$$= \sum_{v=0}^{\left[\frac{n}{2}\right]}(-1)^v\frac{(2n-2v)!}{2^n\,v!\,(n-v)!\,(n-2v)!}x^{n-2v}.$$

Wir legen das Intervall $[-1,1]$ zugrunde und eine stetige Belegungsfunktion p, $p(x) > 0$, mit höchstens isolierten Nullstellen. Wir orthogonalisieren die Monome $1, x, x^2, \ldots$ und bekommen ein System orthogonaler Polynome:

$$(\varphi_n, \varphi_m) = 0, \quad n \neq m.$$

Die Orthogonalität ist gleichbedeutend mit:

$$\int_{-1}^{1} p(x)\,x^k\,\varphi_n(x)\,dx = 0, \quad k = 0, 1, \ldots, n-1, \quad n \geq 1.$$

Satz: Formel von Rodrigues

Sei $p(x) = (1-x)^{\alpha} (1+x)^{\beta}$, $\alpha, \beta > -1$. Durch die Formel von Rodrigues:

$$\varphi_n(x) = \frac{c_n}{p(x)} \frac{d^n}{dx^n} \left(p(x) (1-x^2)^n \right) \quad c_n \neq 0,$$

wird auf dem Intervall $[-1,1]$ ein zur Belegungsfunktion p orthogonales Polynomsystem φ_n gegeben.

Wir zeigen zuerst, dass φ_n ein Polynom vom Grad n ist. Aus der Ableitung:

$$\frac{\varphi_n(x)}{c_n} = (1-x)^{-\alpha} (1+x)^{-\beta} \frac{d^n}{dx^n} \left((1-x)^{\alpha+n} (1+x)^{\beta+n} \right)$$

$$= (1-x)^{-\alpha} (1+x)^{-\beta} \sum_{\nu=0}^{n} \binom{n}{\nu} \frac{d^{\nu}}{dx^{\nu}} (1-x)^{\alpha+n} \frac{d^{n-\nu}}{dx^{n-\nu}} (1+x)^{\beta+n}$$

$$= \sum_{\nu=0}^{n} \binom{n}{\nu} (\alpha+n)\cdots(\alpha+n-\nu+1) (-1)^{\nu} (1-x)^{n-\nu}$$

$$\cdot (\beta+n)\cdots(\beta+\nu+1) (1+x)^{\nu}$$

sieht man, dass φ_n ein Polynom höchstens n-ten Grades ist. Der Koeffizienten von x^n lautet:

$$\sum_{\nu=0}^{n} \binom{n}{\nu} (\alpha+n)\cdots(\alpha+n-\nu+1) (\beta+n)\cdots(\beta+\nu+1) (-1)^n.$$

Zieht man den Faktor $(-1)^n$ vor die Summe und berücksichtigt $\alpha > -1$, $\beta > -1$, dann werden nur noch positive Summanden summiert. Wegen $\alpha > -1$ und $n-\nu \geq 1$ ist $\alpha+n-\nu+1$. Wegen $\beta > -1$ und $\nu \geq 0$ ist $\beta + \nu + 1 > 0$. Der Koeffizient ist von Null verschieden und φ_n hat den Grad n.

Wir zeigen als Nächstes, dass gilt:

$$\lim_{x \to \pm 1} \frac{d^k}{dx^k} \left(p(x) (1-x^2)^n \right) = 0, \quad k = 0, \dots, n-1.$$

Dazu bilden wir die Ableitungen:

$$\frac{d^k}{dx^k} \left((1-x)^{n+\alpha} (1+x)^{n+\beta} \right) = \sum_{\nu=0}^{k} \binom{k}{\nu} \frac{d^{\nu}}{dx^{\nu}} (1-x)^{n+\alpha} \frac{d^{k-\nu}}{dx^{k-\nu}} (1+x)^{n+\beta}$$

$$= \sum_{\nu=0}^{k} \binom{k}{\nu} (n+\alpha) (n+\alpha-1)\cdots(n+\alpha-\nu+1)$$

$$\cdot (n+\beta) (n+\beta-1)\cdots(n+\beta-k+\nu+1)$$

$$\cdot (1-x)^{n+\alpha-\nu} (1+x)^{n+\beta-k+\nu}.$$

Die Exponenten sind wieder positiv und die Behauptung folgt.

Wir betrachten nun die Orthogonalitätsbedingung und integrieren partiell:

$$\int_{-1}^{1} p(x)\, x^k\, \varphi_n(x)\, dx$$

$$= \int_{-1}^{1} x^k\, \frac{d^n}{dx^n} \left(p(x)(1-x^2)^n \right) dx$$

$$= x^k\, \frac{d^{n-1}}{dx^{n-1}} \left(p(x)(1-x^2)^n \right) \Big|_{-1}^{1} - \int_{-1}^{1} k\, x^{k-1}\, \frac{d^{n-1}}{dx^{n-1}} \left(p(x)(1-x^2)^n \right) dx$$

$$\vdots$$

$$= \sum_{v=0}^{k} (-1)^v\, k\,(k-1)\cdots(k-v+1)\, x^{k-v}\, \frac{d^{n-v-1}}{dx^{n-v-1}} \left(p(x)(1-x^2)^n \right) \Big|_{-1}^{1}$$

$$= 0 \,.$$

Beispiel 2.5

Aus der Formel von Rodrigues:

$$\varphi_n = \frac{c_n}{p(x)}\, \frac{d^n}{dx^n} \left(p(x)(1-x^2)^n \right) \qquad c_n \neq 0 \,,$$

leiten wir eine notwendige Bedingung für die Belegungsfunktion p her.

Wann ist φ_n ein Polynom genau n-ten Grades? Für $n = 0$ und $n = 1$ ergibt sich:

$$n = 0: \quad \varphi_0(x) = \frac{c_0\, p(x)}{p(x)} = c_0 \neq 0 \,,$$

$$n = 1: \quad \frac{\varphi_1(x)}{c_1} = \frac{p'(x)}{p(x)}\,(1-x^2) + (-2x) = a_0 + a_1 x \,.$$

Hieraus bekommen wir:

$$\frac{p'(x)}{p(x)} = \frac{a_0 + (a_1 + 2)\, x}{1 - x^2} = \frac{-\alpha}{1-x} + \frac{\beta}{1+x}$$

mit

$$\alpha = -\frac{1}{2}\,(a_0 + a_1 + 2), \qquad \beta = \frac{1}{2}\,(a_0 - a_1 - 2) \,.$$

Also

$$\ln(p(x)) = \alpha\,\ln(1-x) + \beta\,\ln(1+x) + \ln(c) \,.$$

Ein konstanter Faktor wird gekürzt. Das heißt, wir können $c = 1$ setzen:

$$p(x) = (1-x)^\alpha\, (1+x)^\beta \,.$$

Als Nächstes müssen wir dafür sorgen, dass die Integrale existieren:

$$\int_{-1}^{1} p(x)\,\varphi_n(x)\,\varphi_m(x)\,dx\,.$$

Der einfachste Fall $n = m = 0$ führt auf das Integral:

$$\int_{-1}^{1} (1-x)^{\alpha}\,(1+x)^{\beta}\,dx\,.$$

Die Existenz dieses Integrals ist nicht leicht zu klären. Wir begnügen uns mit dem Fall $\alpha = \beta = -1$:

$$\int_{-1}^{1} (1-x)^{-1}\,(1+x)^{-1}\,dx = \int_{-1}^{1} \left(\frac{1}{2}\frac{1}{1-x} + \frac{1}{2}\frac{1}{1+x}\right)\,dx$$

$$= \left.\left(-\frac{1}{2}\ln(1-x) + \frac{1}{2}\ln(1+x)\right)\right|_{-1}^{1}\,.$$

Das Integral existiert also nicht.

Die Belegungsfunktion $p(x) = (1-x)^{\alpha}\,(1+x)^{\beta}$ führt auf eine zweiparametrige Schar orthogonaler Polynome.

Definition: Jacobi-Polynome

Die auf dem Intervall $[-1,1]$ zur Belegungsfunktion $(1-x)^{\alpha}\,(1+x)^{\beta}$, $\alpha,\beta > -1$, orthogonalen Polynomsysteme $P_n^{(\alpha,\beta)}$, $n = 0,1,\ldots$:

$$P_n^{(\alpha,\beta)}(x) = c_n (1-x)^{-\alpha}\,(1+x)^{-\beta}\,\frac{d^n}{dx^n}\left((1-x)^{\alpha}\,(1+x)^{\beta}\,(1-x)^{2n}\right)$$

heißen Jacobi-Polynome.

Wir haben folgende Sonderfälle:

$$\alpha = 0,\qquad \beta = 0:\quad \text{Legendre-Polynome:}\qquad P_n^{(0,0)} = P_n\,,$$

$$\alpha = -\tfrac{1}{2},\qquad \beta = -\tfrac{1}{2}:\quad \text{Tschebyscheff-Polynome:}\qquad P_n^{\left(-\frac{1}{2},-\frac{1}{2}\right)} = T_n\,,$$

$$\alpha = \beta = r - \tfrac{1}{2},\quad r > -\tfrac{1}{2}:\quad \text{Ultrasphärische Polynome:}\qquad P_n^{(\alpha,\alpha)} = P_n^{\left(r-\frac{1}{2},r-\frac{1}{2}\right)}\,.$$

Ohne Beweis geben wir folgende Aussage. Alle Systeme Jacobischer Polynome besitzen eine erzeugende Funktion:

$$f(x,t) = 2^{\alpha+\beta}\,R^{-1}\,(1-t+R)^{-\alpha}\,(1+t+R)^{-\beta}\,,$$

mit

$$R = (1 - 2xt + t^2)^{\frac{1}{2}}.$$

Es gilt:

$$f(x,t) = \sum_{n=0}^{\infty} t^n P_n^{(\alpha,\beta)}(x).$$

Ferner kann man folgenden Zusammenhang zwischen den Gegenbauer-Polynomen und den ultrasphärischen Polynomen zeigen:

$$P_n^{(\alpha,\alpha)}(x) = \frac{(1+\alpha)(1+\alpha+1)\cdots(1+\alpha+n-1)}{(1+2\alpha)(1+2\alpha+1)\cdots(1+2\alpha+n-1)} C_n^{\alpha+\frac{1}{2}}(x).$$

Wir legen nun das Intervall $[0,\infty)$ und die Belegungsfunktion $p(x) = e^{-x}$ zugrunde. Die Laguerre-Polynome L_n wurden durch Orthonormalisierung der Monome $1, x, x^2, \ldots$ eingeführt. Wir geben eine Rodrigues-Formel an.

Satz: Formel von Rodrigues für Laguerre-Polynome

Die Laguerre-Polynome

$$L_n(x) = \frac{e^x}{n!} \frac{d^n}{dx^n}(x^n e^{-x})$$

stellen ein System orthogonaler Polynome zur Belegungsfunktion $p(x) = e^{-x}$ auf dem Intervall $[0,\infty)$ dar.

Wir zeigen wieder zuerst: L_n ist ein Polynom genau n-ten Grades:

$$L_n(x) = \frac{1}{n!} \sum_{k=0}^{n} \binom{n}{k} n(n-1)(n-k+1) x^{n-k} (-1)^{n-k}$$

$$= \sum_{k=0}^{n} (-1)^{n-k} \binom{n}{k} \frac{x^{n-k}}{(n-k)!} = \sum_{k=0}^{n} (-1)^k \binom{n}{n-k} \frac{x^k}{k!}$$

$$= \sum_{k=0}^{n} (-1)^k \binom{n}{k} \frac{x^k}{k!}.$$

Die ersten vier Laguerre-Polynome lauten:

$$L_0(x) = 1,$$
$$L_1(x) = 1 - x,$$
$$L_2(x) = 1 - 2x + \frac{1}{2}x^2,$$
$$L_3(x) = 1 - 3x + \frac{3}{2}x^2 - \frac{1}{6}x^3.$$

Wir zeigen nun die Orthogonalität und berechnen mit partieller Integration für $k = 0, 1, \ldots, n - 1$:

$$n! \int_0^\infty e^{-x} x^k L_n(x)\, dx = \int_0^\infty x^k \frac{d^n}{dx^n}(x^n e^{-x})\, dx$$

$$= x^k \frac{d^{n-1}}{dx^{n-1}}(x^n e^{-x}) \Big|_0^\infty - k \int_0^\infty x^{k-1} \frac{d^{n-1}}{dx^{n-1}}(x^n e^{-x})\, dx$$

$$= -k \int_0^\infty x^{k-1} \frac{d^{n-1}}{dx^{n-1}}(x^n e^{-x})\, dx$$

$$\vdots$$

$$= (-1)^k k! \int_0^\infty \frac{d^{n-k}}{dx^{n-k}}(x^n e^{-x})\, dx$$

$$= 0.$$

Beispiel 2.6

Die Laguerre-Polynome besitzen die Norm 1:

$$(L_n, L_n) = \int_0^\infty e^{-x}(L_n(x))^2\, dx = 1.$$

Wegen $(L_n, x^k) = 0$, $k = 0, \ldots, n - 1$ bekommen wir zunächst:

$$(L_n, L_n) = \int_0^\infty e^{-x} L_n(x)\,(-1)^n \frac{x^n}{n!}\, dx.$$

Partielle Integration ergibt nun:

$$(L_n, L_n) = \frac{(-1)^n}{n!^2} \int_0^\infty x^n \frac{d^n}{dx^n}(x^n e^{-x})\, dx$$

$$= \frac{(-1)^n}{n!^2} \left(\left(x^n \frac{d^{n-1}}{dx^{n-1}}(x^n e^{-x}) \right) \Big|_0^\infty - n \int_0^\infty x^{n-1} \frac{d^n}{dx^n}(x^n e^{-x})\, dx \right)$$

$$\vdots$$

$$= \frac{(-1)^{2n}}{(n!)^2} n! \int_0^\infty x^n e^{-x}\, dx$$

$$= \frac{1}{n!} \int_0^\infty x^n e^{-x}\, dx$$

$$\vdots$$

$$= \frac{n!}{n!} \int_0^\infty e^{-x}\, dx = 1.$$

Beispiel 2.7

Die Laguerre-Polynome besitzen folgende erzeugende Funktion:

$$F(x,t) = \frac{e^{-\frac{xt}{1-t}}}{1-t} = \sum_{n=0}^{\infty} t^n L_n(x).$$

Wir entwickeln für $|t| < 1$, $x \in \mathbb{R}$:

$$F(x,t) = \frac{1}{1-t} \sum_{k=0}^{\infty} \frac{(-1)^k \left(\frac{xt}{1-t}\right)^k}{k!} = \sum_{k=0}^{\infty} \frac{(-1)^k x^k t^k}{k! (1-t)^{k+1}}$$

$$= \sum_{k=0}^{\infty} \frac{(-1)^k}{k!} x^k \left(\sum_{m=0}^{\infty} (-1)^m \binom{-(k+1)}{m} t^m \right) t^k$$

$$= \sum_{k=0}^{\infty} \frac{(-1)^k}{k!} x^k \left(\sum_{m=0}^{\infty} \binom{k+m}{m} t^{k+m} \right)$$

$$= \sum_{k=0}^{\infty} \frac{(-1)^k}{k!} x^k \left(\sum_{n=k}^{\infty} \binom{n}{k} t^n \right)$$

$$= \sum_{n=0}^{\infty} t^n \sum_{k=0}^{n} \frac{(-1)^k}{k!} \binom{n}{k} x^k = \sum_{n=0}^{\infty} t^n L_n(x).$$

2.4 Lineare Differentialgleichungen im Komplexen

Wir betrachten lineare Differentialgleichungen zweiter Ordnung in der komplexen Ebene. Die Theorie der Differentialgleichungen lässt sich im Wesentlichen aus dem Reellen übernehmen.

Satz: Existenz- und Eindeutigkeitssatz

Die Koeffizientenfunktionen p_1 und p_2 seien in der Kreisscheibe $K_{r_a} = \{x \,|\, |x - a| < r_a\}$ holomorph. Dann besitzt das Anfangswertproblem

$$y'' + p_1(x) y' + p_2(x) y = 0, \quad y(a) = b_1, y(a) = b_2,$$

genau eine Lösung $y(x)$ in $K_{r_a} \subset \mathbb{C}$.

Die allgemeine Lösung setzt sich wie im Reellen aus einem Fundamentalsystem zusammen. Fundamentalsysteme werden dadurch charakterisiert, dass die Wronski-Determinante nicht verschwindet.

Abb. 2.4 Das Gebiet K_0 und
die Kreisscheibe K_{r_a}

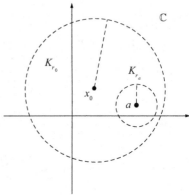

Abb. 2.5 Fortsetzung einer
Lösung längs in einer Kreiskette

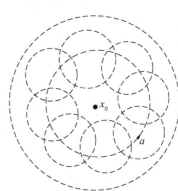

Die Koeffizientenfunktionen p_1 und p_2 seien nun im Gebiet $K_0 = \{x \mid 0 < |x - x_0| < r\}$
holomorph. Die Kreisscheibe $K_{r_a} = \{x \mid |x - a| < r_a\}$ gehöre ganz zu K_0 (Abb. 2.4).

Die Koeffizienten können in K_0 in eine Laurent-Reihe entwickelt werden. Sie können
Pole oder wesentliche Singularitäten besitzen. Wir beschränken uns auf Pole. Interessant ist
nun das Verhalten einer Lösung in einer Umgebung eines Pols. Wir gehen aus von einem
Fundamentalsystem im Kreis K_{r_a}. Wir setzten die Lösungen in einer Kreiskette eindeutig
holomorph fort. Nach einem Umlauf um die Singularität bekommen wir wieder ein Fundamentalsystem im Ausgangskreis K_{r_a}. Wie drückt sich das neue Fundamentalsystem durch
das ursprüngliche Fundamentalsystem aus (Abb. 2.5)?

Beispiel 2.8

Wir betrachten die Euler-Gleichung:

$$x^2\, y'' + a_1\, x\, y' + a_2\, y = 0\,, \quad a_1, a_2 \in \mathbb{C}\,,$$

bzw.

$$y'' + \frac{a_1}{x}\, y' + \frac{a_2}{x^2}\, y = 0\,.$$

Die Koeffizienten besitzen in $x_0 = 0$ Pole erster bzw. zweiter Ordnung. Wir führen die Variable

$$t = \ln(x)$$

ein und bekommen:

$$\frac{dy}{dx} = \frac{dy}{dt}\frac{dt}{dx} = \frac{1}{x}\frac{dy}{dt},$$

$$\frac{d^2 y}{dx^2} = \frac{1}{x^2}\left(\frac{d^2 y}{dt^2} - \frac{dy}{dt}\right).$$

Die Euler-Gleichung geht über in:

$$\frac{d^2 y}{dt^2} + (a_1 - 1)\frac{dy}{dt} + a_2\, y = 0.$$

Besitzt die charakteristische Gleichung:

$$\gamma^2 + (a_1 - 1)\,\gamma + a_2 = 0$$

zwei verschiedene Nullstellen: $\gamma_1 \neq \gamma_2$, dann lautete die allgemeine Lösung:

$$y(t) = c_1\, e^{\gamma_1 t} + c_2\, e^{\gamma_2 t},$$

bzw.

$$y(x) = c_1\, x^{\gamma_1} + c_2\, x^{\gamma_2}.$$

Besitzt die charakteristische Gleichung eine doppelte Nullstelle $\gamma_1 = \gamma_2$, dann lautet die allgemeine Lösung

$$y(t) = c_1\, e^{\gamma_1 t} + c_2\, t\, e^{\gamma_1 t},$$

bzw.

$$y(x) = c_1\, x^{\gamma_1} + c_2\, x^{\gamma_1} \ln(x) = x^{\gamma_1}\left(c_1 + c_2\ln(x)\right).$$

Beim Umlaufen des singulären Punktes $x_0 = 0$ beobachten wir ein multiplikatives Verhalten:

$$x^{\gamma} = |x|^{\gamma}\, e^{i\,\arg(x)\,\gamma}, \quad x_U^{\gamma} = |x|^{\gamma}\, e^{i\,\arg(x)\,\gamma}\, e^{i\,2\,\pi\,\gamma} = x^{\gamma}\, e^{i\,2\,\pi\,\gamma},$$

bzw. ein additives Verhalten:

$$\log(x) = \log(|x|\, e^{i\,\arg(x)}) = \ln(|x|) + i\,\arg(x),$$

$$\log(x_U) = \log(|x|\, e^{i\,(\arg(x)+2\,\pi)}) = \ln(|x|) + i\,\arg(x) + i\,2\,\pi = \log(x) + 2\,\pi\,i.$$

Hierbei ist $x = |x|\, e^{i\,\arg(x)}$ und $x_U = |x|\, e^{i\,(\arg(x)+2\,\pi)}$.

Wir kommen nun zum allgemeinen Fall. Gegeben ist die lineare Differentialgleichung

$$y'' + p_1(x)\, y' + p_2(x)\, y = 0.$$

Die Koeffizienten seien holomorph in $K_0 = \{x \mid 0 < |x - x_0| < r\}$. Sei $y(x)$ eine Lösung und $y_(x), y_2(x)$ ein Fundamentalsystem in K_{r_a}. Wir setzen die Lösung mit einem Umlauf um die Singularität fort und erhalten wieder eine Lösung und ein Fundamentalsystem:

$$y_U(x) = y(x_u), \quad y_{1U}(x) = y_1(x_u), y_{2U}(x) = y_2(x_u).$$

Das neue Fundamentalystem können wir durch das Ausgangssystem darstellen:

$$y_{1U}(x) = A_1 \, y_1(x) + B_1 \, y_2(x),$$
$$y_{2U}(x) = A_2 \, y_1(x) + B_2 \, y_2(x),$$

mit einer nichtverschwindenden Determinante:

$$\det \begin{vmatrix} A_1 & B_1 \\ A_2 & B_2 \end{vmatrix} \neq 0.$$

Wir stellen folgendes Problem: Gibt es wie bei der Euler-Gleichung stets eine Lösung, die sich beim Umlauf multiplikativ verhält:

$$y_U(x) = \lambda \, y(x), \quad \lambda \neq 0?$$

Die allgemeine Lösung im Ausgangskreis hat die Gestalt:

$$y(x) = C_1 \, y_1(x) + C_2 \, y_2(x).$$

Nach dem Umlauf bekommen wir:

$$y_U(x) = C_1 \, (A_1 \, y_1(x) + B_1 \, y_2(x)) + C_2 \, (A_2 \, y_1(x) + B_2 \, y_2(x)).$$

Die Bedingung
$$y_U(x) = \lambda \, y(x)$$

ist äquivalent mit

$$C_1 \, (A_1 - \lambda) + C_2 \, A_2 = 0, \quad C_1 \, B_1 + C_2 \, (B_2 - \lambda) = 0.$$

Es gibt eine nichttriviale Lösung $(C_1, C_2) \neq (0, 0)$ und einen von Null verschiedenen Faktor λ genau dann, wenn es einen von Null verschiedenen Eigenwert gibt:

$$\det \begin{pmatrix} A_1 - \lambda & A_2 \\ B_1 & B_2 - \lambda \end{pmatrix} = 0.$$

Das charakteristische Polynom besitzt zwei Nullstellen λ_1, λ_2. Das Produkt ergibt

$$\lambda_1 \lambda_2 = \det \begin{pmatrix} A_1 & A_2 \\ B_1 & B_2 \end{pmatrix} \neq 0.$$

Also sind die Eigenwerte von Null verschieden.

Satz: Existenz einer multiplikativen Lösung

Die Koeffizientenfunktionen p_1 und p_2 seien im Gebiet $K_0 = \{x \mid 0 < |x - x_0| < r\}$ holomorph. Dann besitzt die Differentialgleichung

$$y'' + p_1(x)\, y' + p_2(x)\, y = 0$$

eine nichttriviale Lösung $y(x)$, die sich beim Umlauf um die Singularität x_0 multiplikativ verhält.

Wir unterscheiden im Folgenden zwei Fälle:

I: $\lambda_1 \neq \lambda_2$. Wir führen die Bezeichnungen ein:

$$\lambda_k = e^{2\pi i r_k}, \quad k = 1, 2$$

$$r_k = \frac{1}{2\pi i}\,\log(\lambda_k) + n_k, \quad n_k \in \mathbb{Z}.$$

Bei zwei verschiedenen Eigenwerten gibt es ein multiplikatives Fundamentalsystem $y_1(x)$, $y_2(x)$. Durch den Umlauf haben wir folgende Übergänge:

$$y_1(x) \overset{U}{\to} y_{1U}(x) = \lambda_1\, y_1(x),$$

$$y_2(x) \overset{U}{\to} y_{2U}(x) = \lambda_2\, y_2(x),$$

$$\frac{y_1(x)}{(x-x_0)^{r_1}} \overset{U}{\to} \frac{\lambda_1\, y_1(x)}{\lambda_1\,(x-x_0)^{r_1}} = \frac{y_1(x)}{(x-x_0)^{r_1}},$$

$$\frac{y_2(x)}{(x-x_0)^{r_2}} \overset{U}{\to} \frac{\lambda_2\, y_2(x)}{\lambda_2\,(x-x_0)^{r_2}} = \frac{y_2(x)}{(x-x_0)^{r_2}}.$$

Da die Funktionen $\frac{y_1(x)}{(x-x_0)^{r_1}}$ und $\frac{y_2(x)}{(x-x_0)^{r_2}}$ beim Umlauf in sich selbst überführt werden, müssen sie in K_0 holomorph sein:

$$y_1(x) = (x-x_0)^{r_1} \sum_{\nu=-\infty}^{\infty} a_\nu (x-x_0)^\nu,$$

$$y_2(x) = (x-x_0)^{r_2} \sum_{\nu=-\infty}^{\infty} b_\nu (x-x_0)^\nu.$$

II: $\lambda_1 = \lambda_2$. Eine nichttriviale multiplikative Lösung gibt es. Wir bezeichnen diese Lösung wieder mit $\tilde{y}_1(x)$:

$$\tilde{y}_{1U}(x) = \lambda_1 \, \tilde{y}_1(x) \, .$$

Die Lösung $\tilde{y}_1(x)$ ergänzen wir durch eine zweite Lösung $\tilde{y}_2(x)$ zu einem Fundamentalsystem im Ausgangskreis. Nach dem Umlauf bekommen wir:

$$\tilde{y}_{1U}(x) = \lambda_1 \, \tilde{y}_1(x) \, ,$$
$$\tilde{y}_{2U}(x) = \tilde{A}_2 \, \tilde{y}_1(x) + \tilde{B}_2 \, \tilde{y}_2(x) \, ,$$

mit Konstanten $\tilde{A}_2$ und $\tilde{B}_2$. Nun stellen wir dieselbe Überlegung wie zu Beginn an. Das charakteristische Polynom

$$\begin{vmatrix} \lambda_1 - \lambda & 0 \\ \tilde{A}_2 & \tilde{B}_2 - \lambda \end{vmatrix} = 0$$

darf außer λ_1 keine weitere Nullstelle besitzen. Also muss λ_1 eine doppelte Nullstelle sein:

$$\tilde{B}_2 = \lambda_1 \, .$$

Somit ergeben sich folgende Umlaufrelationen:

$$\tilde{y}_{1U}(x) = \lambda_1 \, \tilde{y}_1(x) \, ,$$
$$\tilde{y}_{2U}(x) = \tilde{A}_2 \, \tilde{y}_1(x) + \lambda_1 \, \tilde{y}_2(x) \, ,$$

$$\frac{\tilde{y}_1(x)}{(x - x_0)^{r_1}} \xrightarrow{U} \frac{\lambda_1 \tilde{y}_1(x)}{\lambda_1 \, (x - x_0)^{r_1}} \, ,$$
$$\frac{\tilde{y}_2(x)}{\tilde{y}_1(x)} \xrightarrow{U} \frac{\tilde{A}_2 \, \tilde{y}_1(x) + \lambda_1 \, \tilde{y}_2(x)}{\lambda_1 \, \tilde{y}_1(x)} = \frac{\tilde{y}_2(x)}{\tilde{y}_1(x)} + \frac{\tilde{A}_2}{\lambda_1} \, .$$

Bei einem Umlauf des Quotienten $\frac{\tilde{y}_2(x)}{\tilde{y}_1(x)}$ wird $\frac{\tilde{A}_2}{\lambda_1}$ addiert:

$$\log(x - x_0) \xrightarrow{U} \log(x - x_0) + 2\,\pi\,i \, ,$$
$$\frac{\tilde{A}_2}{2\,\pi\,i\,\lambda_1} \log(x - x_0) \xrightarrow{U} \frac{\tilde{A}_2}{2\,\pi\,i\,\lambda_1} \log(x - x_0) + \frac{\tilde{A}_2}{\lambda_1} \, .$$

Insgesamt bekommen wir:

$$\frac{\tilde{y}_2(x)}{\tilde{y}_1(x)} - \frac{A_2}{2\,\pi\,i\,\lambda_1} \log(x - x_0) \xrightarrow{U} \frac{\tilde{y}_2(x)}{\tilde{y}_I(x)} - \frac{\tilde{A}_2}{2\,\pi\,i\,\lambda_1} \log(x - x_0) \, .$$

Die Funktion $\frac{\tilde{y}_2(x)}{\tilde{y}_1(x)} - \frac{A_2}{2\,\pi\,i\,\lambda_1} \log(x - x_0)$ ist somit in einer Umgebung von x_0 holomorph und in eine Potenzreihe entwickelbar. Die Differenzialgleichung besitzt also ein Fundamentalsystem der Gestalt:

$$\tilde{y}_1(x) = (x - x_0)^{r_1} \sum_{v=-\infty}^{\infty} \tilde{a}_v \, (x - x_0)^v \,,$$

$$\tilde{y}_2(x) = \tilde{A} \, \tilde{y}_1(x) \, \log(x - x_0) + (x - x_0)^{r_1} \sum_{v=-\infty}^{\infty} \tilde{b}_v \, (x - x_0)^v \,.$$

Die Konstante $\tilde{A}$ kann auch verschwinden.

In einem Fundamentalsystem der linearen Differentialgleichung treten um eine Singularität Laurentreihen auf. Wie müssen die Singularitäten beschaffen sein, damit die Hauptteile der Laurentreihen endlich sind?

Definition: Stelle der Bestimmtheit
Gegeben sei die Differentialgleichung:

$$y'' + p_1(x) \, y' + p_2(x) \, y = 0 \,.$$

Die Koeffizienten p_1, p_2 seien holomorph in $K_0 = \{0 < |x - x_0| < r_0\}$. Wenn alle Laurentreihen um den Entwicklungspunkt x_0, die in Lösungen auftreten, endliche Hauptteile besitzen, dann bezeichnen wir x_0 als Stelle der Bestimmtheit der Differentialgleichung.

Stellen der Bestimmtheit bedeuten eine erhebliche Einschränkung an die Koeffizienten.

Satz: Fuchssches Theorem
Die Stelle x_0 ist genau dann eine Stelle der Bestimmtheit der Differentialgleichung:

$$y'' + p_1(x) \, y' + p_2(x) \, y = 0 \,,$$

wenn die Koeffizienten p_1, p_2 folgende Gestalt haben:

$$p_1(x) = \frac{P_1(x)}{x - x_0} \,, \quad p_2(x) = \frac{P_2(x)}{(x - x_0)^2} \,.$$

Dabei sind die Funktionen P_1 und P_2 holomorph in $0 \leq |x - x_0| < r_0$.

Der Koeffizient p_1 hat also höchstens einen Pol erster Ordnung, der Koeffizient p_2 höchstens einen Pol zweiter Ordnung.

Wir zeigen: Wenn eine Stelle der Bestimmtheit vorliegt, dann haben die Koeffizienten höchstens Pole erster bzw. zweiter Ordnung. Wir haben ein Fundamentalsystem der Gestalt:

$$y_1(x) = (x - x_0)^{r_1} \sum_{\nu=-\infty}^{\infty} a_\nu (x - x_0)^\nu,$$

$$y_2(x) = A\, y_1(x) \log(x - x_0) + (x - x_0)^{r_2} \sum_{\nu=-\infty}^{\infty} b_\nu (x - x_0)^\nu.$$

Bei $r_1 \neq r_2$, ist $A = 0$. Allgemeiner gilt: bei $r_1 - r_2 \notin \mathbb{Z}$ ist $A = 0$. Bei $r_1 - r_2 \in \mathbb{Z}$ kann $A = 0$ sein.

Wir betrachten die Gleichungen:

$$y_1''(x) + p_1(x)\, y_1'(x) + p_2(x)\, y_1(x) = 0, \, y_2''(x) + p_1(x)\, y_2'(x) + p_2(x)\, y_2(x) \; = 0.$$

Wir multiplizieren die erste Gleichung mit $y_2(x)$, die zweite mit $y_1(x)$ und subtrahieren:

$$y_1''(x)\, y_2(x) - y_2''(x)\, y_1(x) - p_1(x)\, (y_1'(x)\, y_2(x) - y_2'(x)\, y_1(x)) = 0.$$

Die Wronskische Determinante verschwindet nicht: $W(x) = y_1'(x)\, y_2(x) - y_2'(x)\, y_1(x) \neq 0$. Wir bekommen:

$$p_1(x) = \frac{y_1''(x)\, y_2(x) - y_2''(x)\, y_1(x)}{y_1'(x)\, y_2(x) - y_2'(x)\, y_1(x)},$$

$$p_2(x) = -\frac{y_1''(x)}{y_1(x)} - p_1(x)\, \frac{y_1'(x)}{y_1(x)}.$$

Die Lösung $y_1(x)$ hat die Gestalt:

$$y_1(x) = (x - x_0)^{r_1}\, L(x).$$

Die Funktion $L(x)$ hat einen Pol endlicher Ordnung. Wir bekommen

$$y_1'(x) = r_1\, (x - x_0)^{r_1-1}\, L(x) + (x - x_0)^{r_1}\, L'(x)$$

und

$$\frac{y_1'(x)}{y_1(x)} = r_1\, (x - x_0)^{-1} + \frac{L'(x)}{L(x)}.$$

Bei einem Pol endlicher Ordnung besitzt der Quotient $L'(x)/L(x)$ höchstens einen Pol erster Ordnung. Also besitzt der Quotient $y_1'(x)/y_1(x)$ höchstens einen Pol erster Ordnung. Genauso überlegt man sich, dass der Quotient $y_1''(x)/y_1(x)$ höchstens einen Pol zweiter Ordnung besitzt. Wenn also $p_1(x)$ höchstens einen Pol erster Ordnung besitzt, dann besitzt $p_2(x)$ höchstens einen Pol zweiter Ordnung. Es bleibt nun noch zu zeigen, dass $p_1(x)$ höchstens einen Pol erster Ordnung besitzt.

Wir formen dazu um:

$$p_1(x) = -\frac{d}{dx} \log\left((y_1(x))^2 \frac{d}{dx}\left(\frac{y_2(x)}{y_1(x)}\right)\right) = \frac{\frac{d}{dx}(y_1(x))^2}{(y_1(x))^2} + \frac{\frac{d^2}{dx^2}\left(\frac{y_2(x)}{y_1(x)}\right)}{\frac{d}{dx}\left(\frac{y_2(x)}{y_1(x)}\right)}.$$

Es gilt:

$$\frac{y_2(x)}{y_1(x)} = A \log(x - x_0) + \frac{\sum\limits_{v=-\infty}^{\infty} b_v (x - x_0)^v}{\sum\limits_{v=-\infty}^{\infty} a_v (x - x_0)^v}.$$

Mit einem $k \in \mathbb{Z}$ und einer Potenzreihe $P_3(x)$ um x_0 bekommen wir:

$$\frac{\sum\limits_{v=-\infty}^{\infty} b_v (x - x_0)^v}{\sum\limits_{v=-\infty}^{\infty} a_v (x - x_0)^v} = (x - x_0)^k P_3(x).$$

Ferner ergibt sich wieder mit Potenzreihen P_4, P_5 um x_0:

$$\frac{d}{dx}\left(\frac{y_2(x)}{y_1(x)}\right) = \frac{A}{x - x_0} + \frac{d}{dx}\left((x - x_0)^{k+r_2-r_1} P_3(x)\right) = (x - x_0)^\mu P_4(x),$$

$$(y_1(x))^2 = (x - x_0)^{2r_1+\lambda} P_5(x).$$

Der Summand

$$\frac{\frac{d}{dx}(y_1(x))^2}{(y_1(x))^2}$$

besitzt somit einen Pol höchstens erster Ordnung, der Summand

$$\frac{\frac{d^2}{dx^2}\left(\frac{y_2(x)}{y_1(x)}\right)}{\frac{d}{dx}\left(\frac{y_2(x)}{y_1(x)}\right)}$$

besitzt einen Pol höchstens zweiter Ordnung.

Umgekehrt, aus der Gestalt der Koeffizienten auf die Beschaffenheit der Lösungen zu schließen, ist wesentlich aufwändiger.

Wir wollen nun ein Fundamentalsystem in einer Umgebung $K_{r_0}(x_0)$ einer Stelle der Bestimmtheit x_0 berechnen.

Satz: Multiplikative Lösung und determinierende Gleichung
Die Differentialgleichung:

$$y'' + \frac{P_1(x)}{x - x_0} y' + \frac{P_2(x)}{(x - x_0)^2} y = 0$$

mit der Stelle der Bestimmtheit x_0 und

$$P_1(x) = \sum_{\nu=0}^{\infty} \alpha_\nu (x - x_0)^\nu, \; P_2(x) = \sum_{\nu=0}^{\infty} \beta_\nu (x - x_0)^\nu, \quad (\alpha_0, \beta_0, \beta_1) \neq (0, 0, 0),$$

besitzt eine multiplikative Lösung der Gestalt:

$$y(x) = (x - x_0)^\rho \sum_{k=0}^{\infty} c_k (x - x_0)^k.$$

Der Exponent ρ ergibt sich aus der determinierenden Gleichung:

$$\rho (\rho - 1) + \alpha_0 \rho + \beta_0 = 0.$$

Ohne Einschränkung können wir $c_0 \neq 0$ annehmen. Anderenfalls ziehen wir einen Faktor $(x - x_0)$ vor die Summe. Negative Potenzen gehen ebenfalls im Vorfaktor auf. Denn $(x - x_0)^\rho$ verhält sich beim Umlauf wie $(x - x_0)^{\rho+n}$, $n \in \mathbb{Z}$. Wir schreiben kurz:

$$L(y(x)) = (x - x_0)^2 \, y''(x) + (x - x_0) \, P_1(x) \, y'(x) + P_2(x) \, y(x) = 0,$$

Es gilt:

$$L(y(x)) = \sum_{k=0}^{\infty} c_k \, L\left((x - x_0)^{\rho+k}\right)$$

und

$$\begin{aligned}
L\left((x - x_0)^\lambda\right) &= (x - x_0)^2 \lambda (\lambda - 1)(x - x_0)^{\lambda-2} + (x - x_0) \, P_1(x) \, \lambda \, (x - x_0)^{\lambda-1} \\
&\quad + P_2(x)(x - x_0)^\lambda \\
&= (\lambda(\lambda - 1) + \lambda \, P_1(x - x_0) + P_2(x))(x)^\lambda \\
&= \left(\lambda(\lambda - 1) + \lambda \sum_{\nu=0}^{\infty} \alpha_\nu (x - x_0)^\nu + \sum_{\nu=0}^{\infty} \beta_\nu (x - x_0)^\nu\right)(x - x_0)^\lambda \\
&= \left(\lambda(\lambda - 1) + \lambda \alpha_0 + \beta_0 + \sum_{\nu=1}^{\infty} (\lambda \alpha_\nu + \beta_\nu)(x - x_0)^\nu\right)(x - x_0)^\nu \\
&= \sum_{\nu=0}^{\infty} f_\nu(\lambda)(x - x_0)^\lambda.
\end{aligned}$$

Hierbei ist

$$f_0(\lambda) = \lambda(\lambda - 1) + \alpha_0 \lambda + \beta_0, \quad f_\nu(\lambda) = \alpha_\nu \lambda + \beta_\nu, \quad \nu \geq 1.$$

Damit bekommen wir:

$$L\left(y(x)\right) = \sum_{k=0}^{\infty} c_k \left(\sum_{v=0}^{\infty} f_v(\rho + k)\, (x - x_0)^v\right) (x - x_0)^{\rho+k}$$

$$= \sum_{k=0}^{\infty} \sum_{v=0}^{\infty} c_k\, f_v(\rho + k)\, (x - x_0)^{\rho+k+v}$$

$$= (x - x_0)^\rho \sum_{k=0}^{\infty} \sum_{v=0}^{\infty} c_k\, f_v(\rho + k)\, (x - x_0)^{k+v}$$

$$= (x - x_0)^\rho \sum_{\mu=0}^{\infty} \left(\sum_{v=0}^{\mu} c_{\mu-v}\, f_v(\rho + \mu - v)\right) (x - x_0)^{\mu}\,.$$

Offenbar ist $L\left(y(x)\right) = 0$ genau dann, wenn

$$\sum_{v=0}^{\mu} c_{\mu-v}\, f_v(\rho + \mu - v) = 0\,, \quad \mu \geq 0\,.$$

Die Bedingungen lauten ausgeschrieben:

$$\mu = 0: \qquad\qquad\qquad\qquad\qquad c_0\, f_0(\rho) = 0\,,$$
$$\mu = 1: \qquad\qquad\qquad\qquad c_1\, f_0(\rho + 1) + c_0\, f_1(\rho) = 0\,,$$
$$\mu = 2: \qquad\qquad c_2\, f_0(\rho + 2) + c_1\, f_1(\rho + 1) + c_0\, f_2(\rho) = 0\,,$$
$$\vdots$$
$$\mu = n: \quad c_n\, f_0(\rho + n) + c_{n-1}\, f_1(\rho + n - 1) + \cdots + c_0\, f_n(\rho) = 0\,.$$

Die Forderung $c_0 \neq 0$ zieht nach sich $f_0(\rho) = 0$, und wir erhalten die determinierende Gleichung:

$$\rho\, (\rho - 1) + \alpha_0\, \rho + \beta_0 = 0\,.$$

Die determinierende Gleichung besitzt zwei Lösungen $\rho_1, \rho_2 \in \mathbb{C}$. Wir unterscheiden zwei Fälle: $\rho_1 - \rho_2 \notin \mathbb{Z}$ und $\rho_1 - \rho_2 \in \mathbb{Z}$.

(I) $\rho_1 - \rho_2 \notin \mathbb{Z}$. Es ist $c_0 \neq 0$ beliebig und $f_0(\rho_1 + n) \neq 0$ bzw. $f_0(\rho_2 + n) \neq 0$. Damit sind die Koeffizienten $c_1, c_2, \ldots$ eindeutig festgelegt. Beide Lösungen der determinierenden Gleichung $\rho_1\, (c_k \to a_k)$ und $\rho_2\, (c_k \to b_k)$ führen auf eine Lösung der Differentialgleichung:

$$y_1(x) = (x - x_0)^{\rho_1} \sum_{k=0}^{\infty} a_k\, (x - x_0)^k$$

$$y_2(x) = (x - x_0)^{\rho_2} \sum_{k=0}^{\infty} b_k\, (x - x_0)^k\,.$$

a_0, b_0 können beliebig gewählt werden, gehen aber nur als Faktor in a_k, b_k ein. Man kann also ohne Einschränkung $a_0 = b_0 = 1$ wählen.

(II) $\rho_1 - \rho_2 = n_0 \in \mathbb{Z}$. Sei $\Re\rho_1 \geq \Re\rho_2$, $\rho_1 = \rho_2 + n_0$, $n_0 \in \mathbb{N}$. Wieder ist $f_0(\rho_1 + n) \neq 0$ und

$$y_1(x) = (x - x_0)^{\rho_1} \sum_{k=0}^{\infty} a_k(x - x_0)^k, \, a_0 \neq 0,$$

eine multiplikative Lösung wie in (I). Es gilt aber

$$f_0(\rho_2 + n_0) = 0$$

und die eindeutige Berechnung der b_k kann nicht garantiert werden. Wir machen folgenden Reduktionsansatz für eine zweite Lösung:

$$y(x) = u(x)\, y_1(x).$$

Einsetzen in die Differentialgleichung liefert:

$$u''(x)\, y_1(x) + 2\,u'(x)\, y_1'(x) + u(x)\, y_1''(x)$$
$$+ p_1(x)\,(u'(x)\, y_1(x) + u(x)\, y_1'(x)) + p_2(x)\, u(x)\, y_1(x)$$
$$= u''(x)\, y_1(x) + u(x)\,(y_1''(x) + p_1(x)\, y_1'(x)$$
$$+ p_2(x)\, y_1(x)) + u'(x)\,(2\, y_1'(x) + p_1(x)\, y_1(x)$$
$$= u''(x)\, y_1(x) + u'(x)\,(2\, y_1'(x) + p_1(x)\, y_1(x))$$
$$= 0.$$

Wir bekommen somit für $u(x)$ die Differentialgleichung:

$$u'' + \left(\frac{2\, y_1'(x)}{y_1(x)} + p_1(x)\right) u' = 0.$$

Die multiplikative Lösung hat die Gestalt:

$$y_1(x) = (x - x_0)^{\rho_1}\, Q_1(x)$$

mit einer Potenzreihe Q_1 um x_0. Daraus ergibt sich:

$$y_1'(x) = \rho_1(x - x_0)^{\rho_1 - 1}\, Q_1(x) + (x - x_0)^{\rho_1}\, Q_1'(x), \quad Q_1(x_0) = a_0 \neq 0,$$

und

$$\frac{y_1'(x)}{y_1(x)} = \frac{\rho_1}{(x - x_0)} + Q_2(x)$$

mit einer Potenzreihe Q_2. Wenn wir

$$p_1(x) = \frac{P_1(x)}{x - x_0} = \frac{\alpha_0}{x - x_0} + \alpha_1 + \alpha_2(x - x_0) + \cdots$$

berücksichtigen, dann bekommen wir die Differentialgleichung:

$$u'' + \left(\frac{2\rho_1 + \alpha_0}{x - x_0} + Q_3(x) \right) u' = 0$$

mit einer Potenzreihe Q_3 um x_0.

Wir gehen zurück zur determinierenden Gleichung:

$$\rho\,(\rho - 1) + \alpha_0\,\rho + \beta_0 = 0$$

bzw.

$$\rho^2 + (\alpha_0 - 1)\,\rho + \beta_0 = 0\,.$$

Für die Summe der Wurzeln gilt: $-\alpha_0 + 1 = \rho_1 + \rho_2$ bzw.

$$\alpha_0 = 1 - \rho_1 - \rho_2$$

und damit:

$$2\,\rho_1 + \alpha_0 = 1 + \rho_1 - \rho_2 = 1 + n_0 > 0\,.$$

Die Differentialgleichung für u lautet nun:

$$\frac{u''}{u'} + \frac{n_0 + 1}{x - x_0} + Q_3(x) = 0\,.$$

Integrieren ergibt:

$$\log(u'(x)) = -(n_0 + 1)\,\log(x - x_0) + Q_4(x)$$

mit einer Potenzreihe Q_4 um x_0. Schließlich folgt mit Potenzreihen Q_5 und Q_6 um x_0:

$$u'(x) = (x - x_0)^{-n_0 - 1}\,Q_5(x)\,,$$
$$u(x) = A\,\log(x - x_0) + (x - x_0)^{-n_0}\,Q_6(x)\,.$$

Der Faktor verschwindet $A = 0$, falls in Q_5 der Koeffizient von $(x - x_0)^{n_0} = 0$ ist. Insgesamt bekommen wir mit einer weiteren Potenzreihe Q_7 um x_0:

$$y_2(x) = u(x)\,y_1(x) = A\,\log(x - x_0)\,y_1(x) + (x - x_0)^{\rho_2}\,Q_7(x)\,.$$

Beispiel 2.9

Wir betrachten die Differentialgleichung:

$$y'' + \frac{1}{x}\,y' + x^3\,y = 0$$

mit der Stelle der Bestimmtheit $x_0 = 0$. Wir schreiben:

$$y'' + \frac{1}{x}\, y' + \frac{x^5}{x^2}\, y = 0$$

und lesen ab:

$$P_1(x) = 1, \qquad \alpha_0 = 1, \alpha_k = 0, k \neq 1,$$

$$P_2(x) = x^5, \qquad \beta_5 = 1, \beta_k = 0, k \neq 5.$$

Die determinierende Gleichung lautet:

$$\rho\,(\rho - 1) + \rho = 0 \quad \Leftrightarrow \quad \rho^2 = 0$$

und besitzt die doppelte Nullstelle $\rho_1 = \rho_2$. Es gibt also eine multiplikative Lösung. Der Faktor ist eins, wir bekommen eine Potenzreihe um $x_0 = 0$. Es gilt zunächst:

$$f_0(\lambda) = \lambda\,(\lambda - 1) + \lambda = \lambda^2,$$
$$f_\nu(\lambda) = 1, \quad \nu = 5,$$
$$f_\nu(\lambda) = 0, \quad \nu \geq 1, \nu \neq 5.$$

Damit ergibt sich folgendes Gleichungssystem für die Koeffizienten der Potenzreihe:

$$c_0\, f_0(0) = 0,$$
$$c_1\, f_0(1) = 0,$$
$$c_2\, f_0(2) = 0,$$
$$c_3\, f_0(3) = 0,$$
$$c_4\, f_0(4) = 0,$$
$$c_5\, f_0(5) + c_0\, \underbrace{f_5(0)}_{=1} = 0,$$
$$c_6\, f_0(6) + c_5\, \underbrace{f_1(5)}_{=0} + \cdots = 0,$$
$$c_7\, f_0(7) + c_6\, f_1(6) + c_5\, f_2(4) + \cdots = 0,$$
$$\vdots$$
$$c_{10}\, f_0(10) + \cdots + c_5\, f_5(5) + \cdots = 0$$
$$\vdots$$
$$c_{15}\, f_0(15) + \cdots + c_{10}\, f_5(10) + \cdots = 0.$$

Wir lösen das System:

$$c_0 = 1,$$

$$c_5 \cdot 5^2 + 1 = 0, \quad c_5 = -\frac{1}{5^2},$$

$$c_{10} \cdot 10^2 - \frac{1}{5^2} \cdot 1 = 0, \quad c_{10} = \frac{1}{5^2 \cdot 10^2},$$

$$c_{15} \cdot 15^2 + \frac{1}{5^2 \cdot 10^2} = 0, \quad c_{15} = -\frac{1}{5^2 \cdot 10^2 \cdot 15^2},$$

$$\vdots \qquad \vdots$$

und bekommen den multiplikativen Teil des Fundamentalsystems der Differentialgleichung:

$$y_1(x) = x^0 \left(1 - \frac{1}{5^2} x^5 + \frac{1}{5^2 \cdot 10^2} x^{10} - \frac{1}{5^2 \cdot 10^2 \cdot 15^2} x^{15} + \dots \right).$$

Für eine zweite Lösung machen wir den Ansatz:

$$y_2(x) = u(x)\, y_1(x).$$

Einsetzen in die Differentialgleichung liefert:

$$\frac{u''(x)}{u'(x)} = -2 \frac{y_1'(x)}{y_1(x)} - \frac{1}{x}.$$

Wir integrieren:

$$\log(u'(x)) = -2 \log(y_1(x)) - \log(x) + C = \log\left(\frac{1}{x} \frac{1}{(y_1(x))^2} \right) + C.$$

Die Integrationskonstante C setzen wir gleich Null und bekommen:

$$u'(x) = \frac{1}{x} \frac{1}{(y_1(x))^2},$$

$$u(x) = \int \frac{1}{x} \frac{1}{(y_1(x))^2} \, dx.$$

Wir betrachten die Differentialgleichung noch in einer Umgebung des unendlich fernen Punktes. Die Koeffizientenfunktionen p_1, p_2 seien holomorph in $K_\infty = \{x \mid r < |x| < \infty\}$.

Wie verhält sich die Lösung der Gleichung

$$y'' + p_1(x)\, y_1' + p_2(x)\, y = 0$$

eine Singularität im Unendlichen? Wir führen die neue unabhängige Variable ein:

$$x = \frac{1}{\xi}, \quad x = \infty \leftrightarrow \xi = 0.$$

Die Ableitungen ergeben sich zu:

$$\frac{dy}{dx}(x) = \frac{dy}{d\xi}(\xi(x))\,\frac{d\xi}{dx}(x) = \frac{dy}{d\xi}(\xi(x))\left(-\frac{1}{x^2}\right) = \frac{dy}{d\xi}(\xi(x))\,(-\xi^2),$$

$$\frac{d^2 y}{dx}(x) = \frac{d^2 y}{d\xi^2}(\xi(x))\,\frac{d\xi}{dx}(x)\,(-\xi^2) + \frac{dy}{d\xi}(\xi(x))\,(-2\,\xi)\,\frac{d\xi}{dx}(x)$$

$$= \frac{d^2 y}{d\xi^2}((\xi(x)))\,\xi^4 + 2\frac{dy}{d\xi}((\xi(x)))\xi^3.$$

Einsetzen liefert folgende Differentialgleichung für $y(\xi)$:

$$\xi^4\,\frac{d^2 y}{d\xi^2} + 2\,\xi^3\,\frac{dy}{d\xi} - p_1\left(\frac{1}{\xi}\right)\xi^2\,\frac{dy}{d\xi} + p_2\left(\frac{1}{\xi}\right)y = 0$$

bzw.

$$\frac{d^2 y}{d\xi^2} + \left(\frac{2}{\xi} - \frac{p_1\left(\frac{1}{\xi}\right)}{\xi^2}\right)\frac{dy}{d\xi} + \frac{p_2\left(\frac{1}{\xi}\right)}{\xi^4}\,y = 0.$$

Wenn die Koeffizienten Laurent-Entwicklungen in einer Umgebung $\{x\,|\,|x| > r\}$ besitzen:

$$p_1(x) = \gamma_1\,\frac{1}{x} + \gamma_2\,\frac{1}{x^2} + \cdots,$$

$$p_2(x) = \delta_2\,\frac{1}{x^2} + \delta_3\,\frac{1}{x^3} + \cdots,$$

dann bekommen wir Potenzreihen in $\{\xi\,|\,|\xi| < \frac{1}{r}\}$:

$$p_1\left(\frac{1}{\xi}\right) = \gamma_1\,\xi + \gamma_2\,\xi^2 + \gamma_3\xi^3 + \cdots,$$

$$p_2\left(\frac{1}{\xi}\right) = \delta_1\,\xi + \delta_2\,\xi^2 + \delta_3\,\xi^3 + \cdots,$$

und

$$\overline{p}_1(\xi) = \frac{2}{\xi} - \frac{1}{\xi^2} \, p_1\left(\frac{1}{\xi}\right)$$

$$= \frac{1}{\xi} \left(2 - \frac{1}{\xi} \, p_1\left(\frac{1}{\xi}\right)\right)$$

$$= \frac{1}{\xi} \left(2 - \gamma_1 - \gamma_2 \, \xi - \gamma_3 \, \xi^2 - \cdots\right),$$

$$\overline{p}_2(\xi) = \frac{1}{\xi^4} \, p_2\left(\frac{1}{\xi}\right)$$

$$= \frac{1}{\xi^2} \left(\delta_2 + \delta_3 \, \xi + \delta_4 \, \xi^2 + \cdots\right),$$

mit

$$(\gamma_1, \delta_2, \delta_3) \neq (2, 0, 0).$$

Die Stelle $\xi = 0$ ist damit eine Stelle der Bestimmtheit der Differentialgleichung:

$$y''(\xi) + \overline{p}_1(\xi) \, y'(\xi) + \overline{p}_2(\xi) \, y(\xi) = 0$$

und $x = \infty$ eine Stelle der Bestimmtheit der Ausgangsgleichung. Die determinierende Gleichung für $x = \infty$ (bzw. $\xi = 0$) lautet:

$$\rho \, (\rho - 1) + (2 - \gamma_1) \, \rho + \delta_2 = 0.$$

Definition: Differentialgleichung vom Fuchsschen Typ
Die Koeffizienten p_1, p_2 seien bis auf isolierte Singularitäten holomorph in $\mathbb{C} \cup \{\infty\}$.
Die Differentialgleichung

$$y'' + p_1(x) \, y' + p_2(x) \, y = 0$$

heißt vom Fuchsschen Typ, wenn alle Singularitäten in $\mathbb{C} \cup \{\infty\}$ Stellen der Bestimmtheit sind.

Beispiel 2.10
Die hypergeometrische Differentialgleichung:

$$x \, (1 - x) \, y'' + (\gamma - (1 + \alpha + \beta) \, x) \, y' - \alpha \, \beta \, y = 0$$

bzw.

$$y'' + \frac{-\gamma + (\alpha + \beta + 1)\,x}{x\,(x-1)}\,y' + \frac{\alpha\beta}{x\,(x-1)}\,y = 0$$

besitzt die Stellen der Bestimmtheit $x = 0$, $x = 1$ und $x = \infty$.

Die Stellen der Bestimmtheit $x = 0$, $x = 1$ ergeben sich aus dem Fuchsschen Theorem. Die Stelle $x = \infty$ untersuchen wir:

$$\overline{p}_1(\xi) = \frac{2}{\xi} - \frac{1}{\xi^2}\,p_1\left(\frac{1}{\xi}\right)$$

$$= \frac{2}{\xi} - \frac{1}{\xi^2}\,\frac{-\gamma + (\alpha + \beta + 1)\frac{1}{\xi}}{\frac{1}{\xi}\left(\frac{1}{\xi}-1\right)}$$

$$= \frac{-1 + \alpha + \beta + 2\,\xi - \gamma\,\xi}{\xi\,(\xi-1)}$$

$$= \frac{1}{\xi}\,(-1 + \alpha + \beta + (2-\gamma)\,\xi)\left(-\sum_{\nu=0}^{\infty}\xi^\nu\right),$$

$$\overline{p}_2(\xi) = \frac{1}{\xi^4}\,p_2\left(\frac{1}{\xi}\right) = \frac{\alpha\beta}{\xi^2 - \xi^3} = \frac{1}{\xi^2}\,\frac{\alpha\beta}{1-\xi}$$

$$= \frac{1}{\xi^2}\,\alpha\beta\sum_{\nu=0}^{\infty}\xi^\nu.$$

Somit ist $x = \infty$ Stelle der Bestimmtheit. Die determinierenden Fundamentalgleichungen $\rho\,(\rho - 1) + \alpha_0\,\rho + \beta_0 = 0$ und ihre Wurzeln nehmen folgende Gestalt an:
$x = 0$:

$$\alpha_0 = \gamma\,, \quad \beta_0 = 0\,,$$

$$\rho\,(\rho - 1) + \gamma\,\rho = 0\,,$$

$$\rho_1 = 0\,, \quad \rho_2 = 1 - \gamma\,,$$

$x = 1$:

$$\alpha_0 = -\gamma + \alpha + \beta + 1\,, \quad \beta_0 = 0\,,$$

$$\rho\,(\rho - 1) + (-\gamma + \alpha + \beta + 1)\,\rho = 0\,,$$

$$\rho_1 = 0\,, \quad \rho_2 = 1 - (-\gamma + \alpha + \beta + 1) = -\gamma - \alpha - \beta\,,$$

$x = \infty$:

$$\alpha_0 = -(-1 + \alpha + \beta)\,, \quad \beta_0 = \alpha\beta\,,$$

$$\rho\,(\rho - 1) - (-1 + \alpha + \beta)\,\rho + \alpha\beta = 0\,, \quad \rho_1 = \alpha\,, \quad \rho_2 = \beta\,.$$

Beispiel 2.11

Die Stelle der Bestimmtheit $x = 0$ bei der hypergeometrische Differentialgleichung:

$$y'' + \frac{-\gamma + (\alpha + \beta + 1) x}{x (x - 1)} y' + \frac{\alpha \beta}{x (x - 1)} y = 0$$

betrachten wir eingehender. Es gibt eine Lösung, welche die Gestalt einer Potenzreihe annimmt ($\rho = 0$).

Wir entwickeln zunächst die Koeffizienten in Laurent-Reihen um $x = 0$. Alle Potenzreihen, die im Folgenden auftreten, konvergieren in einem Kreis bis zur nächsten Singularität, also für $|x| < 1$:

$$p_1(x) = \frac{-\gamma + (\alpha + \beta + 1) x}{x (x - 1)} = \frac{1}{x} \frac{\gamma - (\alpha + \beta + 1) x}{1 - x}$$

$$= \frac{1}{x} (\gamma - (\alpha + \beta + 1) x) \sum_{\nu=0}^{\infty} x^\nu$$

$$= \frac{1}{x} \left(\gamma + \sum_{\nu=1}^{\infty} (\gamma - (\alpha + \beta + 1)) x^\nu \right),$$

$$p_2(x) = \frac{\alpha \beta}{x (x - 1)} = \frac{1}{x} (-\alpha \beta) \sum_{\nu=0}^{\infty} x^\nu = \frac{1}{x^2} (-\alpha \beta) \sum_{\nu=0}^{\infty} x^{\nu+1}$$

$$= \frac{1}{x^2} \sum_{\nu=1}^{\infty} (-\alpha \beta) x^\nu .$$

Damit ergeben sich die Funktionen:

$$f_0(\lambda) = \lambda (\lambda - 1) + \lambda \gamma$$

und

$$f_\nu(\lambda) = (\gamma - (\alpha + \beta + 1) \lambda - \alpha \beta, \quad \nu \geq 1.$$

Für die Koeffizienten der Potenzreihenentwicklung der gesuchten Lösung bekommen wir folgendes Gleichungssystem:

$$c_0 f_0(0) = 0 ,$$

$$c_1 f_0(1) + c_0 f_1(0) = 0 ,$$

$$c_2 f_0(2) + c_1 f_1(1) + c_0 f_2(0) = 0 ,$$

$$c_3 f_0(3) + c_2 f_1(2) + c_1 f_2(1) + c_0 f_3(0) = 0 ,$$

$$\vdots$$

$$c_n f_0(n) + c_{n-1} f_1(n - 1) + \cdots + c_0 f_n(0) = 0 ,$$

bzw. mit $c_0 = 1$:

$$c_1\, \gamma - \alpha\, \beta = 0,$$

$$c_2\,(2\cdot 1 + 2\,\gamma) + c_1\,(\gamma - (\alpha + \beta + 1) - \alpha\,\beta) - \alpha\,\beta = 0,$$

$$c_3\,(3\cdot 2 + 3\,\gamma) + c_2\,((\gamma - (\alpha + \beta + 1))\cdot 2 - \alpha\,\beta) + c_1\,(\gamma - (\alpha + \beta + 1) - \alpha\,\beta) - \alpha\,\beta = 0,$$

$$\vdots$$

$$c_n\,(n\,(n-1) + n\,\gamma) + c_{n-1}\,((\gamma - (\alpha + \beta + 1))\,(n-1) - \alpha\,\beta) + \cdots - \alpha\,\beta = 0.$$

Wenn man die ersten drei Gleichungen auflöst erhält man:

$$c_1 = \frac{\alpha\,\beta}{1\cdot \gamma},$$

$$c_2 = \frac{\alpha\,(\alpha + 1)\,\beta\,(\beta + 1)}{1\cdot 2\cdot \gamma\,(\gamma + 1)},$$

$$c_3 = \frac{\alpha\,(\alpha + 1)\,(\alpha + 2)\,\beta\,(\beta + 1)\,(\beta + 2)}{1\cdot 2\cdot 3\cdot \gamma\,(\gamma + 1)\,(\gamma + 2)}.$$

Allgemein kann man zeigen:

$$c_n = \frac{(\alpha)_n\,(\beta)_n}{n!\,(\gamma)_n}.$$

Wir benutzen hier das Pochhammer-Symbol für wachsende Faktorielle:

$$(\alpha)_n = \alpha\,(\alpha + 1)\,(\alpha + 2)\cdots(\alpha + n - 1), \quad \alpha \in \mathbb{C}, n \in \mathbb{N}, \quad (\alpha)_0 = 1.$$

Als Lösung bekommen wir die hypergeometrische Reihe:

$$F(\alpha, \beta, \gamma, x) = \sum_{n=0}^{\infty} \frac{(\alpha)_n\,(\beta)_n}{n!\,(\gamma)_n}\, x^n,$$

welche die geometrische Reihe verallgemeinert:

$$F(1, \beta, \beta, x) = \sum_{n=0}^{\infty} x^n.$$

Beispiel 2.12

Wir betrachten die Laguerre-Differentialgleichung:

$$x\,y'' + (1 - x)\,y' + n\,y = 0, \quad n \in \mathbb{N}_0,$$

bzw.

$$y'' + \frac{1 - x}{x}\,y' + \frac{n\,x}{x^2}\,y = 0, \quad n \in \mathbb{N}_0,$$

mit der Stelle der Bestimmtheit $x_0 = 0$.

Die determinierende Fundamentalgleichung lautet:

$$\rho\,(\rho - 1) + \rho = 0$$

und besitzt die doppelte Nullstelle: $\rho = 0$. Wir bekommen eine Lösung in Form einer Potenzreihe. Zunächst erhalten wir folgende Funktionen:

$$f_0(\lambda) = \lambda\,(\lambda - 1) + \lambda = \lambda^2, \quad f_1(\lambda) = -\lambda + n, \quad f_v(\lambda) = 0, v > 1.$$

Für die Koeffizienten der Potenzreihenentwicklung der gesuchten Lösung bekommen wir wieder folgendes Gleichungssystem:

$$c_0\,f_0(0) = 0,$$
$$c_1\,f_0(1) + c_0\,f_1(0) = 0,$$
$$c_2\,f_0(2) + c_1\,f_1(1) + c_0\,f_2(0) = 0,$$
$$c_3\,f_0(3) + c_2\,f_1(2) + c_1\,f_2(1) + c_0\,f_3(0) = 0,$$
$$\vdots$$
$$c_k\,f_0(k) + c_{k-1}\,f_1(k-1) + \cdots + c_0\,f_k(0) = 0,$$

bzw. mit $c_0 = 1$:

$$c_1 + n = 0,$$
$$c_2\,2^2 + c_1\,(-1 + n) = 0,$$
$$c_3\,3^2 + c_2\,(-2 + n) = 0,$$
$$\vdots$$
$$c_k\,k^2 + c_{k-1}\,(-(k-1) + n) = 0$$
$$\vdots$$
$$c_{n+1}\,(n+1)^2 + c_n\,(-n + n) = 0.$$

Wir bekommen

$$c_1 = -n, \quad c_2 = \frac{n\,(n-1)}{2^2}, \quad c_3 = -\frac{n\,(n-1)\,(n-2)}{2^2 \cdot 3^2}, \quad \ldots \quad c_k = (-1)^k \binom{n}{k} \frac{1}{k!}.$$

Die gesuchte Lösung ist das Laguerre-Polynom:

$$L_n(x) = \sum_{k=0}^{n} (-1)^k \binom{n}{k} \frac{x^k}{k!}.$$

Beispiel 2.13

Wir betrachten die Legendre-Differentialgleichung:

$$y'' - \frac{2x}{1-x^2} y' + \frac{n(n+1)}{1-x^2} y = 0, \quad n \in \mathbb{N}_0 .$$

Die Singularitäten liegen bei $x = -1, 1, \infty$. Mit der Transformation

$$\xi = \frac{1+x}{2} \quad \Longleftrightarrow \quad x = 2\,\xi - 1$$

bekommen wir die Differentialgleichung:

$$y'' - \frac{2\,\xi - 1}{\xi\,(1-\xi)} y' + \frac{n(n+1)\,\xi}{\xi^2\,(1-\xi)} y = 0 ,$$

mit der Stelle der Bestimmtheit $\xi = 0$. Wir entwickeln zuerst die Koeffizienten in Potenzreihen um $\xi_0 = 0$:

$$-\frac{2\,\xi - 1}{1 - \xi} = -(2\,\xi - 1) \sum_{k=0}^{\infty} \xi^k = -\sum_{k=1}^{\infty} 2\,\xi^k + \sum_{k=0}^{\infty} \xi^k$$

$$= 1 - \sum_{k=1}^{\infty} \xi^k ,$$

$$\frac{n(n+1)\,\xi}{1 - \xi} = \sum_{k=1}^{\infty} n(n+1)\,\xi^k .$$

Die determinierende Fundamentalgleichung lautet:

$$\rho\,(\rho - 1) + \rho = 0$$

und besitzt die doppelte Nullstelle: $\rho = 0$. Wir bekommen wieder eine Lösung in Form einer Potenzreihe.

Mit den Funktionen:

$$f_0(\lambda) = \lambda\,(\lambda - 1) + \lambda = \lambda^2 , \quad f_\nu(\lambda) = -\lambda + n(n+1), \quad \nu \ge 1,$$

bekommen wir folgendes Gleichungssystem für die Koeffizienten der Potenzreihenentwicklung der gesuchten Lösung:

$$c_0\,f_0(0) = 0 ,$$

$$c_1\,f_0(1) + c_0\,f_1(0) = 0 ,$$

$$c_2\,f_0(2) + c_1\,f_1(1) + c_0\,f_2(0) = 0 ,$$

$$c_3\,f_0(3) + c_2\,f_1(2) + c_1\,f_2(1) + c_0\,f_3(0) = 0 ,$$

$$\vdots$$

$$c_k\,f_0(k) + c_{k-1}\,f_1(k-1) + \cdots + c_0\,f_k(0) = 0 ,$$

bzw. mit $c_0 = 1$:

$$c_1 + n(n+1) = 0,$$

$$c_2 2^2 + c_1(-1 + n(n+1)) + n(n+1) = 0,$$

$$c_3 3^2 + c_2(-2 + n(n+1)) + c_1(-1 + n(n+1)) + n(n+1) = 0,$$

$$\vdots$$

$$c_k k^2 + c_{k-1}(-(k-1) + n(n+1)) + \cdots + n(n+1) = 0,$$

Die gesuchte Lösung lautet für $n = 1, 2, 3, 4$:

$$n = 1: \quad y(\xi) = -2\,\xi + 1,$$

$$n = 2: \quad y(\xi) = 6\,\xi^2 - 6\,\xi + 1,$$

$$n = 3: \quad y(\xi) = -20\,\xi^3 + 30\,x^2 - 12\,\xi + 1,$$

$$n = 4: \quad y(\xi) = 70\,\xi^4 - 140\,\xi^3 + 90\,x^2 - 20\,\xi + 1.$$

Hieraus ergibt sich mit $\xi = \frac{1+x}{2}$:

$$n = 1: \quad y(x) = -x,$$

$$n = 2: \quad y(x) = \frac{3}{2}x^2 - \frac{1}{2},$$

$$n = 3: \quad y(x) = -\frac{5}{2}x^3 + \frac{3}{2}x,$$

$$n = 4: \quad y(x) = \frac{35}{8}x^4 - \frac{30}{8}x^3 + \frac{3}{x}.$$

Ersetzen wir x durch $-x$, so bekommen wir die Legendre Polynome:

$$P_1(x) = x, \quad P_2(x) = \frac{3}{2}x^2 - \frac{1}{2}, \quad P_3(x) = \frac{5}{2}x^3 - \frac{3}{2}x, \quad P_4(x) = \frac{35}{8}x^4 - \frac{30}{8}x^3 + \frac{3}{x}.$$

2.5 Stabilität dynamischer Systeme

Der Existenz- und Eindeutigkeitssatz garantiert die Lösung des Angfangswertproblems. Durch jeden Anfangspunkt geht genau eine Lösungskurve. Wir fragen nun nach der Abhängigkeit der Lösung von den Anfangsbedingungen. Wir denken an den zeitlichen Verlauf der Lösung. Haben wir benachbarte Anfangspunkte, bleiben dann die Lösungen für große Zeiten benachbart? Wenn wir zur selben Anfangszeit mit verschiedenen Anfangsbedingungen starten, laufen die Lösungen dann auseinander?

Abb. 2.6 Lösungen zu verschiedenen Anfangswerten für Zeiten $x > x_0$, $a > 0$, (*links*), $a < 0$, (*rechts*)

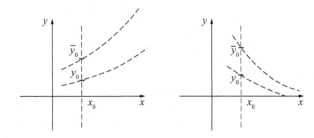

Beispiel 2.14

Wir betrachten die Differentialgleichung:

$$y' = a\,y$$

mit einer Konstanten $a \in \mathbb{R}$. Die Lösung $y(x, x_0, y_0)$ des Anfangswertproblems

$$y(x_0, x_0, y_0) = y_0$$

lautet: $y(x, x_0, y_0) = y_0\, e^{a\,(x-x_0)}$. Wie verhalten sich zwei Lösungen, die zur Zeit $x = x_0$ benachbart sind, für große Zeiten? Wir betrachten den Abstand:

$$\left| y(x, x_0, \overline{y_0}) - y(x, x_0, y_0) \right| = \left| \overline{y_0} - y_0 \right|\, e^{a\,(x-x_0)}\,.$$

Ist $a > 0$, so wächst der Abstand der beiden Lösungen exponentiell mit der Zeit $x > x_0$. Ist $a < 0$, so geht der Abstand der beiden Lösungen exponentiell mit wachsender Zeit gegen Null. Auf jeden Fall gilt, dass Lösungen die zur Zeit $x = x_0$ benachbart sind, für alle Zeiten benachbart bleiben (Abb. 2.6):

$$\left| y(x, x_0, \overline{y_0}) - y(x, x_0, y_0) \right| = \left| \overline{y_0} - y_0 \right|\, e^{a\,(x-x_0)} \leq \left| \overline{y_0} - y_0 \right|\,.$$

Beispiel 2.15

Wir betrachten die Differentialgleichung:

$$y' = y^2\,.$$

Die Lösung $y(x, x_0, y_0)$ des Anfangswertproblems

$$y(x_0, x_0, y_0) = y_0 \neq 0$$

lautet:

$$y(x, x_0, y_0) = -\frac{1}{x - x_0 - \frac{1}{y_0}}\,.$$

Abb. 2.7 Lösungen zu verschiedenen Anfangswerten für
Zeiten $x > x_0$

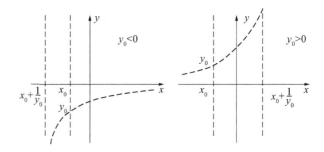

Man trennt dazu die Veränderlichen:

$$\int_{y_0}^{y} \frac{1}{s}\, ds = \int_{x_0}^{x} dt\,.$$

Wie verhält sich eine Lösung, die zur Zeit $x = x_0$ nahe bei der Nulllösung liegt, für große
Zeiten? Der Abstand von der Nulllösung beträgt:

$$|y(x, x_0, y_0)| = \frac{1}{\left|x - \left(x_0 + \frac{1}{y_0}\right)\right|}\,.$$

Ist $y_0 < 0$, dann existiert die Lösung $y(x, x_0, y_0)$ für alle $x > x_0$ und strebt monoton
wachsend gegen Null. Ist $y_0 > 0$, dann existiert die Lösung $y(x, x_0, y_0)$ nur für $x_0 \le x <
x_0 + \frac{1}{y_0}$ und strebt für $x \to x_0 + \frac{1}{y_0}$ gegen Unendlich (Abb. 2.7).

Beispiel 2.16

Wir betrachten ein Schwingungssystem mit Konstanten $m > 0$, $c > 0$, $k > 0$:

$$m\, y'' + c\, y' + k\, y = 0\,.$$

Die Nulllösung $y(x) = 0$ stellt ein stabiles Gleichgewicht dar.
Die charakteristische Gleichung:

$$\lambda^2 + \frac{c}{m}\lambda + \frac{k}{m} = 0$$

besitzt die Lösungen:

$$\lambda_1 = -\frac{c}{2\,m} + \sqrt{\frac{c^2}{4\,m^2} - \frac{k}{m}}\,, \quad \lambda_2 = -\frac{c}{2\,m} - \sqrt{\frac{c^2}{4\,m^2} - \frac{k}{m}}\,.$$

Wir unterscheiden die Fälle:

$$\frac{c^2}{4\,m^2} - \frac{k}{m} \begin{cases} > 0 & (1)\,, \\ = 0 & (2)\,, \\ < 0 & (3)\,. \end{cases}$$

Die allgemeine Lösung lautet im Fall (1):

$$y(x) = c_1 e^{\left(-\frac{c}{2m} + \sqrt{\frac{c^2}{4m^2} - \frac{k}{m}}\right) x} + c_2 e^{\left(-\frac{c}{2m} - \sqrt{\frac{c^2}{4m^2} - \frac{k}{m}}\right) x} ,$$

im Fall (2):

$$y(x) = (c_1 + c_2 x) e^{-\frac{c}{2m} x} ,$$

im Fall (3):

$$y(x) = e^{-\frac{c}{2m} x} \left(c_1 \cos\left(\sqrt{\frac{k}{m} - \frac{c^2}{4m^2}} x \right) + c_2 \sin\left(\sqrt{\frac{k}{m} - \frac{c^2}{4m^2}} x \right) \right) .$$

In allen drei Fällen gilt für jede Lösung:

$$\lim_{x \to \infty} y(x) = 0 , \quad \lim_{x \to \infty} y'(x) = 0 .$$

Ferner kann man sehen, dass Lösungen, die zur Zeit $x_0 = 0$ nahe bei der Nulllösung starten, für alle Zeiten $x > 0$ nahe bei Null bleiben.

Beispiel 2.17

Wir betrachten erneut das Schwingungssystem mit Konstanten $m > 0, c > 0, k > 0$:

$$m y'' + c y' + k y = 0 .$$

Die Stabilität der Nulllösung können wir auch herleiten, ohne die Lösungen explizit zu kennen.
Wir gehen zum System über:

$$y_1' = y_2 , \quad y_2' = -\frac{k}{m} y_1 - \frac{c}{m} y_2 .$$

Die Funktion:

$$V(y_1, y_2) = \frac{1}{2} m y_2^2 + \frac{1}{2} k y_1^2$$

beschreibt die Energie des Systems. Die Energie des Systems nimmt während des Bewegungsvorgangs ab. Für eine beliebige Lösung $(y_1(x), y_2(x))$ gilt:

$$\frac{d}{dx} V(y_1(x), y_2(x)) = k y_1(x) y_1'(x) + m y_2(x) y_2'(x)$$

$$= k y_1(x) y_2(x) + m y_2(x) \left(-\frac{k}{m} y_1(x) - \frac{c}{m} y_2(x) \right)$$

$$= -c (y_2(x))^2 .$$

Abb. 2.8 Stabilität des Schwingungssystems: Energie

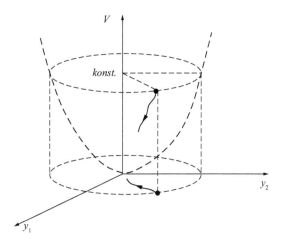

Die Funktion $V(y_1(x), y_2(x))$ fällt monoton. Für alle Zeiten $x \geq x_0$ gilt:

$$V(y_1(x), y_2(x)) \leq V(y_1(x_0), y_2(x_0)).$$

Eine Lösung, die zur Zeit x_0 in der Ellipse

$$\tfrac{1}{2} k \, y_1^2 + \tfrac{1}{2} m \, y_2^2 \leq \text{konst.}$$

startet, bleibt für alle Zeiten $x \geq x_0$ in der Ellipse (Abb. 2.8).

Beispiel 2.18

Wir betrachten das Schwingungssystem mit einer Anregung:

$$m \, y'' + c \, y' + k \, y = \sin(\omega x), \quad m > 0, c > 0, k > 0, \omega > 0, c^2 < 4 \, k \, m.$$

Wir setzen:

$$\omega_0 = \sqrt{\frac{k}{m}}, \quad \tilde{\omega} = \sqrt{\omega_0^2 - \frac{c^2}{4 \, m^2}}.$$

Sei:

$$\omega \neq \omega_0.$$

(Die Erregerfrequenz stimmt nicht mit der Eigenfrequenz überein). Das System besitzt eine partikuläre Lösung:

$$y_p(x) = A \, \cos(\omega x) + B \, \sin(\omega x)$$

mit

$$A = -\frac{c \, \omega}{m^2 \, (\omega_0^2 - \omega^2) + c^2 \, \omega^2}, \quad B = \frac{m^2 \, (\omega_0^2 - \omega^2)}{m^2 \, (\omega_0^2 - \omega^2) + c^2 \, \omega^2}.$$

Die allgemeine Lösung lautet:

$$y(x) = e^{-\frac{c}{2m}x}\left(c_1\cos(\tilde{\omega}x) + c_2\sin(\tilde{\omega}x)\right) + A\cos(\omega x) + B\sin(\omega x).$$

Wir berechnen:

$$y'(x) = -\frac{c}{2m}e^{-\frac{c}{2m}x}\left(c_1\cos(\tilde{\omega}x) + c_2\sin(\tilde{\omega}x)\right)$$
$$+ e^{-\frac{c}{2m}x}\left(-c_1\tilde{\omega}\sin(\tilde{\omega}x) + c_2\tilde{\omega}\cos(\tilde{\omega}x)\right)$$
$$- A\omega\sin(\omega x) + B\omega\cos(\omega x).$$

Jede Lösung nähert sich der partikulären Lösung für große Zeiten:

$$\lim_{x\to\infty}\left(y(x) - y_p(x)\right) = 0,\quad \lim_{x\to\infty}\left(y'(x) - y_p'(x)\right) = 0.$$

Im Phasenraum, dem (y, y')-Raum, stellt die partikuläre Lösung $(y_p(x), y_p'(x))$ eine Ellipse dar:

$$\frac{(y_p(x))^2}{A^2 + B^2} + \frac{(y_p'(x))^2}{\omega^2(A^2 + B^2)} = 1.$$

Denn es gilt (Abb. 2.9):

$$\omega^2(y_p(x))^2 + (y_p'(x))^2$$
$$= \omega^2\left(A^2(\cos(\omega x))^2 + 2AB\cos(\omega x)\sin(\omega x) + B^2(\sin(\omega x))^2\right)$$
$$+ A^2\omega^2(\sin(\omega x))^2 - 2AB\omega^2\cos(\omega x)\sin(\omega x) + B^2\omega^2(\cos(\omega x))^2$$
$$= \omega^2 A^2 + \omega^2 B^2 = \omega^2(A^2 + B^2).$$

Beispiel 2.19

Wir betrachten das mathematische Pendel:

$$\frac{d^2\varphi}{dt^2} + \frac{g}{l}\sin(\varphi) = 0.$$

Im Phasenraum bekommen wir folgendes System:

$$\frac{d\varphi}{dt} = \omega,\quad \frac{d\omega}{dt} = -\frac{g}{l}\sin(\varphi).$$

Das System besitzt folgende Gleichgewichtspunkte (stationäre Lösungen):

$$\omega = 0,\quad \varphi = 0, \pm 2\pi, \pm 3\pi \ldots$$

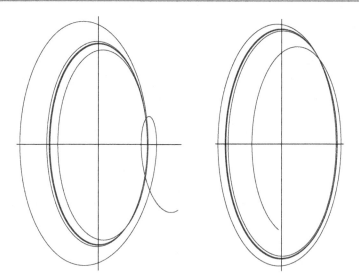

Abb. 2.9 Stabilität des Schwingungssystems mit Erregung: Die partikuläre Lösung stellt einen Grenzzyklus dar. Jede Lösung konvergiert im Phasenraum gegen den Grenzzyklus. Trajektorie startet außerhalb des Grenzzyklus (*links*) und innerhalb (*rechts*)

Die Punkte

$$\omega = 0, \quad \varphi = 0, \pm \pi, \pm 2\pi, \pm 4\pi \ldots$$

sind stabile Gleichgewichte. Die Punkte

$$\omega = 0, \quad \varphi = \pm \pi, \pm 3\pi, \pm 5\pi \ldots$$

sind instabile Gleichgewichte. Das sieht man wie folgt. Wir multiplizieren die Ausgangsgleichung mit $\frac{d\varphi}{dt}$:

$$\frac{d\varphi}{dt}(t) \frac{d^2\varphi}{dt^2}(t) + \frac{g}{l} \sin(\varphi(t)) \frac{d\varphi}{dt}(t) = 0.$$

Wir können integrieren und bekommen:

$$\frac{1}{2} \left(\frac{d\varphi}{dt}(t) \right)^2 - \frac{g}{l} \cos(\varphi(t)) = c.$$

Wir schreiben diese Beziehung (Energiesatz) wie folgt:

$$\left(\frac{d\varphi}{dt}(t) \right)^2 = 2 \frac{g}{l} \cos(\varphi(t)) + 2c.$$

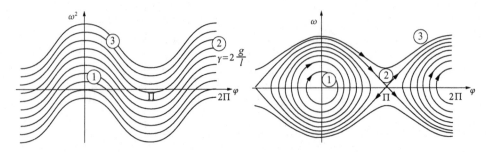

Abb. 2.10 ω^2 als Funktion $2\frac{g}{l}\cos(\varphi) + \gamma$ von φ (*links*) und die Kurven $\omega^2 = 2\frac{g}{l}\cos(\varphi) + \gamma$ im Phasenraum. Die Kurven (1) stellen kleine Schwingungen um die Ausgangslage dar. Die Kurven (2) bezeichnet man als Separatrizen. Sie verbinden instabile Gleichgewichtslagen. Eine Bewegung, die auf einer Separatrix, aber nicht in einer instabilen Gleichgewichtslage, startet, strebt einer instabilen Gleichgewichtslage zu, ohne sie zu erreichen. Die Kurven (3) stellen Rotationen um die Ausgangslage dar. Die Pfeile (zeitliche Richtung) werden wie folgt festgelegt: $\omega > 0$ bzw. $\omega < 0$, $\frac{d\varphi}{dt} > 0$ bzw. $\frac{d\varphi}{dt} < 0$, φ wächst bzw. φ fällt

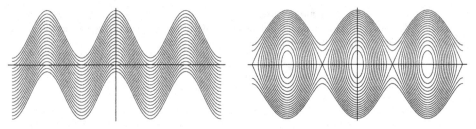

Abb. 2.11 ω^2 als Funktion $2\frac{g}{l}\cos(\varphi) + \gamma$ von φ (*links*) und die Kurven $\omega^2 = 2\frac{g}{l}\cos(\varphi) + \gamma$ im Phasenraum. Phasenportrait

Lösungen verlaufen also beim mathematischen Pendel im Phasenraum auf den Kurven (Abb. 2.10, 2.11)

$$\omega^2 = 2\frac{g}{l}\cos(\varphi) + \gamma.$$

Beispiel 2.20

Wir betrachten den kräftefreien Kreisel ($I_1 > I_2 > I_3 > 0$):

$$\frac{dM_1}{dt} = \frac{I_2 - I_3}{I_2 I_3} M_2 M_3, \quad \frac{dM_2}{dt} = \frac{I_3 - I_1}{I_3 I_1} M_3 M_1, \quad \frac{dM_3}{dt} = \frac{I_1 - I_2}{I_1 I_2} M_1 M_2.$$

Das System besitzt folgende Gleichgewichtspunkte:

$$M_1 = \text{konst.}, \quad M_2 = M_3 = 0,$$
$$M_2 = \text{konst.}, \quad M_1 = M_3 = 0,$$
$$M_3 = \text{konst.}, \quad M_1 = M_2 = 0.$$

Abb. 2.12 Stabile und instabile Gleichgewichte beim kräftefreien Kreisel. Drehungen mit M_3 = konst. sind instabil. Drehungen mit M_1 = konst. bzw. M_2 = konst. sind stabil

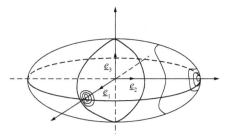

Abb. 2.13 Schnitt der Drehimpuls-Kugelfläche und der Energie-Ellipsoidfläche

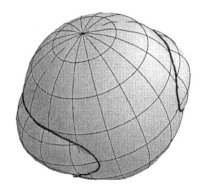

(Die Gleichgewichte stellen Drehungen um eine Achse mit konstanter Winkelgeschwindigkeit dar). Man kann sofort nachrechnen:

$$\frac{d}{dt}(M_1^2 + M_2^2 + M_3^2) = 0, \quad \frac{d}{dt}\left(\frac{M_1^2}{I_1} + \frac{M_2^2}{I_2} + \frac{M_3^2}{I_3}\right) = 0.$$

Also gilt:

$$M_1^2 + M_2^2 + M_3^2 = M^2, \qquad \text{(Drehimpulssatz)},$$

$$\frac{M_1^2}{I_1} + \frac{M_2^2}{I_2} + \frac{M_3^2}{I_3} = 2E, \qquad \text{(Energiesatz)}.$$

Lösungen beim Kräftefreien Kreisel verlaufen im Phasenraum auf dem Schnitt der Drehimpuls-Kugelfläche und der Energie-Ellipsoidfläche (Abb. 2.12, 2.13).

Beispiel 2.21

Gegeben sei ein Potenzialfeld $U(q)$. Ein Massenpunkt bewege sich in dem Feld und befinde sich zur Zeit $t \geq 0$ am Ort $q(t)$. Die Bewegung unterliegt dann dem Hamilton-System:

$$\frac{dq}{dt} = p, \quad \frac{dp}{dt} = -\frac{dU}{dq}(q).$$

Abb. 2.14 Aus dem Energieerhaltungssatz ergeben
sich qualitativ die skizzierten
Bahnkurven um den Gleich-
gewichtspunkt $(q_1, 0)$ und
für Anfangspunkte (q, p),
$q > q_2$ in der Nähe des Gleich-
gewichtspunkts $(q_2, 0)$

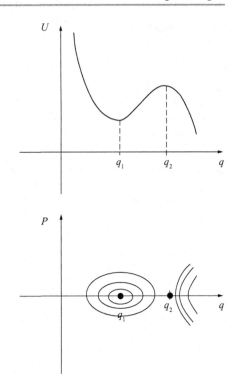

Es gilt der Energieerhaltungssatz:

$$E(t) = \frac{1}{2}\left(p(t)\right)^2 + U(q(t)) = \text{konst.}$$

Wir rechnen nach:

$$\frac{dE}{dt}(t) = p(t)\,\frac{dp}{dt}(t) + \frac{dU}{dq}(q(t))\,\frac{dq}{dt}(t)$$

$$= p(t)\left(-\frac{dU}{dq}(q(t))\right) + \frac{dU}{dq}(q(t))\,p(t) = 0\,.$$

Nehmen wir an, das Potenzial besitzt Minima und Maxima. Minima führen zu stabilen
Gleichgewichtslagen, Maxima zu unstabilen. Sei q_1 ein Minimum und q_2 ein Maximum
des Potenzials. Es gilt zunächst:

$$\frac{dU}{dq}(q_1) = \frac{dU}{dq}(q_2) = 0$$

und die Punkte $(q_1, 0)$, $(q_2, 0)$ stellen Gleichgewichtspunkte dar (Abb. 2.14).

Beispiel 2.22

Wir betrachten das System:

$$y_1' = \omega\, y_2 + y_1\, (E - y_1^2 - y_2^2)\,,$$
$$y_2' = -\omega\, y_1 + y_2\, (E - y_1^2 - y_2^2)\,,$$

mit Konstanten ω und E. Wir führen Polarkoordinaten ein

$$y_1 = r\, \cos(\varphi)\,, \quad y_2 = r\, \sin(\varphi)$$

und betrachten:

$$y_1(x) = r(x)\, \cos(\varphi(x))\,, \quad y_2(x) = r(x)\, \sin(\varphi(x))\,.$$

Wir bekommen:

$$r(x) = \sqrt{(y_1(x))^2 + (y_2(x))^2}$$

und

$$r'(x) = \frac{y_1(x)\, y_1'(x) + y_2(x)\, y_2'(x)}{r(x)}\,.$$

Mit der Differentialgleichung ergibt sich:

$$r'(x) = \frac{1}{r(x)}\, \left((y_1(x))^2\, (E - r(x)^2) + y_2(x))^2\, (E - r(x)^2)\right)$$
$$= \frac{1}{r(x)}\, (E - (r(x))^2)\, ((y_1(x))^2 + (y_2(x))^2) = r(x)\, (E - (r(x))^2)\,.$$

Aus $y_1(x) = r(x)\, \cos(\varphi(x))$ bekommen wir:

$$y_1'(x) = r'(x)\, \cos(\varphi(x)) - r(x)\, \sin(\varphi(x))\, \varphi'(x)$$
$$= r(x)\, (E - (r(x))^2)\, \cos(\varphi(x)) - r(x)\, \sin(\varphi(x))\, \varphi'(x)\,.$$

Aus der Differentialgleichung folgt:

$$y_1'(x) = \omega\, r(x)\, \sin(\varphi(x)) + r(x)\, \cos(\varphi(x))\, (E - (r(x))^2)\,.$$

Durch Vergleich erhalten wir:

$$\varphi'(x) = -\omega\,.$$

In Polarkoordinaten lautet das System also:

$$r'(x) = r(x)\, (E - (r(x))^2)\,, \quad \varphi'(x) = -\omega\,.$$

Die erste Gleichung des Systems genügt zur Beantwortung der Frage nach der Stabilität. Trennung der Veränderlichen liefert:

$$\int \frac{1}{r\,(E - r^2)}\, dr = x + c\,.$$

Wir unterscheiden die Fälle $E < 0$, $E > 0$, $E = 0$.

1. $E < 0$. Partialbruchzerlegung ergibt:

$$\frac{1}{r\,(E - r^2)} = \frac{1}{E}\frac{1}{r} - \frac{1}{E}\frac{r}{r^2 - E}\,.$$

Wir können integrieren:

$$\int \frac{1}{r\,(E - r^2)}\, dr = \frac{1}{E}\,\ln(r) - \frac{1}{2\,E}\,\ln(r^2 - E)$$

$$= \frac{1}{E}\,\ln\left(r\,(r^2 - E)^{-\frac{1}{2}} \right)\,.$$

Durch Auflösen erhält man:

$$r(x) = \frac{\sqrt{-E}\,e^{E\,(x+c)}}{\sqrt{1 - e^{2\,E\,(x+c)}}}\,.$$

Für alle Lösungen gilt:

$$\lim_{x \to \infty} r(x) = 0\,,$$

und das bedeutet asymptotische Stabilität des Nullpunkts.

2. $E > 0$. Partialbruchzerlegung ergibt:

$$\frac{1}{r\,(E - r^2)} = \frac{1}{E}\frac{1}{r} + \frac{1}{2\,E}\,\frac{1}{\sqrt{E} - r} - \frac{1}{2\,E}\,\frac{1}{\sqrt{E} + r}\,.$$

Wir können integrieren:

$$\int \frac{1}{r\,(E - r^2)}\, dr = \frac{1}{E}\,\ln(r) - \frac{1}{2\,E}\,\ln(|\sqrt{E} - r|) - \frac{1}{2\,E}\,\ln(\sqrt{E} + r)$$

$$= \frac{1}{E}\,\ln\left(r\,|E - r^2|)^{-\frac{1}{2}} \right)\,.$$

Wir bekommen zwei Auflösungen:

$$r(x) = \frac{\sqrt{E}\,e^{E\,(x+c)}}{\sqrt{1 + e^{2\,E\,(x+c)}}}\,,\quad (r(x))^2 < E\,, r(x) \;= \frac{\sqrt{E}\,e^{E\,(x+c)}}{\sqrt{e^{2\,E\,(x+c)} - 1}}\,,\quad (r(x))^2 > E\,.$$

Abb. 2.15 Asymptotisch stabiles Gleichgewicht bei $E < 0$ (*links*), Grenzzyklus $y_1^2 + y_2^2 = E$ bei $E > 0$ (*rechts*)

Die Kreislinie $r(x) = \sqrt{E}$ stellt ebenfalls eine Lösung dar. Diese Lösung bildet einen Grenzzyklus. Eine periodische Lösung, gegen die alle anderen Lösungen streben (Abb. 2.15):

$$\lim_{x \to \infty} r(x) = \sqrt{E}.$$

3. $E = 0$. Wir können integrieren:

$$\int \frac{1}{-r^3}\, dr = \frac{1}{2}\, r^{-2}$$

und bekommen:

$$r(x) = \frac{1}{\sqrt{2\,(x + c)}}.$$

Wieder ist der Nullpunkt asymptotische stabil. Für alle Lösungen gilt (Abb. 2.16):

$$\lim_{x \to \infty} r(x) = 0,$$

Abb. 2.16 Der Fall $E = 0$.
Trajektorien gehen (sehr lang-
sam) gegen den Nullpunkt.
Asymptotische Stabilität

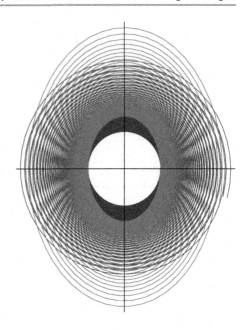

Beispiel 2.23

Wir betrachten erneut das System:

$$y_1' = \omega\, y_2 + y_1\, (E - y_1^2 - y_2^2),$$
$$y_2' = -\omega\, y_1 + y_2\, (E - y_1^2 - y_2^2),$$

mit Konstanten ω und $E \le 0$. Die Funktion

$$V(y_1, y_2) = y_1^2 + y_2^2$$

bildet den Phasenraum in die reellen Zahlen ab und ist positiv:

$$V(y_1, y_2) > 0 \quad \text{für} \quad (y_1, y_2) \ne (0.0)\,.$$

Wir verfolgen die Funktionswerte längs einer Lösungskurve und bekommen:

$$\frac{d}{dx} V(y_1(x), y_2(x)) = 2\, y_1(x)\, y_1'(x) + 2\, y_2(x)\, y_2'(x)$$
$$= 2\, y_1(x)\, (\omega\, y_2(x) + y_1(x)\, (E - (y_1(x))^2 - (y_2(x))^2)$$
$$+ 2\, y_2(x)\, (-\omega\, y_1(x) + y_2(x)\, (E - (y_1(x))^2 - (y_2(x))^2)$$
$$= 2\, ((y_1(x))^2 + (y_2(x))^2)\, (E - ((y_1(x))^2 + (y_2(x))^2))\,.$$

Somit besitzt die Funktion V auf einer Trajektorie eine negative Ableitung:

$$\frac{d}{dx} V(y_1(x), y_2(x)) < 0\,.$$

Abb. 2.17 Die Funktion V und eine Trajektorie im Phasenraum

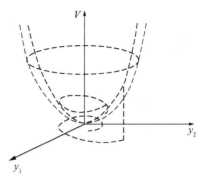

Trajektorien können also vom Anfangspunkt $(y_1(0), y_2(0))$ ausgehend nur so verlaufen, dass $V(y_1(x), y_2(x))$ abnimmt. Die Bewegung erfolgt zum Nullpunkt gerichtet. Der Nullpunkt ist stabil. Weitere Untersuchungen zeigen, dass sogar asymptotische Stabilität vorliegt (Abb. 2.17).

Satz: Abhängigkeit der Lösungen von den Anfangswerten

Sei $D \subset \mathbb{R}^n \times \mathbb{R}$ ein Gebiet und $G : D \to \mathbb{R}^n$ eine stetige Funktion. Wir betrachten das Differentialgleichungssystem:

$$Y' = G(x, Y), \quad Y = \begin{pmatrix} y_1 \\ \vdots \\ y_n \end{pmatrix}, G = \begin{pmatrix} g^1 \\ \vdots \\ g^n \end{pmatrix}.$$

Die partiellen Ableitungen $\frac{\partial g^j}{\partial y_k}(x, Y)$, $j, k = 1, \ldots, n$ seien stetig in D.

Sei $\tilde{Y}(x)$ eine Lösung des Systems, die für $a \leq x \leq b$ existiert.

Dann gibt es ein $\delta > 0$, sodass für alle (x_0, Y_0) mit $a < x_0 < b$, $\|Y_0 - \tilde{Y}(x_0)\| < \delta$, genau eine Lösung $Y(x, x_0, Y_0)$ des Anfangswertproblems:

$$Y' = G(x, Y), \quad Y(x_0, x_0, Y_0) = Y_0,$$

im Intervall $a \leq x \leq b$ existiert.

Die Funktion $Y(x, x_0, Y_0)$ ist stetig in den Variablen (x, Y_0), $a \leq x \leq b$, $\|Y_0 - \tilde{Y}(x_0)\| < \delta$ (Abb. 2.18).

Man kann den Satz verallgemeinern. Wenn man die Lösung nicht nur als Funktion von x sondern auch als Funktion des Anfangspunktes betrachtet, dann erhält man eine stetige Funktion aller $n + 2$ Variablen. Stetigkeit bedeutet Folgendes. Für jedes $\epsilon > 0$ gibt es ein $\delta > 0$, sodass:

$$|x - x_1| < \delta, \|Y_0 - Y_{01}\| < \delta, |x_0 - x_{01}| < \delta \implies \|Y(x, x_0, Y_0) - Y(x, x_{01}, Y_{01})\| < \epsilon.$$

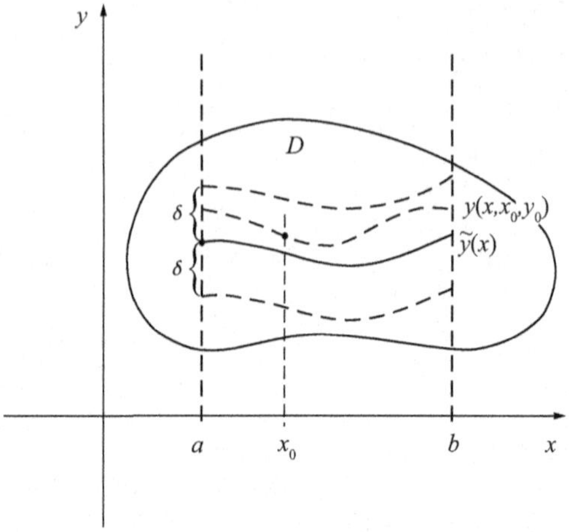

Abb. 2.18 Die Lösungskurve $\tilde{Y}(x)$ verläuft für $a \le x \le b$ ganz in D. Es gibt eine Teilmenge $U = \{(x_0, Y_0) \mid a \le x_0 \le b, \|Y_0 - \tilde{Y}(x_0)\| < \delta\}$, die ebenfalls in D liegt. Jede Lösung, die U startet, bleibt für $a \le x \le b$ in U

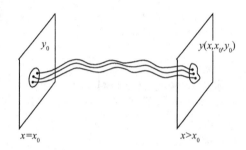

Abb. 2.19 Benachbarte Lösungen: Stabilität

Schränkt man sich auf eine kompakte Teilmenge ein, so ist die Funktion $Y(x, x_0, Y_0)$ gleichmäßig stetig. Man kann dann folgende Aussage treffen, wenn man den Anfang x_0 festhält. Für jedes $\epsilon > 0$ gibt es ein $\delta > 0$, sodass:

$$\|Y_0 - Y_{01}\| < \delta, |x_0 - x_{01}| < \delta \implies \|Y(x, x_0, Y_0) - Y(x, x_0, Y_{01})\| < \epsilon \text{ für alle } a \le x \le b.$$

Lösungen, die zu einer festen Anfangszeit in benachbarten Anfangspunkten starten, bleiben für Zeiten aus einem gewissen Zeitintervall $[a, b]$ benachbart. Über das Intervall können wir im Allgemeinen nichts aussagen. Das ist gerade das Problem der Stabilität. Man will eine Aussage für alle Zeiten $x \ge x_0$ (Abb. 2.19).

Definition: Stabilität bei Systemen
Wir machen dieselben Voraussetzungen wie im Satz über die stetige Abhängigkeit von den Lösungen und betrachten das Differentialgleichungssystem:

$$Y' = G(x, Y).$$

Sei $\tilde{Y}(x)$ eine Lösung des Systems, die für $x \geq 0$ existiert.

Die Lösung $\tilde{Y}(x, 0, \tilde{Y}_0)$ heißt stabil, wenn es zu jedem $\epsilon > 0$ ein $\delta > 0$ gibt, sodass aus $\|Y_0 - \tilde{Y}_0\| < \delta$ für alle $x > 0$ folgt $\|Y(x, 0, Y_0) - \tilde{Y}(x, 0, \tilde{Y}_0)\| < \epsilon$.

Die Lösung $\tilde{Y}(x, 0, \tilde{Y}_0)$ heißt asymptotisch stabil, wenn zusätzlich Folgendes gilt. Es gibt ein $\delta_0 > 0$, sodass $\|Y_0 - \tilde{Y}_0\| < \delta_0$ nach sich zieht

$$\lim_{x \to \infty} \|Y(x, 0, Y_0) - \tilde{Y}(x, 0, \tilde{Y}_0)\| = 0 .$$

Ist eine Lösung nicht stabil, dann heißt sie instabil.

Die Stabilität der Nulllösung lässt sich bei Systemen mit konstanten Koeffizienten aus der Lage der Eigenwerte in der komplexen Ebene erschließen. Gegeben sei ein System:

$$Y' = A Y$$

mit einer $n \times n$-Matrix A mit konstanten Elementen. Wir beschreiben noch einmal kurz die Lösungsmenge. Zu einer k-fachen Nullstelle des charakteristischen Polynoms $\det(A - \lambda E) = 0$ gibt es k linear unabhängige Lösungen der Gestalt:

$$Y_j(x) = P_j(x)\, e^{\lambda x} = \begin{pmatrix} p_{j,1}(x) \\ \vdots \\ p_{j,n}(x) \end{pmatrix} e^{\lambda x}, \quad j = 1, \ldots, k .$$

Dabei ist jede Komponente von $P_j(x)$ ein Polynom vom Grad kleiner oder gleich $j - 1$. Ist der Eigenwert λ komplex, dann bilden Real- und Imaginärteil von $Y_j(x)$ reellwertige Lösungen. Aus der Darstellung ergibt sich folgende Aussage.

Satz: Stabilität linearer Systeme mit konstanten Koeffizienten

Gegeben sei das System $Y' = A Y$ mit der konstanten, reellen $n \times n$-Matrix A.

Besitzen alle Eigenwerte von A negative Realteile, dann ist die Nulllösung asymptotisch stabil.

Wenn kein Eigenwert von A positiven Realteil besitzt und bei jedem Eigenwerte mit dem Realteil Null die algebraische und die geometrische Vielfachheit übereinstimmen, dann ist die Nulllösung stabil.

In allen anderen Fällen ist die Nulllösung instabil.

Besitzt A einen Eigenwert mit positivem Realteil, dann ist die Nulllösung instabil.

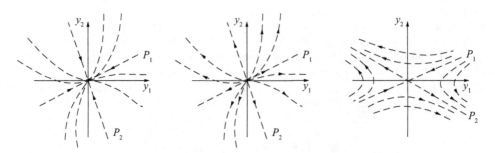

Abb. 2.20 Die Fälle (1.1) (*links*), stabiler Knoten, (1.2) (*Mitte*) instabiler Knoten, (1.3) (*rechts*) Sattel. Im Fall (1.1) ist die Nulllösung asymptotisch stabil. In den anderen Fällen ist sie instabil

Wir diskutieren das 2×2-System mit reellen Koeffizienten:

$$Y' = A\,Y\,, \quad Y = \begin{pmatrix} y_1 \\ y_2 \end{pmatrix}, \quad A = \begin{pmatrix} a_{11} & a_{12} \\ a_{21} & a_{22} \end{pmatrix}.$$

Die charakteristische Gleichung lautet:

$$\lambda^2 - (a_{11} + a_{22})\,\lambda + a_{11}\,a_{22} - a_{12}\,a_{21} = 0\,.$$

Sie besitzt zwei Nullstellen λ_1, λ_2. Wir unterscheiden zwei Fälle: (1) Beide Wurzeln λ_1 und λ_2 sind reell. (2) Beide Wurzeln λ_1 und λ_2 sind nicht reell. Im Fall (1) nehmen wir folgende Unterteilung vor: (1.1) $\lambda_1 < 0$, $\lambda_2 < 0$, (1.2) $\lambda_1 > 0$, $\lambda_2 > 0$, (1.3) $\lambda_1 > 0$, $\lambda_2 < 0$, (1.4) $\lambda_1 = \lambda_2 \neq 0$, (1.5) $\lambda_1 = 0$. Im Fall (2) haben wir konjugiert komplexe Wurzeln $\lambda_{1,2} = a \pm b\,i$, $b \neq 0$, und nehmen wir folgende Unterteilung vor: (2.1) $a = 0$, (2.2) $a < 0$, (2.3) $a > 0$.

In den Fällen (1.1) – (1.3) haben die Lösungen folgende Gestalt:

$$Y(x) = c_1\,P_1\,e^{\lambda_1 x} + c_2\,P_2\,e^{\lambda_2 x} = c_1 \begin{pmatrix} p_{1,1} \\ p_{1,2} \end{pmatrix} e^{\lambda_1 x} + c_2 \begin{pmatrix} p_{2,1} \\ p_{2,2} \end{pmatrix} e^{\lambda_2 x}$$

mit Eigenvektoren P_j von A (Abb. 2.20).

Im Fall (1.4) haben die Lösungen folgende Gestalt:

$$Y(x) = (c_1\,P_1 + c_2\,P_2(x))\,e^{\lambda_1 x} = \left(c_1 \begin{pmatrix} p_{1,1} \\ p_{1,2} \end{pmatrix} + c_2 \begin{pmatrix} p_{2,1}(x) \\ p_{2,2}(x) \end{pmatrix} \right) e^{\lambda_1 x}$$

mit einem Eigenvektor P_1 und einem Polynom $P_2(x)$ höchstens ersten Grades. ($P_2(x)$ kann ein zweiter unabhängiger Eigenvektor sein) (Abb. 2.21).

Im Fall (1.5) nehmen wir zunächst $\lambda_2 \neq 0$ an. Die Lösungen haben folgende Gestalt:

$$Y(x) = c_1\,P_1 + c_2\,P_2\,e^{\lambda_2 x} = c_1 \begin{pmatrix} p_{1,1} \\ p_{1,2} \end{pmatrix} + c_2 \begin{pmatrix} p_{2,1} \\ p_{2,2} \end{pmatrix} e^{\lambda_2 x}$$

Abb. 2.21 Die Fälle (1.4).
$\lambda_1 < 0$, (*oben*) stabiler Knoten,
asymptotische Stabilität der
Nulllösung, (*oben links*) zwei
unabhängige Eigenvektoren,
(*oben rechts*) ein unabhängiger Eigenvektor. $\lambda_1 > 0$,
(*unten*) instabiler Knoten, (*unten links*) zwei unabhängige
Eigenvektoren, (*unten rechts*)
ein unabhängiger Eigenvektor

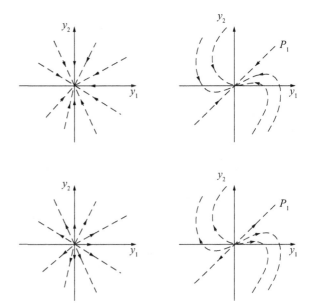

mit Eigenvektoren P_j von A. Gilt zusätzlich $\lambda_2 = 0$, so haben die Lösungen folgende Gestalt:

$$Y(x) = c_1 P_1 + c_2 P_2(x) = c_1 \begin{pmatrix} p_{1,1} \\ p_{1,2} \end{pmatrix} + c_2 \begin{pmatrix} p_{2,1}(x) \\ p_{2,2}(x) \end{pmatrix}$$

mit einem Eigenvektor P_1 und einem Polynom $P_2(x)$ höchstens ersten Grades. ($P_2(x)$ kann ein zweiter unabhängiger Eigenvektor sein. Dann besitzt die Matrix A allerdings den Rang Null und ist gleich der Nullmatrix). Asymptotische Stabilität ist im Fall (1.5) nicht möglich. Es gibt stets eine Gerade, die aus lauter Gleichgewichtspunkten besteht. (Gerade durch den Ursprung in Eigenrichtung).

Im Fall (2) haben wir komplexwertige Lösungen folgender Gestalt:

$$Y(x) = P e^{(a+bi)x} = \begin{pmatrix} p_1 \\ p_2 \end{pmatrix} e^{(a+bi)x} = \begin{pmatrix} p_1 \\ p_2 \end{pmatrix} e^{ax} e^{bix}$$

mit einem komplexen Eigenvektor P. Reellwertige Lösungen ergeben sich wie folgt (Abb. 2.22 und 2.23):

$$Y(x) = e^{ax} \Re \left(P e^{bix} \right), \quad Y(x) = e^{ax} \Im \left(P e^{bix} \right).$$

Einzelgleichungen höherer Ordnung können als Systeme formuliert werden. Wir kommen dann zu folgendem Stabilitätsbegriff für die Differentialgleichung n-ter Ordnung mit konstanten Koeffizienten:

$$y^{(n)} + a_{n-1} y^{(n-1)} + \cdots + a_1 y' + a_0 y = 0.$$

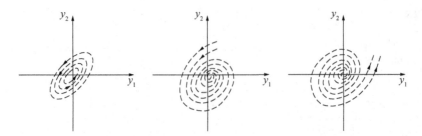

Abb. 2.22 Der Fälle (2.1) (*links*), Wirbelpunkt, (2.2) (*Mitte*) stabiler Strudel, (2.3) (*rechts*) instabiler Strudel. Im Fall (2.1) ist die Nulllösung stabil, im Fall (2.1) asymptotisch stabil, im Fall (2.3) instabil

Die Nulllösung $y(x) = 0$ ist stabil, wenn folgende Bedingung erfüllt ist. Zu jedem $\epsilon > 0$ gibt es ein $\delta > 0$, sodass aus $|y(0)| < \delta$ für alle $x > 0$ folgt: $|y(x)| < \epsilon$. Die Nulllösung heißt asymptotisch stabil, wenn zusätzlich Folgendes gilt. Es gibt ein $\delta_0 > 0$, sodass $|y(0)| < \delta_0$ nach sich zieht $\lim\limits_{x \to \infty} y(x) = 0$. Wieder heißt die Nulllösung instabil, wenn sie nicht stabil ist.

Die Stabilität der Nulllösung bekommen wir aus den Nullstellen des charakteristischen Polynoms:

$$\lambda^n + a_{n-1}\lambda^{n-1} + \cdots + a_1\lambda + a_0 = 0.$$

Wir beschreiben wieder kurz die Lösungsmenge. Zu einer k-fachen Nullstelle des charakteristischen Polynoms gibt es k linear unabhängige Lösungen der Gestalt:

$$y_j(x) = x^{j-1}e^{\lambda x}, \quad j = 1,\ldots,n.$$

Ist die Nullstelle λ komplex, dann bilden Real- und Imaginärteil von $y_j(x)$ reellwertige Lösungen. Aus der Darstellung ergibt sich folgende Aussage.

> **Satz: Stabilität linearer Gleichungen mit konstanten Koeffizienten**
>
> Gegeben sei die folgende Differentialgleichung mit konstanten, reellen Koeffizienten:
>
> $$y^{(n)} + a_{n-1}y^{(n-1)} + \cdots + a_1 y' + a_0 y = 0.$$
>
> Besitzen alle Nullstellen des charakteristischen Polynoms negative Realteile, dann ist die Nulllösung asymptotisch stabil.
>
> Wenn keine Nullstelle positiven Realteil besitzt, und wenn jede Nullstelle mit dem Realteil Null einfach ist, dann ist die Nulllösung stabil.
>
> In allen anderen Fällen ist die Nulllösung instabil.

Als Nächstes behandeln wir nichtlineare Systeme.

Abb. 2.23 Einige Phasenportraits des 2 × 2-Systems $Y' = A\,Y$

Beispiel 2.24

Wir betrachten das System:

$$y_1' = (\alpha - \beta\, y_2)\, y_1\,, \quad y_2' = (\delta\, y_1 - \gamma)\, y_2\,,$$

mit Konstanten $\alpha, \beta, \gamma, \delta > 0$. Das System besitzt zwei Gleichgewichtslagen:

$$(0,0)\,, \quad \left(\frac{\gamma}{\delta}, \frac{\alpha}{\beta}\right)\,.$$

Wir bekommen folgende speziellen Lösungen:

$$y_2(x) = 0\,, \quad y_1'(x) = \alpha\, y_1(x)\,,$$

also

$$y_1(x) = y_1(0)\, e^{\alpha\, x}\,, \quad y_2(x) = 0\,,$$

und

$$y_1(x) = 0\,, \quad y_2'(x) = -\gamma\, y_2(x)\,,$$

also

$$y_1(x) = 0\,, \quad y_2(x) = y_2(0)\, e^{-\gamma\, x}\,.$$

Diese Trajektorien verlaufen auf der y_1-Achse bzw. auf der y_2-Achse. Man sieht sofort, dass die Nulllösung instabil ist. Trajektorien, die im Anfangspunkt $x = 0$ nicht auf einer Achse liegen, können für kein $x > 0$ eine Achse schneiden. Keine Trajektorie kann den Quadranten verlassen, in welchem sie sich für $x = 0$ befindet. Wir bestimmen diese Trajektorien, indem wir zur Gleichung übergehen:

$$\frac{dy_2}{dy_1} = \frac{(\delta\, y_1 - \gamma)\, y_2}{(\alpha - \beta\, y_2)\, y_1}\,.$$

Trennung der Veränderlichen ergibt:

$$\int \left(\frac{\alpha}{y_2} - \beta\right) dy_2 = \int \left(\delta - \frac{\gamma}{y_1}\right) dy_1$$

und (Abb. 2.24 und 2.25)

$$\delta\, y_1 + \beta\, y_2 - \gamma\, \ln(|y_1|) - \alpha\, \ln(|y_2|) = c\,.$$

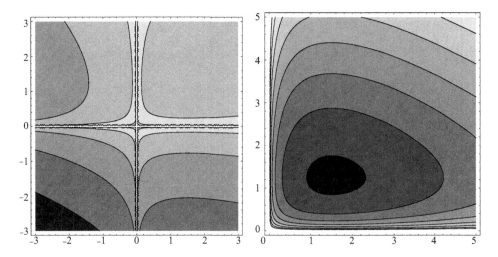

Abb. 2.24 Die instabile Gleichgewichtslage $(0,0)$ (*links*) und die stabile Gleichgewichtslage $\left(\frac{\gamma}{\delta},\frac{\alpha}{\beta}\right)$ (*rechts*). (Höhenlinien der Funktion $\delta\,y_1 + \beta\,y_2 - \gamma\,\ln(|y_1|) - \alpha\,\ln(2|)$)

Abb. 2.25 Aus der Skizze des Richtungsfeldes ergibt sich der Richtungssinn, in welchem die Trajektorien durchlaufen werden

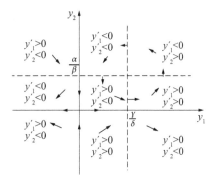

Beispiel 2.25

Wir betrachten das System:

$$y_1' = y_2 - y_2^3, \quad y_2' = y_1 - y_1^3.$$

Gleichgewichtslagen ergeben sich aus:

$$y_2\left(1 - y_2^2\right) = 0, \quad y_1\left(1 - y_1^2\right) = 0.$$

Das System besitzt also neun Gleichgewichtspunkte:

$$(-1,-1),(-1,0),(-1,1),(0,-1),(0,0),(0,1),(1,-1),(1,0),(1,1).$$

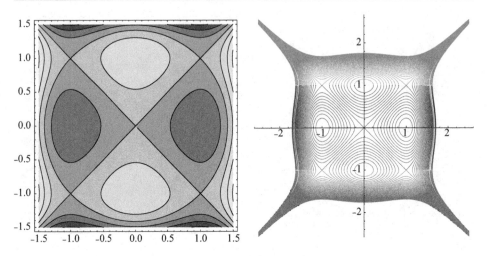

Abb. 2.26 Gleichgewichtslagen im Höhenlinienbild (Contourplot) der Funktion $(y_2^2 - y_1^2)\,(2 - y_2^2 - y_1^2)$ (*links*). Trajektorien im Phasenraum (*rechts*)

Wir gehen im Phasenraum zu einer Einzeldifferentialgleichung über:

$$\frac{dy_2}{dy_1} = \frac{y_1 - y_1^3}{y_2 - y_2^3}.$$

Trennung der Veränderlichen liefert:

$$\int \left(y_2 - y_2^3\right) dy_2 = \int \left(y_1 - y_1^3\right) dy_1,$$

bzw.

$$\frac{y_2^2}{2} - \frac{y_2^4}{4} = \frac{y_1^2}{2} - \frac{y_1^4}{4} + c.$$

Wir formen um:

$$y_2^2 - y_1^2 - \frac{y_2^4}{2} + \frac{y_1^4}{2} = 2c.$$

Trajektorien im Phasenraum ergeben sich nun aus folgender Gleichung:

$$(y_2^2 - y_1^2)\,(2 - y_2^2 - y_1^2) = 4c.$$

Für $c = 0$ bekommen wir die speziellen Trajektorien: $y_2 = \pm y_1$ und $y_1^2 + y_2^2 = 2$. Die Trajektorien $y_2 = \pm y_1$ und $y_1^2 + y_2^2 = 2$ verbinden Gleichgewichtspunkte. Sie können einen Gleichgewichtspunkt nie durchlaufen. Nur im Grenzfall für $x \to \infty$ können sie gegen einen Gleichgewichtspunkt streben. Die Gleichgewichtspunkte $(-1, 0)$, $(1, 0)$, $(0, 1)$, $(0, -1)$ sind stabil. Alle anderen sind instabil (Abb. 2.26).

Den Richtungssinn, in welchem die Trajektorien durchlaufen werden, bekommt man aus dem Richtungsfeld. Den Nullpunkt betrachten wir eingehend. Dass er eine instabile Gleichgewichtslage darstellt, kann man aus der Parameterdarstellung der Trajektorien $y_2 = \pm y_1$ erkennen. Für diese Trajektorien ergibt sich folgende Differentialgleichung:

$$y_1' = \pm(y_1 - y_1^3).$$

Separation liefert mit $y_1 \neq 0$:

$$\int \frac{1}{y_1 - y_1^3}\, dy_1 = \pm(x + d).$$

Wir zerlegen den Integranden in Partialbrüche:

$$\int \left(\frac{1}{y_1} - \frac{1}{2}\frac{1}{y_1 - 1} - \frac{1}{2}\frac{1}{y_1 + 1} \right) dy_1 = \pm(x + d)$$

bzw.

$$\ln\left(\frac{|y_1|}{|y_1^2 - 1|^{\frac{1}{2}}} \right) = \pm(x + d)$$

und

$$\frac{|y_1|}{|y_1^2 - 1|^{\frac{1}{2}}} = e^{\pm(x+d)}\,.$$

Wir interessieren uns für eine Lösung mit dem Anfangswert $0 < |y_1(0)| < 1$ und stellen fest: $0 < |y_1(x)| < 1$ für alle $x > 0$. Diese Lösung bekommen wir aus der Beziehung:

$$\frac{y_1^2}{1 - y_1^2} = e^{\pm 2(x+d)}\,.$$

Auflösen ergibt:

$$y_1(x) = \pm\sqrt{\frac{e^{\pm 2(x+d)}}{1 + e^{\pm 2(x+d)}}}\,.$$

Nun sieht man sofort:

$$\lim_{x\to\infty} \pm\sqrt{\frac{e^{-2(x+d)}}{1 + e^{-2(x+d)}}} = 0$$

und

$$\lim_{x\to\infty} \pm\sqrt{\frac{e^{+2(x+d)}}{1 + e^{+2(x+d)}}} = 1$$

Über die Stabilität eines Gleichgewichts können wir mithilfe einer Ljapunow-Funktion entscheiden. Wir betrachten autonome Systeme. Auf der rechten Seite soll also die unabhängige Variable x nicht eingehen.

Satz: Stabilität und Ljapunow-Funktion

Sei $D \subset \mathbb{R}^n$ ein Gebiet und $G : D \to \mathbb{R}^n$ eine stetig differenzierbare Funktion. Wir betrachten das Differentialgleichungssystem:

$$Y' = G(Y), \quad Y = \begin{pmatrix} y_1 \\ \vdots \\ y_n \end{pmatrix}, \quad G = \begin{pmatrix} g^1 \\ \vdots \\ g^n \end{pmatrix},$$

mit der Gleichgewichtslösung $Y(x) = \vec{0}$. Sei $V : D \to \mathbb{R}$ eine stetig differenzierbare Funktion mit folgenden Eigenschaften:

$$1) \quad V(\vec{0}) = 0, \quad V(Y) > 0 \quad \text{für } Y \in D, Y \neq \vec{0},$$

$$2) \quad \operatorname{grad} V(Y) G(Y) \leq 0 \quad \text{für } Y \in D.$$

Dann ist die Nulllösung stabil. (V heißt Ljapunow-Funktion).

Die Beweisidee ist, Lösungskurven $Y(x)$ zu betrachten:

$$\frac{d}{dx} V(Y(x)) = \operatorname{grad} V(Y(x)) G(Y(x)) \leq 0.$$

Damit kann sich eine Lösungskurve sich nicht aus einer Umgebung des Nullpunkts entfernen. Man kann die Aussage noch verschärfen: gilt in 2) das Kleinerzeichen

$$2') \quad \operatorname{grad} V(Y) G(Y) < 0 \text{ für } Y \neq \vec{0},$$

dann ist die Nulllösung asymptotisch stabil.

Beispiel 2.26

Wir betrachten das System:

$$y_1' = y_2, \quad y_2' = -\sin(y_1) - y_2,$$

und diskutieren die Stabilität der Nulllösung. Die Funktion:

$$V(y_1, y_2) = 1 - \cos(y_1) + \frac{y_2^2}{2}$$

stellt eine Ljapunow-Funktion dar. Es gilt:

$$V(0, 0) = 0, \quad V(y_1, y_2) > 0 \text{ für } (y_1, y_2) \neq (0, 0),$$

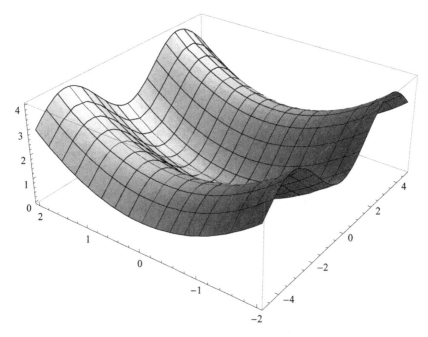

Abb. 2.27 Die Ljapunow-Funktion $V(y_1, y_2) = 1 - \cos(y_1) + \frac{y_2^2}{2}$

und

$$\text{grad } V(y_1, y_2) \begin{pmatrix} y_2 \\ -\sin(y_1) - y_2 \end{pmatrix} = (\sin(y_1), \, y_2) \begin{pmatrix} y_2 \\ -\sin(y_1) - y_2 \end{pmatrix} = -y_2^2 \le 0 \, .$$

Damit ist der Nullpunkt stabil. Asymptotische Stabilität können wir nicht garantieren, denn (Abb. 2.27):

$$\text{grad } V(y_1, y_2) \begin{pmatrix} y_2 \\ -\sin(y_1) - y_2 \end{pmatrix} = 0 \text{ für } (y_1, 0) \, .$$

Wir nehmen eine andere Ljapunov-Funktion:

$$V(y_1, y_2) = 4 \left(1 - \cos(y_1)\right) + y_2^2 + (y_1 + y_2)^2 \, .$$

Wieder gilt:

$$V(0, 0) = 0 \, , \quad V(y_1, y_2) > 0 \text{ für } (y_1, y_2) \ne (0, 0) \, ,$$

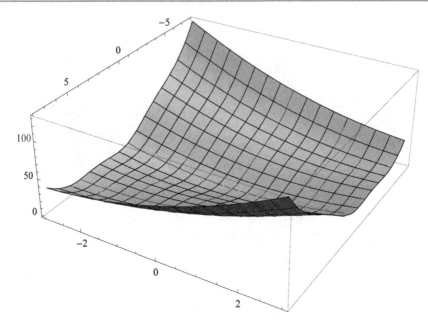

Abb. 2.28 Die Ljapunow-Funktion $V(y_1, y_2) = 4\,(1 - \cos(y_1)) + y_2^2 + (y_1 + y_2)^2$

und

$$\operatorname{grad} V(y_1, y_2) \begin{pmatrix} y_2 \\ -\sin(y_1) - y_2 \end{pmatrix}$$

$$= \left(4\,\sin(y_1) + 2\,(y_1 + y_2),\, 2\,y_2 + 2\,(y_1 + y_2)\right) \begin{pmatrix} y_2 \\ -\sin(y_1) - y_2 \end{pmatrix}$$

$$= -2\,\left(y_2^2 + y_1\,\sin(y_1)\right) \le 0\,.$$

Diesmal gilt aber $\operatorname{grad} V(y_1, y_2) \left(\begin{smallmatrix} y_2 \\ -\sin(y_1) - y_2 \end{smallmatrix}\right) = 0$ nur für $(y_1, y_2) = (0, 0)$. Die Nulllösung ist also sogar asymptotisch stabil (Abb. 2.28).

Es gibt im Allgemeinen keine Methode, die einem hilft, eine Ljapunow-Funktion zu finden. Für besondere Klassen von Systemen gibt es Methoden. Ganz ähnlich wie die Ansatzmethode bei inhomogenen Differentialgleichungen mit konstanten Koeffizienten nur für bestimmte rechte Seiten funktioniert. Das ist die Schwierigkeit bei der Ljapunow-Funktion. Man kann sie umgehen mit der Linearisierung.

Satz: Stabilität und Linearisierung

Sei $D \subset \mathbb{R}^n$ ein Gebiet und $G : D \to \mathbb{R}^n$ eine stetig differenzierbare Funktion. Wir betrachten das Differentialgleichungssystem:

$$Y' = G(Y), \quad Y = \begin{pmatrix} y_1 \\ \vdots \\ y_n \end{pmatrix}, \quad G = \begin{pmatrix} g^1 \\ \vdots \\ g^n \end{pmatrix},$$

mit der Gleichgewichtslösung $Y(x) = \vec{0}$. Sei

$$A = \left(\frac{dG}{dY}(\vec{0}) \right) = \left(\frac{\partial g^j}{\partial y_k}(\vec{0}) \right)_{j,k=1,\ldots,n}$$

die Jacobi-Matrix im Nullpunkt. Dann gilt:

1. Die Nulllösung ist asymptotisch stabil, wenn A nur Eigenwerte mit negativem Realteil hat.
2. Die Nulllösung ist instabil, wenn A einen Eigenwert mit positivem Realteil besitzt.
3. Besitzen alle Eigenwerte von A Realteile, die kleiner oder gleich Null sind, und hat mindestens ein Eigenwert den Realteil Null, dann kann keine Aussage getroffen werden.

Haben wir eine Gleichgewichtslösung $Y_0 \neq \vec{0}$, $G(Y_0) = \vec{0}$ dann gelten analoge Aussagen für die Stabilität mit der Jacobimatrix $\left(\frac{dG}{dY}(Y_0) \right)$.

Beispiel 2.27

Wir betrachten das Pendel:

$$\frac{d^2\varphi}{dt^2} + a\,\frac{d\varphi}{dt} + \sin(\varphi) = 0$$

mit einer Konstanten $a \in \mathbb{R}$. Wir führen neue Variable ein

$$x = t, \quad y_1 = \varphi, \quad y_2 = \frac{d\varphi}{dx},$$

und bekommen das System:

$$y_1' = g^1(y_1, y_2) = y_2, \quad y_2' = g^2(y_1, y_2) = -\sin(y_1) - a\,y_2.$$

Das System besitzt folgende Gleichgewichte:

$$y_1 = n\,\pi, n \in \mathbb{Z}, \quad y_2 = 0.$$

Wir berechnen die partiellen Ableitungen:

$$\frac{\partial g^1}{\partial y_1}(y_1, y_2) = 0 \,, \qquad\qquad \frac{\partial g^1}{\partial y_2}(y_1, y_2) = 1 \,,$$

$$\frac{\partial g^2}{\partial y_1}(y_1, y_2) = -\cos(y_1) \,, \qquad\qquad \frac{\partial g^2}{\partial y_2}(y_1, y_2) = -a \,.$$

Mit $\cos(n\,\pi) = (-1)^n$ ergibt sich die Jacobi-Matrix:

$$\left(\frac{\partial g^k}{\partial y_j}(n\,\pi, 0)\right)_{j,k=1,2} = \begin{pmatrix} 0 & 1 \\ -(-1)^n & -a \end{pmatrix} \,,$$

und das linearisierte System lautet:

$$\begin{pmatrix} y_1' \\ y_2' \end{pmatrix} = \begin{pmatrix} 0 & 1 \\ -(-1)^n & -a \end{pmatrix} \begin{pmatrix} y_1 \\ y_2 \end{pmatrix} \,.$$

Wir berechnen die Eigenwerte der Systemmatrix. Aus dem charakteristischen Polynom

$$\det \begin{pmatrix} -\lambda & 1 \\ -(-1)^n & -a-\lambda \end{pmatrix} = \lambda^2 + a\,\lambda + (-1)^n = 0$$

bekommen wir die Nullstellen:

$$\lambda_{1,2} = -\frac{a}{2} \pm \sqrt{\frac{a^2}{4} - (-1)^n} \,.$$

Im Fall $a = 0$ haben wir die Eigenwerte:

$$\lambda_{1,2} = \pm\sqrt{-(-1)^n} \,.$$

Für $n = 0, \pm 2, \pm 4, \ldots$ ist keine Stabilitätsaussage möglich. Die Eigenwerte lauten $\pm i$. Wir wissen aber vom Beispiel des mathematischen Pendels, dass die Ruhelagen stabil sind.

Für $n = \pm 1, \pm 3, \ldots$ lauten die Eigennwerte ± 1. Die Ruhelagen sind instabil.

Im Fall $a > 0$ haben wir für $n = 0, \pm 2, \pm 4, \ldots$ die Eigenwerte:

$$\lambda_{1,2} = -\frac{a}{2} \pm \sqrt{\frac{a^2}{4} - 1} \,.$$

Wenn $\frac{a^2}{4} - 1 \geq 0$ ist, dann haben wir reelle, echt negative Eigenwerte. Wenn $\frac{a^2}{4} - 1 < 0$ ist, dann haben wir konjugiert komplexe Eigenwerte mit echt negativem Realteil. Es liegt also asymptotische Stabilität vor.

Für $n = \pm 1, \pm 3, \dots$ haben wir die Eigenwerte:

$$\lambda_{1,2} = -\frac{a}{2} \pm \sqrt{\frac{a^2}{4} + 1}.$$

Hier gibt es stets einen positiven und einen negativen Realteil. Die Ruhelagen sind instabil.

Im Fall $a < 0$ lesen wir aus

$$\lambda_{1,2} = -\frac{a}{2} \pm \sqrt{\frac{a^2}{4} - (-1)^n}$$

ab, dass es stets einen Eigenwert mit positivem Realteil gibt. Alle Ruhelagen sind instabil.

Partielle Differentialgleichungen

3

3.1 Gleichungen erster Ordnung

Die partiellen Differentialgleichungen erster Ordnung sind sehr eng mit den gewöhnlichen verwandt. Trotzdem ist ihre Lösungsmenge viel reichhaltiger und zeigt bereits ein wesentliches Merkmal partieller Differentialgleichungen. Anstelle von freien Konstanten (frei wählbaren Anfangswerten) enthält ihre allgemeine Lösung eine frei wählbare Funktion (Anfangsfunktion), und anstelle des Anfangspunktes tritt eine Anfangskurve. Wir werden uns hier auf partielle Differentialgleichungen erster Ordnung in zwei unabhängigen Variablen beschränken. Dieser Fall beinhaltet bereits die wichtigsten Aspekte der Lösungstheorie.

Definition: Lineare, homogene partielle Differentialgleichung erster Ordnung

Sei $D \subseteq \mathbb{R}^2$ ein Gebiet und seien $a : D \longrightarrow \mathbb{R}$, $b : D \longrightarrow \mathbb{R}$, stetig differenzierbare Funktionen. Die partielle Differentialgleichung

$$a(x, y) \frac{\partial u}{\partial x} + b(x, y) \frac{\partial u}{\partial y} = 0$$

heißt lineare, homogene Gleichung erster Ordnung. Eine auf D erklärte, stetig differenzierbare Funktion $u(x, y)$ bezeichnen wir als Lösung, wenn für alle $(x, y) \in D$ gilt: $a(x, y) \frac{\partial u}{\partial x}(x, y) + b(x, y) \frac{\partial u}{\partial y}(x, y) = 0$.

Beispiel 3.1

Die lineare homogene Gleichung

$$\frac{\partial u}{\partial x} + \frac{\partial u}{\partial y} = 0$$

W. Strampp, *Ausgewählte Kapitel der Höheren Mathematik*, DOI 10.1007/978-3-658-05550-9_3, **187**
© Springer Fachmedien Wiesbaden 2014

Abb. 3.1 Lösung der Gleichung $\frac{1}{x}\frac{\partial u}{\partial x} + y^3 \frac{\partial u}{\partial y} = 0$

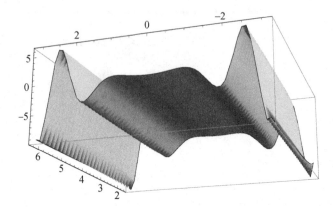

besitzt folgende Lösungen

$$u(x, y) = \bar{u}\,(x - y)\,.$$

Dabei ist $\bar{u}(s)$ eine beliebige, zweimal stetig differenzierbare Funktion der Variablen s. Nachrechnen ergibt:

$$\frac{\partial u}{\partial x}(x, y) = \frac{d\bar{u}}{ds}(x - y)\,,$$

$$\frac{\partial u}{\partial y}(x, y) = -\frac{d\bar{u}}{ds}(x - y)\,.$$

Vergleichen wir mit der gewöhnlichen Differentialgleichung:

$$\frac{du}{ds} = 0\,.$$

Die allgemeine Lösung lautet: $u(s) = \bar{u} = c$ mit einer Konstanten c.

Beispiel 3.2

Die lineare, homogene Gleichung

$$\frac{1}{x}\frac{\partial u}{\partial x} + y^3 \frac{\partial u}{\partial y} = 0$$

besitzt folgende Lösungen

$$u(x, y) = \bar{u}\left(x^2 + \frac{1}{y^2}\right)\,.$$

Dabei ist wieder $\bar{u}(s)$ eine beliebige, zweimal stetig differenzierbare Funktion der Variablen s (Abb. 3.1).

Beispiel 3.3

Wir lösen die folgenden partiellen Differentialgleichungen:

$$\frac{\partial u}{\partial y} = f(x, y), \quad \frac{\partial u}{\partial x} = y\,u.$$

Im ersten Fall können wir sofort integrieren:

$$u(x, y) = \int f(x, y)\, dy + g(x).$$

Im zweiten Fall haben wir eine (gewöhnliche) lineare homogene Gleichung mit der Lösung:

$$u(x, y) = h(y)\, e^{xy}.$$

Dabei sind g und h frei wählbare differenzierbare Funktionen.

Wir wollen eine Vorstellung von den Vorgaben bekommen, die für die lineare homogene Differentialgleichung erster Ordnung sinnvoll sein könnten. Dabei orientieren wir uns an der gewöhnlichen linearen homogenen Differentialgleichung erster Ordnung

$$\frac{du}{dx} = a(x)\, u.$$

Bekanntlich gibt es hier genau eine Lösung zur Anfangsbedingung

$$u(x_0) = \bar{u}.$$

Warum ist diese Vorgabe hinreichend zur Festlegung der Lösung? Wenn wir voraussetzen, dass a eine analytische (in eine Potenzreihe entwickelbare) Funktion ist, dann können wir eine Lösung beliebig oft differenzieren und erhalten

$$\frac{du}{dx}(x_0) = a(x_0)\,\frac{du}{dx}(x_0),$$

$$\frac{d^2u}{dx^2}(x_0) = a(x_0)\,\frac{du}{dx}(x_0) + \frac{da}{dx}(x_0)\,u(x_0),$$

$$\frac{d^3u}{dx^3}(x_0) = a(x_0)\,\frac{d^2u}{dx^2}(x_0) + 2\,\frac{da}{dx}(x_0)\,\frac{du}{dx}(x_0) + \frac{d^2a}{dx^2}(x_0)\,u(x_0),$$

usw.. Durch die Anfangsbedingung werden sämtliche Ableitungen und damit die Potenzreihenentwicklung der Lösung

$$u(x) = \sum_{k=0}^{\infty} \frac{d^k u}{dx^k}(x_0)\,\frac{(x - x_0)^k}{k!}$$

festgelegt. Man kann zeigen, dass die Reihe gleichmäßig konvergiert. Wenn die Koeffizi-
entenfunktion a eine Potenzreihenentwicklung besitzt, dann kann auch die Lösung des
Anfangswertproblems in eine Potenzreihe entwickelt werden.

Beispiel 3.4

Wir lösen die Differentialgleichung

$$\frac{du}{dx} = x^2\,u$$

direkt und durch Potenzreihenentwicklung. Die Gleichung ist linear und homogen. Wir
bekommen mit einem beliebigen Anfangswert $u(0) = \bar{u}$ folgende allgemeine Lösung:

$$u(x) = \bar{u}\,e^{\frac{x^3}{3}}\,.$$

Machen wir nun folgenden Potenzreihenansatz zur Lösung:

$$u(x) = \sum_{k=0}^{\infty} c_k\,x^k\,, \quad c_0 = \bar{u}\,.$$

Einsetzen ergibt:

$$\sum_{k=1}^{\infty} k\,c_k\,x^{k-1} = \sum_{k=0}^{\infty} c_k\,x^{k+2}\,.$$

Der Koeffizientenvergleich liefert:

$$c_1 = 0\,, \quad 2\,c_2 = 0\,, \quad k\,c_k = c_{k-3}\,, k \geq 3\,.$$

Hieraus erhalten wir die Koeffizienten:

$$c_{3j} = \bar{u}\,\frac{1}{j!\,3^j}\,.$$

Alle anderen Koeffizienten verschwinden, und wir bekommen die Reihe:

$$u(x) = \bar{u}\sum_{j=0}^{\infty} \frac{1}{j!\,3^j}\,x^{3j} = \bar{u}\,e^{\frac{x^3}{3}}\,.$$

Versuchen wir nun die Potenzreihenmethode auf die quasi-lineare Differentialgleichung
erster Ordnung zu übertragen. Anstelle eines Anfangspunktes geben wir eine Anfangskurve und eine Anfangsfunktion vor.

> **Definition: Anfangswertproblem für die Differentialgleichung erster Ordnung**
> Sei $D \subseteq \mathbb{R}^2$ ein Gebiet. Die Anfangskurve $(\tilde{x}(s), \tilde{y}(s))$ verlaufe in D. Beim Anfangswertproblem (Cauchy-Problem) wird eine Lösung der partiellen Differentialgleichung
>
> $$a(x,y)\frac{\partial u}{\partial x} + b(x,y)\frac{\partial u}{\partial y} = 0$$
>
> gesucht, welche auf der Anfangskurve die Werte einer vorgegebenen Anfangsfunktion annimmt:
>
> $$u(\tilde{x}(s), \tilde{y}(s)) = \tilde{u}(s).$$

Wir fragen uns, ob unter der Voraussetzung der Analytizität aller Daten die Lösung durch diese Vorgaben bereits eindeutig festgelegt ist und in eine Potenzreihe entwickelt werden kann. Zunächst prüfen wir, ob die ersten partiellen Ableitungen in den Kurvenpunkten $(\tilde{x}(s), \tilde{y}(s))$

$$\tilde{p}(s) = \frac{\partial u}{\partial x}(\tilde{x}(s), \tilde{y}(s)), \quad \tilde{q}(s) = \frac{\partial u}{\partial y}(\tilde{x}(s), \tilde{y}(s))$$

aus den Vorgaben berechnet werden können. Durch Differenzieren erhalten wir

$$\frac{d\tilde{u}}{ds}(s) = \tilde{p}(s)\frac{d\tilde{x}}{ds}(s) + \tilde{q}(s)\frac{d\tilde{y}}{ds}(s).$$

Zusammen mit der Differentialgleichung selbst ergibt dies ein lineares inhomogenes Gleichungssystem für die partiellen Ableitungen $\tilde{p}(s)$ und $\tilde{q}(s)$:

$$\left(\frac{d\tilde{x}}{ds}(s)\right)\tilde{p}(s) + \left(\frac{d\tilde{y}}{ds}(s)\right)\tilde{q}(s) = \frac{d\tilde{u}}{ds}(s),$$
$$a(\tilde{x}(s), \tilde{y}(s))\,\tilde{p}(s) + b(\tilde{x}(s), \tilde{y}(s))\,\tilde{q}(s) = 0.$$

Die ersten Ableitungen liegen eindeutig fest, wenn für einen Kurvenparameter s gilt

$$\left| \begin{matrix} \frac{d\tilde{x}}{ds}(s) & \frac{d\tilde{y}}{ds}(s) \\ a(\tilde{x}(s), \tilde{y}(s)) & b(\tilde{x}(s), \tilde{y}(s)) \end{matrix} \right| \neq 0.$$

Verschwindet die Determinante des Systems, dann erfüllt die Anfangskurve gerade die charakteristische Gleichung. Solche Kurven müssen ausgeschlossen werden.

Definition: Charakteristiken der partiellen Differentialgleichung erster Ordnung

Das Vektorfeld $(a(x, y), b(x, y))$ heißt charakteristisches Vektorfeld der Differentialgleichung

$$a(x, y)\frac{\partial u}{\partial x} + b(x, y)\frac{\partial u}{\partial y} = 0.$$

Integralkurven des charakteristischen Vektorfelds

$$\frac{dx}{d\varepsilon} = a(x, y), \quad \frac{dy}{d\varepsilon} = b(x, y),$$

heißen Charakteristiken der Differentialgleichung. Wir bezeichnen

$$\frac{dy}{dx} = \frac{b(x, y)}{a(x, y)} \quad \text{bzw.} \quad \frac{dx}{dy} = \frac{a(x, y)}{b(x, y)}$$

als charakteristische Gleichung. Das System für die Charakteristiken und die charakteristische Gleichung liefern Kurven in äquivalenter Parametrisierung.

Offenbar dürfen beim Cauchy-Problem keine Vorgaben auf Charakteristiken gemacht werden. Für (nichtcharakteristische) Anfangskurven verwenden wir im Allgemeinen den Parameter s und für Charakteristiken ε. Eine Integralkurve $(x(\varepsilon), y(\varepsilon))$ liefert eine Lösung der charakteristischen Gleichung. Nehmen wir dazu an, dass im Punkt $(x(\varepsilon), y(\varepsilon))$ gilt $a(x(\varepsilon), y(\varepsilon)) \neq 0$. Die Funktion $\varepsilon \to x(\varepsilon)$ ist dann umkehrbar, und wir bekommen:

$$\frac{dy}{dx}(x) = \frac{dy}{d\varepsilon}(\varepsilon(x))\frac{d\varepsilon}{dx}(x) = \frac{b(x, y(x))}{a(x, y(x))}.$$

Sei umgekehrt $y(x)$ eine Lösung von $\frac{dy}{dx} = \frac{b(x,y)}{a(x,y)}$. Dann lösen wir die Gleichung:

$$\frac{dx}{d\varepsilon} = a(x, y(x))$$

und bekommen:

$$\frac{dy}{d\varepsilon}(\varepsilon) = \frac{dy}{dx}(x(\varepsilon))\frac{dx}{d\varepsilon}(\varepsilon)$$

$$= \frac{b(x(\varepsilon), y(\varepsilon))}{a(x(\varepsilon), y(\varepsilon))} a(x(\varepsilon), y(\varepsilon))$$

$$= b(x(\varepsilon), y(\varepsilon)).$$

Wir haben das System

$$\frac{dx}{d\varepsilon} = a(x, y), \quad \frac{dy}{d\varepsilon} = b(x, y),$$

entkoppelt und in zwei Einzelgleichungen überführt.

Beispiel 3.5

Wir betrachten die Gleichung:

$$x \frac{\partial u}{\partial x} + y \frac{\partial u}{\partial y} = 0 \,.$$

Die charakteristische Gleichung lautet:

$$\frac{dy}{dx} = \frac{y}{x} \,.$$

Trennung der Veränderlichen ergibt

$$\int \frac{1}{y} \, dy = \int \frac{1}{x} \, dx + c$$

bzw.

$$\ln(|y|) = \ln(|x|) + c \,.$$

Wir bekommen also Charakteristiken:

$$y = C x$$

mit einer beliebigen Konstanten C. Das charakteristische Vektorfeld besitzt folgende Integralkurven:

$$\frac{dx}{d\varepsilon} = x \,, \quad \frac{dy}{d\varepsilon} = y$$

bzw.

$$x = c_1 e^{\varepsilon} \,, \quad y = c_2 e^{\varepsilon} \,.$$

Eliminiert man den Parameter ($e^{\varepsilon} = \frac{x}{c_1}$), so folgt wieder:

$$y = C x \,.$$

Wir betrachten nun die Gleichung:

$$\frac{1}{x} \frac{\partial u}{\partial x} + y^3 \frac{\partial u}{\partial y} = 0 \,.$$

Die charakteristische Gleichung lautet:

$$\frac{dy}{dx} = x y^3 \,.$$

Trennung der Veränderlichen ergibt

$$\int \frac{1}{y^3} \, dy = \int x \, dx + c$$

bzw.

$$-\frac{1}{2}\frac{1}{y^2} = \frac{x^2}{2} + c.$$

Wir bekommen also Charakteristiken:

$$y = \pm\frac{1}{\sqrt{C-x^2}}, \quad |x| < \sqrt{C},$$

mit einer beliebigen Konstanten $C > 0$.

Beispiel 3.6

Wir bestimmen die Charakteristiken der folgenden Differentialgleichungen:

$$\frac{\partial u}{\partial x} + \frac{\partial u}{\partial y} = 0, \quad \frac{\partial u}{\partial x} + x\frac{\partial u}{\partial y} = 0, \quad y\frac{\partial u}{\partial x} + x\frac{\partial u}{\partial y} = 0.$$

Im ersten Fall haben wir die charakteristische Gleichung

$$\frac{dy}{dx} = 1$$

mit den Lösungen

$$y(x) = x + c.$$

Im zweiten Fall haben wir die charakteristische Gleichung

$$\frac{dy}{dx} = x$$

mit den Lösungen

$$y(x) = \frac{x^2}{2} + c.$$

Im dritten Fall haben wir die charakteristische Gleichung

$$\frac{dy}{dx} = \frac{x}{y}$$

mit den Lösungskurven

$$\frac{y^2}{2} = \frac{x^2}{2} + c.$$

Kehren wir nun zur Potenzreihenentwicklung der Lösung zurück. Die zweiten partiellen Ableitungen in den Kurvenpunkten $(\bar{x}(s), \bar{y}(s))$ berechnen sich nun wie folgt. Wir gehen aus von einer der beiden Gleichungen

$$\bar{p}(s) = \frac{\partial u}{\partial x}(\bar{x}(s), \bar{y}(s)), \quad \bar{q}(s) = \frac{\partial u}{\partial y}(\bar{x}(s), \bar{y}(s)),$$

und erhalten zum Beispiel aus der ersten Gleichung durch Differenzieren

$$\frac{d}{ds}\bar{p}(s) = \frac{\partial^2 u}{\partial x^2}(\bar{x}(s), \bar{y}(s))\frac{d}{ds}\bar{x}(s) + \frac{\partial^2 u}{\partial x \partial y}(\bar{x}(s), \bar{y}(s))\frac{d}{ds}\bar{y}(s).$$

Partielles Ableiten der Gleichung selbst nach x und anschließendes Betrachten auf den Kurvenpunkten $(x, y) = (\bar{x}(s), \bar{y}(s))$ ergibt

$$a(\bar{x}(s), \bar{y}(s))\frac{\partial^2 u}{\partial x^2}(\bar{x}(s), \bar{y}(s)) + b(\bar{x}(s), \bar{y}(s))\frac{\partial^2 u}{\partial x \partial y}(\bar{x}(s), \bar{y}(s))$$

$$= -\frac{\partial a}{\partial x}(\bar{x}(s), \bar{y}(s))\bar{p}(s) - \frac{\partial b}{\partial x}(\bar{x}(s), \bar{y}(s))\bar{q}(s).$$

Wir bekommen also für die zweiten partiellen Ableitungen $\frac{\partial^2 u}{\partial x^2}$ und $\frac{\partial^2 u}{\partial x \partial y}$ in den Kurvenpunkten $(\bar{x}(s), \bar{y}(s))$ wiederum ein lineares inhomogenes Gleichungssystem mit derselben Systemdeterminante wie vorher. Genauso kann man ein Gleichungssystem für die zweiten partiellen Ableitungen $\frac{\partial^2 u}{\partial x \partial y}$ und $\frac{\partial^2 u}{\partial y^2}$ und für alle höheren partiellen Ableitungen in den Kurvenpunkten aufstellen. Dies führt auf eine eindeutige Potenzreihenentwicklung der Lösung um einen Kurvenpunkt $(x_0, y_0) = (\bar{x}(s_0), \bar{y}(s_0))$:

$$u(x, y) = \sum_{j=0}^{\infty}\sum_{k=0}^{\infty}\frac{1}{j!k!}\frac{\partial^{j+k}u}{\partial x^j \partial y^k}(x_0, y_0)(x - x_0)^j(y - y_0)^k.$$

Das Cauchy-Kowalewski-Theorem befasst sich mit der Konvergenz solcher Reihenentwicklungen. Die lineare, homogene partielle Differentialgleichung besitzt bei einer nichtcharakteristischen Anfangskurve lokal genau eine Lösung. Die Lösung kann in eine Potenzreihe entwickelt werden.

Wir zeigen nun, dass eine partielle Differentialgleichung erster Ordnung direkt auf die charakteristische Gleichung zurückgeführt werden kann. Wir beginnen mit dem grundlegenden Zusammenhang zwischen Charakteristiken und Lösungen.

Satz: Charakteristiken und Lösungen

Die Funktion $u(x, y)$ ist genau dann Lösung der partiellen Differentialgleichung

$$a(x, y)\frac{\partial u}{\partial x} + b(x, y)\frac{\partial u}{\partial y} = 0,$$

wenn $u(x, y)$ konstant längs Charakteristiken ist.

Die lineare homogene Gleichung kann man als Skalarprodukt des charakteristischen Vektorfeldes $(a(x, y), b(x, y))$ mit dem Gradienten der Lösung $u(x, y)$ auffassen und schreiben

$$(a(x, y), b(x, y)) \cdot \nabla u(x, y) = 0.$$

Der Gradient von $u(x, y)$ steht senkrecht auf dem charakteristischen Vektorfeld. Die Charakteristiken stimmen also mit den Höhenlinien von $u(x, y)$ überein. Damit ist der Beweis erbracht. Wir können aber auch analytisch vorgehen. Wir betrachten diejenige Charakteristik, die durch den festen Punkt (x_0, y_0) geht:

$$(x(x_0, y_0, \epsilon), y(x_0, y_0, \epsilon)), \quad (x(x_0, y_0, 0), y(x_0, y_0, 0)) = (x, y).$$

Wir nehmen zunächst an, dass $u(x, y)$ eine Lösung ist, und differenzieren:

$$\frac{\partial}{\partial \epsilon} u(x(x_0, y_0, \epsilon), y(x_0, y_0, \epsilon))$$

$$= \frac{\partial u}{\partial x}(x(x_0, y_0, \epsilon), y(x_0, y_0, \epsilon)) \frac{\partial}{\partial \epsilon} x(x_0, y_0, \epsilon)$$

$$+ \frac{\partial u}{\partial y}(x(x_0, y_0, \epsilon), y(x_0, y_0, \epsilon)) \frac{\partial}{\partial \epsilon} y(x_0, y_0, \epsilon)$$

$$= \frac{\partial u}{\partial x}(x(x_0, y_0, \epsilon), y(x_0, y_0, \epsilon)) a(x(x_0, y_0, \epsilon), y(x_0, y_0, \epsilon))$$

$$+ \frac{\partial u}{\partial y}(x(x_0, y_0, \epsilon), y(x_0, y_0, \epsilon)) b(x(x_0, y_0, \epsilon), y(x_0, y_0, \epsilon))$$

$$= 0.$$

Zum Beweis der Umkehrung differenziert man wieder und setzt anschließend $\epsilon = 0$.

Satz: Lösung des Cauchy-Problems
Für eine nichtcharakteristische Anfangskurve $(\bar{x}(s), \bar{y}(s))$ besitzt das Cauchy-Problem

$$a(x, y) \frac{\partial u}{\partial x} + b(x, y) \frac{\partial u}{\partial y} = 0,$$

$$u(\bar{x}(s), \bar{y}(s)) = \bar{u}(s),$$

genau eine Lösung $u(x, y)$.

Wir erklären eine Koordinatentransformation durch die umkehrbar eindeutige Abbildung

$$(s, \epsilon) \longrightarrow (x(\bar{x}(s), \bar{y}(s), \epsilon), y(\bar{x}(s), \bar{y}(s), \epsilon)).$$

Dass diese Abbildung (lokal) in einer Umgebung von $(s_0, 0)$ umkehrbar ist, bestätigt man, indem man die Jacobi-Matrix im Punkt $(s_0, 0)$ bildet

$$\begin{pmatrix} \frac{\partial x}{\partial s}(\bar{x}(s), \bar{y}(s), \varepsilon) & \frac{\partial x}{\partial \varepsilon}(\bar{x}(s), \bar{y}(s), \varepsilon) \\ \frac{\partial y}{\partial s}(\bar{x}(s), \bar{y}(s), \varepsilon) & \frac{\partial y}{\partial \varepsilon}(\bar{x}(s), \bar{y}(s), \varepsilon) \end{pmatrix}_{(s,\varepsilon)=(s_0,0)} = \begin{pmatrix} \frac{d\bar{x}}{ds}(s_0) & a(\bar{x}(s_0), \bar{y}(s_0)) \\ \frac{d\bar{y}}{ds}(s_0) & b(\bar{x}(s_0), \bar{y}(s_0)) \end{pmatrix}.$$

Da die Anfangskurve nichtcharakteristisch ist, haben wir eine nichtsinguläre Jacobimatrix. Wir definieren eine Funktion $u(x, y)$, indem wir sie zunächst in den Koordinaten s und ε festlegen:

$$u(x(\bar{x}(s), \bar{y}(s), \varepsilon), y(\bar{x}(s), \bar{y}(s), \varepsilon)) = \bar{u}(s),$$

was auf die Darstellung

$$u(x, y) = \bar{u}(s(x, y))$$

führt. Auf der Anfangskurve nimmt die so definierte Funktion $u(x, y)$ jedenfalls die vorgeschriebenen Anfangswerte an, wie man durch Einsetzen von $\varepsilon = 0$ sieht. Dass $u(x, y)$ die Differentialgleichung erfüllt, folgt aus der Tatsache, dass $s(x, y)$ bereits eine Lösung ist. Dazu bemerkt man zunächst, dass das Produkt der Jacobimatrizen der Koordinatentransformation und ihrer Umkehrung die Einheitsmatrix ergibt

$$\begin{pmatrix} \frac{\partial s}{\partial x}(x, y) & \frac{\partial s}{\partial y}(x, y) \\ \frac{\partial \varepsilon}{\partial x}(x, y) & \frac{\partial \varepsilon}{\partial y}(x, y) \end{pmatrix}_{(x(\bar{x}(s), \bar{y}(s), \varepsilon), y(\bar{x}(s), \bar{y}(s), \varepsilon))}$$
$$\cdot \begin{pmatrix} \frac{\partial x}{\partial s}(\bar{x}(s), \bar{y}(s), \varepsilon) & \frac{\partial x}{\partial \varepsilon}(\bar{x}(s), \bar{y}(s), \varepsilon) \\ \frac{\partial y}{\partial s}(\bar{x}(s), \bar{y}(s), \varepsilon) & \frac{\partial y}{\partial \varepsilon}(\bar{x}(s), \bar{y}(s), \varepsilon) \end{pmatrix} = \begin{pmatrix} 1 & 0 \\ 0 & 1 \end{pmatrix}.$$

Bildet man das Produkt der ersten Zeile der ersten Matrix mit der zweiten Spalte der zweiten Matrix, so erhält man

$$0 = \frac{\partial s}{\partial x}(x(\bar{x}(s), \bar{y}(s), \varepsilon), y(\bar{x}(s), \bar{y}(s), \varepsilon)) \frac{\partial x}{\partial \varepsilon}(\bar{x}(s), \bar{y}(s), \varepsilon)$$
$$+ \frac{\partial s}{\partial y}(x(\bar{x}(s), \bar{y}(s), \varepsilon), y(\bar{x}(s), \bar{y}(s), \varepsilon)) \frac{\partial y}{\partial \varepsilon}(\bar{x}(s), \bar{y}(s), \varepsilon)$$
$$= \frac{\partial s}{\partial x}(x(\bar{x}(s), \bar{y}(s), \varepsilon), y(\bar{x}(s), \bar{y}(s), \varepsilon)) a(x(\bar{x}(s), \bar{y}(s), \varepsilon), y(\bar{x}(s), \bar{y}(s), \varepsilon))$$
$$+ \frac{\partial s}{\partial y}(x(\bar{x}(s), \bar{y}(s), \varepsilon), y(\bar{x}(s), \bar{y}(s), \varepsilon)) b(x(\bar{x}(s), \bar{y}(s), \varepsilon), y(\bar{x}(s), \bar{y}(s), \varepsilon)).$$

Den Nachweis der Eindeutigkeit der Lösung führt man mit denselben Argumenten: Darstellung der Lösung in den Koordinaten s und ε und der Tatsache, dass Lösungen längs Charakteristiken konstant sind.

In der allgemeinen Lösung einer gewöhnlichen Differentialgleichung erster Ordnung tritt eine freie Konstante auf. Analog dazu haben wir nun bei der partiellen Differentialgleichung erster Ordnung eine freie Funktion. Dies kann man sich so klar machen: Wenn

$u(x, y)$ eine Lösung ist und f eine differenzierbare Funktion, dann stellt $f(u(x, y))$ wieder eine Lösung dar. Man kann kann f dann so wählen, dass ein gegebenes (nichtcharakteristisches) Cauchy-Problem gelöst wird. Es genügt also eine Lösung, und man spricht von einem ersten Integral.

Beispiel 3.7

Wir betrachten das Anfangswertproblem:

$$x \frac{\partial u}{\partial x} + y \frac{\partial u}{\partial y} = 0, \quad u(s, 1) = s^2.$$

Das charakteristische System:

$$\frac{dx}{d\varepsilon} = x, \quad \frac{dy}{d\varepsilon} = y,$$

besitzt folgende Lösungen: $x = x_0\, e^\varepsilon$, $y = y_0\, e^\varepsilon$. Eliminieren wir den Parameter ε, so bekommen wir folgende Gestalt der Charakteristiken:

$$y = \frac{y_0}{x_0} x \quad \text{bzw.} \quad y = c\, x.$$

Die Anfangskurve wird also wie folgt von den Charakteristiken transformiert: $x = s\, e^\varepsilon$, $y = e^\varepsilon$. In den Koordinaten (s, ε) lautet die Lösung: $u(s\, e^\varepsilon, e^\varepsilon) = s^2$. Gehen wir zu den Koordinaten (x, y) über:

$$s = \frac{x}{y}, \quad \varepsilon = \ln(y),$$

so ergibt sich (Abb. 3.2):

$$u(x, y) = \left(\frac{x}{y}\right)^2.$$

Charakteristische Gleichungen sind nicht nur Hilfsmittel zur Lösung von partiellen Differentialgleichungen. Partielle Differentialgleichungen erster Ordnung und Systeme von gewöhnlichen Differentialgleichungen bilden eigentlich zwei Seiten einer Medaille.

Satz: Erste Integrale

Sei $y = F(x, c)$ die allgemeine Lösung der charakteristischen Gleichung

$$\frac{dy}{dx} = \frac{b(x, y)}{a(x, y)}$$

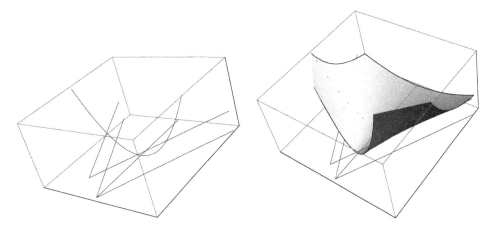

Abb. 3.2 Anfangsfunktion und Charakteristiken (*links*), Lösung der Gleichung $x\,\frac{\partial u}{\partial x} + y\,\frac{\partial u}{\partial y} = 0$, $u(s,1) = s^2$, (*rechts*)

und $c(x,y)$ eine Auflösung der Gleichung $y = F(x,c)$ nach c. Dann stellt $c(x,y)$ eine Lösung bzw. ein erstes Integral der Differentialgleichung dar:

$$a(x,y)\,\frac{\partial u}{\partial x} + b(x,y)\,\frac{\partial u}{\partial y} = 0\,.$$

Es gibt höchstens eine funktional unabhängiges Lösung.

Zum Beweis gehen wir von der Gleichung aus:

$$y = F\big(x, c(x,y)\big)\,.$$

Differenzieren nach x bzw. y ergibt:

$$0 = \frac{\partial F}{\partial x}\big(x, c(x,y)\big) + \frac{\partial F}{\partial c}\big(x, c(x,y)\big)\,\frac{\partial c}{\partial x}(x,y)\,,\quad 1 = \frac{\partial F}{\partial c}\big(x, c(x,y)\big)\,\frac{\partial c}{\partial y}(x,y)\,.$$

Aus der zweiten Gleichung folgt:

$$\frac{\partial F}{\partial c}\big(x, c(x,y)\big) = \frac{1}{\frac{\partial c}{\partial y}(x,y)}\,.$$

Einsetzen in die erste Gleichung ergibt:

$$0 = \frac{\partial F}{\partial x}\big(x, c(x,y)\big) + \frac{\frac{\partial c}{\partial x}(x,y)}{\frac{\partial c}{\partial y}(x,y)}\,.$$

Berücksichtigt man

$$\frac{\partial F}{\partial x}(x,c) = \frac{b(x,F(x,c))}{a(x,F(x,c))},$$

so folgt die Behauptung:

$$\frac{b(x,F(x,c(x,y)))}{a(x,F(x,c(x,y)))} + \frac{\frac{\partial c}{\partial x}(x,y)}{\frac{\partial c}{\partial x}(x,y)} = 0.$$

Nehmen wir nun an, $u_1(x,y)$ und $u_2(x,y)$ sind Lösungen. Das lineare System

$$a(x,y)\frac{\partial u_1}{\partial x} + b(x,y)\frac{\partial u_1}{\partial y} = 0,$$

$$a(x,y)\frac{\partial u_2}{\partial x} + b(x,y)\frac{\partial u_2}{\partial y} = 0,$$

hat dann eine nichttriviale Lösung, und die Determinante des Systems verschwindet:

$$\begin{vmatrix} \frac{\partial u_1}{\partial x} & \frac{\partial u_1}{\partial y} \\ \frac{\partial u_2}{\partial x} & \frac{\partial u_2}{\partial y} \end{vmatrix} = 0.$$

Man kann mithilfe der Eindeutigkeit des Anfangswertproblems sofort zeigen:

$$u_2(x,y) = f(u_1(x,y))$$

und bekommt wieder die funktionale Abhängigkeit.

Beispiel 3.8

Wir betrachten die Differentialgleichung:

$$x\frac{\partial u}{\partial x} + y\frac{\partial u}{\partial y} = 0.$$

Die charakteristische Gleichung:

$$\frac{dy}{dx} = \frac{y}{x}$$

besitzt die allgemeine Lösung: $y = c\,x$. Die Integrationskonstante liefert ein erstes Integral:

$$c = \frac{y}{x}.$$

Das Anfangswertproblem

$$u(s,1) = s^2$$

lösen wir durch anpassen der Funktion $f(c)$

$$u(x, y) = f(c(x, y)) = f\left(\frac{y}{x}\right)$$

und bekommen:

$$f\left(\frac{1}{s}\right) = s^2 \quad \text{bzw.} \quad f(c) = \frac{1}{c^2}.$$

Insgesamt ergibt sich

$$u(x, y) = \left(\frac{x}{y}\right)^2$$

als Lösung des Anfangswertproblems.

Beispiel 3.9

Wir betrachten das Anfangswertproblem:

$$\frac{1}{x}\frac{\partial u}{\partial x} + y^3 \frac{\partial u}{\partial y} = 0, \quad u(s, 2) = s.$$

1. Die Lösung des charakteristischen Systems

$$\frac{dx}{d\varepsilon} = \frac{1}{x}, \quad \frac{dy}{d\varepsilon} = y^3,$$

mit der Anfangsbedingung:

$$x(s, 2, 0) = s, \quad y(s, 2, 0) = 2,$$

ergibt sich aus:

$$\frac{x^2}{2} - \frac{s^2}{2} = \varepsilon, \quad -\frac{1}{2y^2} + \frac{1}{2 \cdot 2^2} = \varepsilon.$$

Wir bekommen daraus:

$$\frac{x^2}{2} - \frac{s^2}{2} = -\frac{1}{2y^2} + \frac{1}{8}$$

bzw.

$$s = \sqrt{x^2 + \frac{1}{y^2} - \frac{1}{4}}.$$

Die Lösung des Anfangswertproblems lautet dann:

$$u(x, y) = (s(x, y))^2 = \sqrt{x^2 + \frac{1}{y^2} - \frac{1}{4}}.$$

2. Die allgemeine Lösung der charakteristischen Gleichung:

$$\frac{dy}{dx} = x \, y^3$$

ergibt sich aus:

$$-\frac{1}{2} \frac{1}{y^2} = \frac{x^2}{2} + c \,.$$

Die Integrationskonstante liefert ein erstes Integral:

$$c = -\frac{1}{2} \left(x^2 + \frac{1}{y^2} \right) \,.$$

Das Lösung des Anfangswertproblems nimmt die Gestalt an:

$$u(x, y) = f\left(-\frac{1}{2} \left(x^2 + \frac{1}{y^2} \right) \right) \,.$$

Für $f(c)$ ergibt sich die Bedingung:

$$f\left(-\frac{1}{2} \left(s^2 + \frac{1}{4} \right) \right) = s \,.$$

Wir setzen

$$c = -\frac{1}{2} \left(s^2 + \frac{1}{4} \right) \quad \text{bzw.} \quad s = \sqrt{-2\,c - \frac{1}{4}}$$

und bekommen

$$f(c) = \sqrt{-2\,c - \frac{1}{4}} \,.$$

Insgesamt ergibt sich

$$u(x, y) = \sqrt{x^2 + \frac{1}{y^2} - \frac{1}{4}} \,.$$

als Lösung des Anfangswertproblems.

Beispiel 3.10

Für die Differentialgleichung

$$\frac{\partial u}{\partial x} + y \, \frac{\partial u}{\partial y} = 0$$

geben wir ein erstes Integral an und bestimmen die Lösung des Anfangswertproblems

$$u(1, s) = s \,.$$

Wir bekommen die charakteristische Gleichung:

$$\frac{dy}{dx} = y$$

mit der allgemeinen Lösung: $y = c \, e^x$.

Ein erstes Integral lautet somit:

$$c(x, y) = y\, e^{-x}.$$

Die allgemeine Lösung der gegebenen Gleichung nimmt folgende Gestalt an:

$$u(x, y) = f\left(y\, e^{-x}\right).$$

Die Anfangsbedingung ergibt:

$$f\left(s\, e^{-1}\right) = s \quad \text{bzw.} \quad f(s) = e\, s.$$

Damit bekommen wir die Lösung des Anfangswertproblems:

$$u(x, y) = e\, y\, e^{-x} = y\, e^{1-x}.$$

Beispiel 3.11

Wir bestimmen die allgemeine Lösung der partiellen Differentialgleichung

$$y\, \frac{\partial u}{\partial x} + x\, \frac{\partial u}{\partial y} = 0.$$

Wir bekommen die charakteristische Gleichung:

$$\frac{dy}{dx} = \frac{x}{y}.$$

Trennung der Veränderlichen führt auf

$$\int y\, dy = \int x\, dx + c$$

und

$$\frac{y^2}{2} = \frac{x^2}{2} + c.$$

Ein erstes Integral lautet somit:

$$c(x, y) = \frac{y^2}{2} - \frac{x^2}{2}$$

bzw.

$$c(x, y) = y^2 - x^2.$$

Die allgemeine Lösung der gegebenen Gleichung nimmt folgende Gestalt an:

$$u(x, y) = f\left(y^2 - x^2\right) .$$

Beispiel 3.12

Wir bestimmen die allgemeine Lösung der partiellen Differentialgleichung

$$\frac{\partial u}{\partial x} + b(y)\frac{\partial u}{\partial y} = 0, \quad b8y) \neq 0 .$$

Wir bekommen die charakteristische Gleichung:

$$\frac{dy}{dx} = b(y) .$$

Trennung der Veränderlichen führt auf

$$\int \frac{1}{b(y)}\, dy = x + c .$$

Ein erstes Integral lautet somit:

$$c(x, y) = \left(\int \frac{1}{b(y)}\, dy\right) - x$$

bzw.

$$c(x, y) = y^2 - x^2 .$$

Die allgemeine Lösung der gegebenen Gleichung nimmt folgende Gestalt an:

$$u(x, y) = f\left(\left(\int \frac{1}{b(y)}\, dy\right) - x\right) .$$

Beispiel 3.13

Wir übertragen die Lösungstheorie auf die lineare homogene Gleichung in drei unabhängigen Variablen:

$$a(x, y, z)\frac{\partial u}{\partial x} + b(x, y, z)\frac{\partial u}{\partial y} + c(x, y, z)\frac{\partial u}{\partial z} = 0 ,$$

mit der Anfangsbedingung:

$$u(\bar{x}(s_1, s_2), \bar{y}(s_1, s_2), \bar{z}(s_1, s_2)) = \bar{u}(s_1, s_2) .$$

Wir berechnen die Lösung des charakteristischen Systems

$$\frac{dx}{d\varepsilon} = a(x, y, z), \quad \frac{dy}{d\varepsilon} = b(x, y, z), \quad \frac{dz}{d\varepsilon} = c(x, y, z),$$

mit der Anfangsbedingung:

$$x(\bar{x}(s_1, s_2), \bar{y}(s_1, s_2), \bar{z}(s_1, s_2), 0) = \bar{x}(s_1, s_2),$$
$$y(\bar{x}(s_1, s_2), \bar{y}(s_1, s_2), \bar{z}(s_1, s_2), 0) = \bar{y}(s_1, s_2),$$
$$z(\bar{x}(s_1, s_2), \bar{y}(s_1, s_2), \bar{z}(s_1, s_2), 0) = \bar{z}(s_1, s_2).$$

Die Anfangsfläche darf nicht charakteristisch sein, d. h. ihre beiden Tangentenvektoren und das charakteristische Vektorfeld $(a(x, y, z), b(x, y, z), c(x, y, z))$ müssen linear unabhängig sein. In diesem Fall haben wir eine Koordinatentransformation:

$$(s_1, s_2, \varepsilon) \Longrightarrow (x(\bar{x}(s_1, s_2), \bar{y}(s_1, s_2), \bar{z}(s_1, s_2), \varepsilon), y(\bar{x}(s_1, s_2), \bar{y}(s_1, s_2), \bar{z}(s_1, s_2), \varepsilon),$$
$$z(\bar{x}(s_1, s_2), \bar{y}(s_1, s_2), \bar{z}(s_1, s_2), \varepsilon)).$$

Die Lösung des Anfangswertproblems ergibt sich dann:

$$u(x, y, z) = \bar{u}(s_1(x, y, z), s_2(x, y, z)).$$

Analog lässt sich das Vorgehen mit ersten Integralen übertragen. Man braucht natürlich zwei funktional unabhängige Integrale. Diese kann man bestimmen, indem man vom charakteristischen System zum System übergeht:

$$\frac{dy}{dx} = \frac{b(x, y, z)}{a(x, y, z)}, \quad \frac{dz}{dx} = \frac{c(x, y, z)}{a(x, y, z)}.$$

Die Lösung des Anfangswertproblems ergibt sich dann mit zwei funktional unabhängigen Integralen und einer beliebigen Funktion

$$u(x, y, z) = f(c_1(x, y, z), c_2(x, y, z)).$$

Beispiel 3.14

Wir berechnen die allgemeine Lösung der Gleichung:

$$x\frac{\partial u}{\partial x} + y\frac{\partial u}{\partial y} + x z\frac{\partial u}{\partial z} = 0.$$

Das charakteristische System lautet:

$$\frac{dx}{d\varepsilon} = x, \quad \frac{dy}{d\varepsilon} = y, \quad \frac{dz}{d\varepsilon} = x z.$$

Wir gehen über zu:

$$\frac{dy}{dx} = \frac{y}{x}, \quad \frac{dz}{dx} = z.$$

Dieses System ist entkoppelt, und wir bekommen folgende allgemeine Lösung:

$$y = c_1 x, \quad z = c_2 e^x.$$

Auflösen ergibt zwei erste Integrale:

$$c_1(x, y, z) = \frac{y}{x}, \quad c_2(x, y, z) = z e^{-x}.$$

Offensichtlich stellen beide Integrale Lösungen der gegebenen partiellen Differentialgleichung dar. Die Gleichung besitzt die allgemeine Lösung:

$$u(x, y, z) = f(c_1(x, y, z), c_2(x, y, z)) = f\left(\frac{y}{x}, z e^{-x}\right).$$

Beispiel 3.15

Erste Integrale spielen bei Differentialgleichungssystem eine große Rolle und werden (in der Physik) als Konstante der Bewegung oder Erhaltungssätze bezeichnet.

Wir betrachten erneut das mathematische Pendel:

$$\frac{d^2\varphi}{dt^2} + \frac{g}{l} \sin(\varphi) = 0.$$

Im Phasenraum bekommen wir folgendes System:

$$\frac{d\varphi}{dt} = \omega, \quad \frac{d\omega}{dt} = -\frac{g}{l} \sin(\varphi).$$

Wir hatten bereits die Beziehung:

$$\frac{1}{2}\left(\frac{d\varphi}{dt}(t)\right)^2 - \frac{g}{l} \cos(\varphi(t)) = c.$$

Im Phasenraum haben wir also das erste Integral (Energiesatz):

$$c = \frac{\omega^2}{2} - \frac{g}{l} \cos(\varphi).$$

Das erste Integral löst die partielle Differentialgleichung

$$\omega \frac{\partial c}{\partial \varphi} - \frac{g}{l} \sin(\varphi) \frac{\partial c}{\partial \omega} = 0.$$

Die charakteristische Gleichung

$$\frac{d\omega}{d\varphi} = -\frac{g}{l}\frac{\sin(\varphi)}{\omega}$$

führt genauso zum ersten Integral

$$c = \frac{\omega^2}{2} - \frac{g}{l}\cos(\varphi).$$

Wir betrachten als Nächstes den kräftefreien Kreisel:

$$\frac{dM_1}{dt} = \frac{I_2 - I_3}{I_2\,I_3}\,M_2\,M_3\,, \quad \frac{dM_2}{dt} = \frac{I_3 - I_1}{I_3\,I_1}\,M_3\,M_1\,, \quad \frac{dM_3}{dt} = \frac{I_1 - I_2}{I_1\,I_2}\,M_1\,M_2\,.$$

Wir haben zwei erste Integrale:

$$M_1^2 + M_2^2 + M_3^2 = M^2\,, \quad \text{(Drehimpulssatz)}, \quad \frac{M_1^2}{I_1} + \frac{M_2^2}{I_2} + \frac{M_3^2}{I_3} = 2\,E\,, \quad \text{(Energiesatz)}\,.$$

Die ersten Integrale lösen die partielle Differentialgleichung:

$$\frac{I_2 - I_3}{I_2\,I_3}\,M_2\,M_3\,\frac{\partial c}{\partial M_1} + \frac{I_3 - I_1}{I_3\,I_1}\,M_3\,M_1\,\frac{\partial c}{\partial M_2} + \frac{I_1 - I_2}{I_1\,I_2}\,M_1\,M_2\,\frac{\partial c}{\partial M_3} = 0\,.$$

Von der linearen, homogenen Gleichung können wir nun sofort zur quasi-linearen Gleichung übergehen.

Definition: Quasilineare Differentialgleichung erster Ordnung
Sei $D \subseteq \mathbb{R}^3$ ein Gebiet und seien $a, b, c : D \longrightarrow \mathbb{R}$ stetig differenzierbare Funktionen. Die partielle Differentialgleichung

$$a(x, y, u)\,\frac{\partial u}{\partial x} + b(x, y, u)\,\frac{\partial u}{\partial y} = c(x, y, u)$$

heißt quasi-lineare Gleichung erster Ordnung.

Wir nehmen an, $u(x, y)$ sei eine Lösung der quasi-linearen Gleichung. Wir stellen diese Lösung implizit mit einer Funktion $F(x, y, u)$ dar:

$$F(x, y, u(x, y)) = 0\,.$$

Hieraus bekommen wir:

$$\frac{\partial F}{\partial x}(x, y, u(x, y)) + \frac{\partial F}{\partial u}(x, y, u(x, y)) \frac{\partial u}{\partial x}(x, y) = 0,$$

$$\frac{\partial F}{\partial y}(x, y, u(x, y)) + \frac{\partial F}{\partial u}(x, y, u(x, y)) \frac{\partial u}{\partial y}(x, y) = 0,$$

und

$$\frac{\partial u}{\partial x}(x, y) = -\frac{\frac{\partial F}{\partial x}(x, y, u(x, y))}{\frac{\partial F}{\partial u}(x, y, u(x, y))}, \quad \frac{\partial u}{\partial y}(x, y) = -\frac{\frac{\partial F}{\partial y}(x, y, u(x, y))}{\frac{\partial F}{\partial u}(x, y, u(x, y))}.$$

Setzen wir in die quasi-lineare Gleichung ein, so folgt:

$$a(x, y, u(x, y)) \frac{\partial F}{\partial x}(x, y, u(x, y)) + b(x, y, u(x, y)) \frac{\partial F}{\partial y}(x, y, u(x, y))$$

$$+ c(x, y, u(x, y)) \frac{\partial F}{\partial u}(x, y, u(x, y)) = 0.$$

Das heißt, $F(x, y, u)$ stellt eine Lösung der linearen Gleichung in drei unabhängigen Variablen dar:

$$a(x, y, u) \frac{\partial F}{\partial x} + b(x, y, u) \frac{\partial F}{\partial y} + c(x, y, u) \frac{\partial F}{\partial u} = 0.$$

Umgekehrt zeigt man genauso Folgendes. Ist $F(x, y, u)$ eine Lösung der linearen Gleichung, dann löst man die Gleichung $F(x, y, u) = 0$ nach u auf und erhält eine Lösung $u(x, y)$ der quasi-linearen Gleichung.

Beispiel 3.16

Wir betrachten die quasi-lineare Gleichung:

$$x \frac{\partial u}{\partial x} + y \frac{\partial u}{\partial y} = x u.$$

Wir gehen über zu der linearen Gleichung:

$$x \frac{\partial F}{\partial x} + y \frac{\partial F}{\partial y} + x u \frac{\partial F}{\partial u} = 0.$$

Das charakteristische System lautet:

$$\frac{dx}{d\varepsilon} = x, \quad \frac{dy}{d\varepsilon} = y, \quad \frac{du}{d\varepsilon} = x u,$$

und besitzt zwei erste Integrale:

$$c_1(x, y, u) = \frac{y}{x}, \quad c_2(x, y, u) = u e^{-x}.$$

Die lineare Gleichung besitzt also die allgemeine Lösung:

$$F(x, y, u) = f\left(\frac{y}{x}, u\, e^{-x}\right).$$

Wir bekommen daraus folgende Lösungen der quasi-linearen Gleichung:

$$f\left(\frac{y}{x}, u\, e^{-x}\right) = 0.$$

Offensichtlich können wir ohne Einschränkung $F(c_1, c_2) = f_1(c_1) + c_2$ setzen. Wenn wir zunächst nach c_2 auflösen können, dann können wir auch nach u auflösen. Mit einer beliebigen Funktion f_1 haben wir also:

$$f_1\left(\frac{y}{x}\right) + u\, e^{-x} = 0$$

und

$$u(x, y) = -f_1\left(\frac{y}{x}\right) e^x.$$

Beispiel 3.17

Wir bestimmen die allgemeine Lösung der Gleichung:

$$y\, \frac{\partial u}{\partial x} + x\, \frac{\partial u}{\partial y} = u.$$

Das charakteristische System lautet:

$$\frac{dx}{d\varepsilon} = y, \quad \frac{dy}{d\varepsilon} = x, \quad \frac{du}{d\varepsilon} = u,$$

bzw.

$$\frac{dy}{dx} = \frac{x}{y}, \quad \frac{du}{dx} = \frac{u}{y}.$$

Die Lösung der ersten Gleichung ergibt sich aus:

$$\frac{y^2}{2} = \frac{x^2}{2} + c_1.$$

Die Lösung der zweiten Gleichung lautet dann:

$$u = c_2\, e^{\int \frac{1}{y(x)} dx} = c_2\, e^{\int \frac{1}{\sqrt{x^2 + c_1}} dx}$$

$$= c_2\, e^{\ln\left(x + \sqrt{x^2 + c_1}\right)} = c_2\left(x + \sqrt{x^2 + c_1}\right)$$

$$= c_2\left(x + y\right).$$

Damit bekommen wir zwei unabhängige erste Integrale:

$$c_1(x, y, u) = y^2 - x^2, \quad c_2(x, y, u) = \frac{u}{x + y}.$$

Die allgemeine Lösung der gegebenen inhomogenen Gleichung ergibt sich durch Auflösen der Gleichung:

$$f(c_1(x, y, u), c_2(x, y, u)) = f\left(y^2 - x^2, \frac{u}{x + y}\right) = 0$$

nach u. Wieder können wir ohne Einschränkung $F(c_1, c_2) = f_1(c_1) + c_2$ setzen und auflösen:

$$u(x, y) = -(x + y) f_1(y^2 - x^2).$$

3.2   Gleichungen zweiter Ordnung

Die partiellen Differentialgleichungen zweiter Ordnung unterscheiden sich nun wesentlich von den Gleichungen erster Ordnung. Man kann sie nicht mehr auf gewöhnliche Differentialgleichungen reduzieren, obwohl die Überlegungen hinsichtlich geeigneter Vorgaben noch ähnlich verlaufen.

Definition: Lineare partielle Differentialgleichung zweiter Ordnung
Sei $D \subseteq \mathbb{R}^2$ ein Gebiet und seien $a, b, c, d, e, f, g : D \longrightarrow \mathbb{R}$ stetig differenzierbare Funktionen. Die Gleichung

$$a(x, y) \frac{\partial^2 u}{\partial x^2} + 2\, b(x, y) \frac{\partial^2 u}{\partial x \partial y} + c(x, y) \frac{\partial^2 u}{\partial y^2}$$

$$= d(x, y) \frac{\partial u}{\partial x} + e(x, y) \frac{\partial u}{\partial y} + f(x, y)\, u + g(x, y)$$

stellt eine lineare partielle Differentialgleichung zweiter Ordnung dar.

Wieder beginnen wir mit der Überlegung, welche Anfangsvorgaben sinnvoll sein könnten, und orientieren uns dabei an der gewöhnlichen linearen Differentialgleichung zweiter Ordnung:

$$\frac{d^2 u}{dx^2} + a_1(x) \frac{du}{dx} + a_0(x)\, u = r(x).$$

Unter der Voraussetzung der Analytizität der Funktionen $a_1(x), a_0(x), r(x)$ legen die Anfangsbedingungen $u(x_0) = \bar{u}_0, \frac{du}{dx}(x_0) = \bar{u}_1$, die Lösungen eindeutig in Form einer gleichmäßig konvergenten Potenzreihe fest.

Wir fragen uns nun, ob unter der Voraussetzung der Analytizität aller Daten die Lösungen der partiellen Differentialgleichung zweiter Ordnung ebenfalls durch eine die Lösungsfunktion und eine ihre ersten Ableitungen betreffende Vorgabe eindeutig festgelegt werden. Betrachten wir zunächst eine Anfangskurve $(\bar{x}(s), \bar{y}(s))$ und eine Anfangsfunktion $\bar{u}(s)$ und fordern, dass die Lösung $u(x, y)$ die Anfangsbedingung erfüllt:

$$u(\bar{x}(s), \bar{y}(s)) = \bar{u}(s).$$

Die Vorgabe der Anfangsfunktion zieht bereits wie bei der Gleichung erster Ordnung für die ersten Ableitungen auf der Anfangskurve

$$\bar{p}(s) = \frac{\partial u}{\partial x}(\bar{x}(s), \bar{y}(s)), \quad \bar{q}(s) = \frac{\partial u}{\partial y}(\bar{x}(s), \bar{y}(s)),$$

eine Bedingung nach sich, nämlich

$$\frac{d\bar{u}}{ds}(s) = \bar{p}(s)\frac{d\bar{x}}{ds}(s) + \bar{q}(s)\frac{d\bar{y}}{ds}(s).$$

Das heißt, wir können nicht beide ersten Ableitungen auf der Anfangskurve vorschreiben, sondern nur eine einzige Vorgabe machen, zum Beispiel die Normalableitung:

$$\frac{1}{\sqrt{\left(\frac{d\bar{x}}{ds}(s)\right)^2 + \left(\frac{d\bar{y}}{ds}(s)\right)^2}}(\bar{p}(s), \bar{q}(s))\begin{pmatrix} -\frac{d\bar{y}}{ds}(s) \\ \frac{d\bar{x}}{ds}(s) \end{pmatrix} = \bar{n}(s).$$

Können die zweiten Ableitungen nun in den Kurvenpunkten berechnet werden? Durch Differenzieren erhalten wir die beiden linearen Gleichungen

$$\frac{\partial^2 u}{\partial x^2}(\bar{x}(s), \bar{y}(s))\frac{d\bar{x}}{ds}(s) + \frac{\partial^2 u}{\partial x \partial y}(\bar{x}(s), \bar{y}(s))\frac{d\bar{y}}{ds}(s) = \frac{d\bar{p}}{ds}(s),$$

$$\frac{\partial^2 u}{\partial x \partial y}(\bar{x}(s), \bar{y}(s))\frac{d\bar{x}}{ds}(s) + \frac{\partial^2 u}{\partial y^2}(\bar{x}(s), \bar{y}(s))\frac{d\bar{y}}{ds}(s) = \frac{d\bar{q}}{ds}(s),$$

welche zusammen mit der partiellen Differentialgleichung ein lineares System zur Berechnung der zweiten partiellen Ableitungen liefert. Das heißt, die zweiten Ableitungen in einem Kurvenpunkt liegen fest, wenn die Matrix des linearen Gleichungssystems nichtsingulär ist

$$\begin{vmatrix} \frac{d\bar{x}}{ds}(s) & \frac{d\bar{y}}{ds}(s) & 0 \\ 0 & \frac{d\bar{x}}{ds}(s) & \frac{d\bar{y}}{ds}(s) \\ a(\bar{x}(s), \bar{y}(s)) & 2b(\bar{x}(s), \bar{y}(s)) & c(\bar{x}(s), \bar{y}(s)) \end{vmatrix} \neq 0.$$

Mit ähnlichen Überlegungen wie im Fall der Differentialgleichung erster Ordnung kann man nun zeigen, dass alle höheren partiellen Ableitungen in den Kurvenpunkten festliegen, und das Cauchy-Kowalewski-Theorem gibt auch in diesem Fall Auskunft über die Entwickelbarkeit der Lösung in eine Potenzreihe. Verschwindet die Determinante des Systems

$$a(\tilde{x}, \tilde{y}) \left(\frac{d\tilde{y}}{ds} \right)^2 - 2\, b(\tilde{x}, \tilde{y}) \frac{d\tilde{x}}{ds} \frac{d\tilde{y}}{ds} + c(\tilde{x}, \tilde{y}) \left(\frac{d\tilde{x}}{ds} \right)^2 = 0\,,$$

so ist keine (eindeutige) Lösung des Anfangswertproblems gewährleistet.

Beispiel 3.18

Wir betrachten die Potenzialgleichung

$$\frac{\partial^2 u}{\partial x^2} + \frac{\partial^2 u}{\partial y^2} = 0$$

mit den Anfangsbedingungen:

$$u(x, 0) = 0\,, \quad \frac{\partial u}{\partial y}(x, 0) = 0\,.$$

Wir zeigen, dass alle höheren partiellen Ableitungen auf der Anfangskurve $(x, 0)$ verschwinden. Aus $u(x, 0) = 0$ folgt

$$\frac{\partial^k u}{\partial x^k}(x, 0) = 0\,. \quad (1)$$

Aus $\frac{\partial u}{\partial y}(x, 0) = 0$ folgt

$$\frac{\partial^{k+1} u}{\partial x^k \partial y}(x, 0) = 0\,. \quad (2)$$

Aus (2) folgt mithilfe der Differentialgleichung:

$$\frac{\partial^{k+2} u}{\partial x^k \partial y^2}(x, 0) = 0\,. \quad (3)$$

Aus der Differentialgleichung bekommen wir:

$$\frac{\partial^3 u}{\partial x^2 \partial y} + \frac{\partial^3 u}{\partial y^3} = 0\,, \quad \frac{\partial^4 u}{\partial x^2 \partial y^2} + \frac{\partial^4 u}{\partial y^4} = 0\,, \quad (4)$$

und mit (2) und (3):

$$\frac{\partial^3 u}{\partial y^3}(x, 0) = 0\,, \quad \frac{\partial^4 u}{\partial y^4}(x, 0) = 0\,.$$

Diese Überlegungen lassen sich nun leicht fortsetzen. Alle partiellen Ableitungen verschwinden auf der x-Achse.

Definition: Charakteristiken der partiellen Differentialgleichung zweiter Ordnung

Wir bezeichnen Kurven $(x(s), y(s))$ als charakteristisch, wenn gilt:

$$\frac{\frac{dy}{ds}}{\frac{dx}{ds}} = \frac{b(x,y) \pm \sqrt{b(x,y)^2 - a(x,y)\,c(x,y)}}{a(x,y)}.$$

Die Gleichungen

$$\frac{dy}{dx} = \frac{b(x,y) \pm \sqrt{b(x,y)^2 - a(x,y)\,c(x,y)}}{a(x,y)}.$$

heißen charakteristische Gleichungen der linearen Differentialgleichung zweiter Ordnung.

Offensichtlich bestimmen nur die Koeffizienten der zweiten Ableitungen die charakteristischen Gleichungen. Die charakteristischen Gleichungen der Differentialgleichung zweiter Ordnung können wir jeweils als charakteristische Gleichung der folgenden Differentialgleichungen erster Ordnung auffassen:

$$\frac{\partial \phi}{\partial x} + \frac{b(x,y) - \sqrt{(b(x,y))^2 - a(x,y)\,c(x,y)}}{a(x,y)} \frac{\partial \phi}{\partial y} = 0,$$

$$\frac{\partial \psi}{\partial x} + \frac{b(x,y) + \sqrt{(b(x,y))^2 - a(x,y)\,c(x,y)}}{a(x,y)} \frac{\partial \psi}{\partial y} = 0.$$

Es gilt dann:

$$a(x,y) \left(\frac{\partial \phi}{\partial x}\right)^2 + 2\,b(x,y)\,\frac{\partial \phi}{\partial x}\,\frac{\partial \phi}{\partial y} + c(x,y) \left(\frac{\partial \phi}{\partial y}\right)^2 = 0,$$

$$a(x,y) \left(\frac{\partial \psi}{\partial x}\right)^2 + 2\,b(x,y)\,\frac{\partial \psi}{\partial x}\,\frac{\partial \psi}{\partial y} + c(x,y) \left(\frac{\partial \psi}{\partial y}\right)^2 = 0.$$

Die Diskriminante in den charakteristischen Gleichungen gibt Anlass zu folgender Typeinteilung.

Definition: Typen partieller Differentialgleichung zweiter Ordnung

Die linearen partiellen Differentialgleichungen zweiter Ordnung

$$a(x,y)\,\frac{\partial^2 u}{\partial x^2} + 2\,b(x,y)\,\frac{\partial^2 u}{\partial x \partial y} + c(x,y)\,\frac{\partial^2 u}{\partial y^2} = r\left(x, y, u, \frac{\partial u}{\partial x}, \frac{\partial u}{\partial y}\right)$$

werden wie folgt klassifiziert:

1. elliptisch, falls:
$$b(x,y)^2 - a(x,y)\,c(x,y) < 0,$$

2. parabolisch, falls:
$$b(x,y)^2 - a(x,y)\,c(x,y) = 0,$$

3. hyperbolisch, falls:
$$b(x,y)^2 - a(x,y)\,c(x,y) > 0.$$

Beispiel 3.19

Wir betrachten die Gleichung:

$$\frac{\partial^2 u}{\partial x^2} + \frac{\partial^2 u}{\partial y^2} = 0.$$

Es gilt:

$$a(x,y) = 1, \quad b(x,y) = 0, \quad c(x,y) = 1,$$

und

$$b(x,y)^2 - a(x,y)\,c(x,y) = -1 < 0.$$

Die Gleichung ist also elliptisch.

Wir betrachten die Gleichung:

$$x\,\frac{\partial^2 u}{\partial x^2} + y\,\frac{\partial^2 u}{\partial y^2} = \frac{\partial u}{\partial x} + e^x\,u.$$

Es gilt:

$$a(x,y) = x, \quad b(x,y) = 0, \quad c(x,y) = y,$$

und

$$b(x,y)^2 - a(x,y)\,c(x,y) = -x\,y.$$

Die Gleichung wechselt also den Typ. Sie ist im ersten und im dritten Quadranten elliptisch und im zweiten und im vierten Quadranten hyperbolisch. (Als Definitionsbereich wollen wir immer ein ebenes Gebiet nehmen. Klassifikation auf den Achsen als parabolisch ergibt keinen Sinn).

Beispiel 3.20

Wir klassifizieren folgende Gleichungen:

$$2\frac{\partial^2 u}{\partial x^2} + 3\frac{\partial^2 u}{\partial x \partial y} - \frac{\partial^2 u}{\partial y^2} - \frac{\partial u}{\partial y} + u = 0,$$

$$-3\frac{\partial^2 u}{\partial x^2} + \frac{\partial^2 u}{\partial x \partial y} - 5\frac{\partial^2 u}{\partial y^2} + 4\frac{\partial u}{\partial x} + \frac{\partial u}{\partial y} = 0.$$

Im ersten Fall haben wir die Koeffizienten der zweiten Ableitungen:

$$a(x,y) = 2, \quad b(x,y) = \frac{3}{2}, \quad c(x,y) = -1,$$

und

$$b(x,y)^2 - a(x,y)\,c(x,y) = \frac{9}{4} + 2 = \frac{17}{4}.$$

Die Gleichung ist hyperbolisch.

Im zweiten Fall haben wir die Koeffizienten der zweiten Ableitungen:

$$a(x,y) = -3, \quad b(x,y) = \frac{1}{2}, \quad c(x,y) = -5,$$

und

$$b(x,y)^2 - a(x,y)\,c(x,y) = \frac{1}{4} - 15 = -\frac{59}{4}.$$

Die Gleichung ist elliptisch.

Beispiel 3.21

Die Gleichung

$$-y\frac{\partial^2 u}{\partial x^2} + \frac{\partial^2 u}{\partial y^2} = 0$$

wechselt den Typ. Wir haben die Koeffizienten der zweiten Ableitungen:

$$a(x,y) = -y, \quad b(x,y) = 0, \quad c(x,y) = 1,$$

und

$$b(x,y)^2 - a(x,y)\,c(x,y) = y.$$

In der oberen Halbebene $y > 0$ ist die Gleichung hyperbolisch, in der unteren Halbebene $y < 0$ ist die Gleichung elliptisch.

Wir wollen kurz auf die anschauliche Bedeutung der Klassifikation der linearen partiellen Diffenrenzialgleichungen zweiter Ordnung eingehen. Wir nehmen dazu an, dass die Koeffizienten konstant sind

$$a\frac{\partial^2 u}{\partial x^2} + 2b\frac{\partial^2 u}{\partial x \partial y} + c\frac{\partial^2 u}{\partial y^2} = k$$

und gehen zu der quadratischen Form über:

$$(x \quad y) \begin{pmatrix} a & b \\ b & c \end{pmatrix} \begin{pmatrix} x \\ y \end{pmatrix} = a\,x^2 + 2\,b\,x\,y + c\,y^2 = k\,.$$

Die Matrix der quadratischen Form besitzt zwei reelle Eigenwerte

$$\lambda_{1,2} = \frac{a+c}{2} \pm \sqrt{\frac{(a+c)^2}{4} + (b^2 - a\,c)}$$

$$= \frac{a+c}{2} \pm \sqrt{\frac{(a-c)^2}{4} + b^2}\,,$$

die sich aus dem charakteristischen Polynom ergeben:

$$\begin{vmatrix} a-\lambda & b \\ b & c-\lambda \end{vmatrix} = \lambda^2 - (a+c)\,\lambda - (b^2 - a\,c) = 0\,.$$

Es tritt nun einer der folgenden Fälle ein:

1. Elliptischer Fall:
   $b^2 - a\,c < 0$, (a und c haben gleiches Vorzeichen). Es gibt zwei Eigenwerte $\lambda_1 > 0$, $\lambda_2 > 0$, bzw. $\lambda_1 < 0$, $\lambda_2 < 0$. (Die quadratische Form beschreibt eine Ellipse).
2. Parabolischer Fall:
   $b^2 - a\,c = 0$, (a und c haben verschiedene Vorzeichen). Es gibt zwei Eigenwerte $\lambda_1 > 0$, $\lambda_2 = 0$, bzw. $\lambda_1 < 0$, $\lambda_2 = 0$. (Die quadratische Form beschreibt ein Geradenpaar).
3. Hyperbolischer Fall:
   $b^2 - a\,c > 0$, (a und c haben verschiedene Vorzeichen). Es gibt zwei Eigenwerte $\lambda_1 > 0$, $\lambda_2 < 0$, bzw. $\lambda_1 < 0$, $\lambda_2 > 0$. (Die quadratische Form beschreibt eine Hyperbel).

(Der elliptische und der parabolische Fall kann nur dann eintreten, wenn a und c gleiches Vorzeichen haben) (Abb. 3.3).

Wir überlegen uns nun, dass der Typ einer Differentialgleichung invariant ist.

Satz: Partielle Differentialgleichungen und Koordinatentransformationen
Die lineare partielle Differentialgleichung

$$a(x,y)\,\frac{\partial^2 u}{\partial x^2} + 2\,b(x,y)\,\frac{\partial^2 u}{\partial x \partial y} + c(x,y)\,\frac{\partial^2 u}{\partial x^2} = r\left(x, y, u, \frac{\partial u}{\partial x}, \frac{\partial u}{\partial y}\right)$$

behält unter einer Koordinatentransformation ihren Typ bei.

Abb. 3.3 Ellipse im
Hauptachsensystem
$(\tilde{x}\ \ \tilde{y})\begin{pmatrix} \lambda_1 & 0 \\ 0 & \lambda_2 \end{pmatrix}\begin{pmatrix} \tilde{x} \\ \tilde{y} \end{pmatrix}$
$= k$

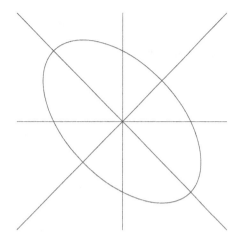

Wir führen neue Koordinaten $(\tilde{x}, \tilde{y}) \in \tilde{D}$

$$\tilde{x} = \phi(x, y), \quad \tilde{y} = \psi(x, y)$$

ein und erklären die Funktion $\tilde{u}(\tilde{x}, \tilde{y})$ durch $u(x, y) = \tilde{u}(\phi(x, y), \psi(x, y))$.
Die Differentialgleichung geht durch die Koordinatentransformation über in die Gleichung

$$\tilde{a}(\tilde{x}, \tilde{y})\, \frac{\partial^2 \tilde{u}}{\partial \tilde{x}^2} + 2\,\tilde{b}\,(\tilde{x}, \tilde{y})\, \frac{\partial^2 \tilde{u}}{\partial \tilde{x}\partial \tilde{y}} + \tilde{c}\,(\tilde{x}, \tilde{y})\, \frac{\partial^2 \tilde{u}}{\partial \tilde{y}^2} = \tilde{r}\left(\tilde{x}, \tilde{y}), \tilde{u}, \frac{\partial \tilde{u}}{\partial \tilde{x}}, \frac{\partial \tilde{u}}{\partial y} \right).$$

Nachrechnen liefert folgende Gestalt der Koeffizienten:

$$\tilde{a}(\phi(x, y), \psi(x, y)) = a(x, y)\left(\frac{\partial \phi}{\partial x}(x, y) \right)^2 + 2\,b(x, y)\,\frac{\partial \phi}{\partial x}(x, y)\,\frac{\partial \phi}{\partial y}(x, y)$$

$$+ c(x, y)\left(\frac{\partial \phi}{\partial y}(x, y) \right)^2,$$

$$\tilde{b}(\phi(x, y), \psi(x, y)) = a(x, y)\,\frac{\partial \phi}{\partial x}(x, y)\,\frac{\partial \psi}{\partial x}(x, y)$$

$$+ b(x, y)\left(\frac{\partial \phi}{\partial x}(x, y)\,\frac{\partial \psi}{\partial y}(x, y) + \frac{\partial \phi}{\partial y}(x, y)\,\frac{\partial \psi}{\partial x}(x, y) \right)$$

$$+ c(x, y)\,\frac{\partial \phi}{\partial y}(x, y)\,\frac{\partial \psi}{\partial y}(x, y),$$

$$\tilde{c}(\phi(x, y), \psi(x, y)) = a(x, y)\left(\frac{\partial \psi}{\partial x}(x, y) \right)^2 + 2\,b(x, y)\,\frac{\partial \psi}{\partial x}(x, y)\,\frac{\partial \psi}{\partial y}(x, y)$$

$$+ c(x, y)\left(\frac{\partial \psi}{\partial y}(x, y) \right)^2.$$

Am besten überlässt man diese aufwändigen Rechnungen einem CA-System wie Mathematica.

Die neue Differentialgleichung ist vom selben Typ, denn

$$\tilde{b}(\phi(x,y),\psi(x,y))^2 - \tilde{a}(\phi(x,y),\psi(x,y))\,\tilde{c}(\phi(x,y),\psi(x,y))$$

$$= (b(x,y)^2 - a(x,y)\,c(x,y))\begin{vmatrix} \frac{\partial\phi}{\partial x}(x,y) & \frac{\partial\phi}{\partial y}(x,y) \\ \frac{\partial\psi}{\partial x}(x,y) & \frac{\partial\psi}{\partial y}(x,y) \end{vmatrix}^2.$$

Die Gestalt der Faktoren $\tilde{a}$, $\tilde{b}$ und $\tilde{c}$ zeigt, dass man durch Koordinatentransformation mit Charakteristiken besonders einfache Formen der linken Seite der Differentialgleichung, so genannte Normalformen erhalten kann.

Satz: Normalformen der partiellen Differentialgleichung zweiter Ordnung

Durch Koordinatentransformation kann die lineare Differentialgleichung somit auf folgende Normalformen gebracht werden:

1. elliptischer Fall:

$$\frac{\partial^2 u}{\partial x^2} + \frac{\partial^2 u}{\partial y^2} = r\left(x, y, u, \frac{\partial u}{\partial x}, \frac{\partial u}{\partial y}\right),$$

2. parabolischer Fall:

$$\frac{\partial^2 u}{\partial x^2} = r\left(x, y, u, \frac{\partial u}{\partial x}, \frac{\partial u}{\partial y}\right),$$

3. hyperbolischer Fall:

$$\frac{\partial^2 u}{\partial x \partial y} = r\left(x, y, u, \frac{\partial u}{\partial x}, \frac{\partial u}{\partial y}\right) \quad \text{bzw.} \quad \frac{\partial^2 u}{\partial x^2} - \frac{\partial^2 u}{\partial y^2} = r\left(x, y, u, \frac{\partial u}{\partial x}, \frac{\partial u}{\partial y}\right).$$

Bei der hyperbolischen Gleichung $(b(x,y)^2 - a(x,y)\,c(x,y) > 0)$ lösen wir die Gleichungen

$$\frac{\partial\phi}{\partial x} + \frac{b(x,y) - \sqrt{b(x,y)^2 - a(x,y)\,c(x,y)}}{a(x,y)}\,\frac{\partial\phi}{\partial y} = 0$$

und

$$\frac{\partial\psi}{\partial x} + \frac{b(x,y) + \sqrt{b(x,y)^2 - a(x,y)\,c(x,y)}}{a(x,y)}\,\frac{\partial\psi}{\partial y} = 0$$

mit $\frac{\partial\phi}{\partial y} \neq 0$ und $\frac{\partial\psi}{\partial y} \neq 0$. Entsprechend der Faktorisierung

$$a\,x^2 + 2\,b\,x\,y + c\,y^2 = a\left(x + \frac{b - \sqrt{b^2 - a\,c}}{a}\,y\right)\left(x + \frac{b + \sqrt{b^2 - a\,c}}{a}\,y\right)$$

bekommen wir gerade:

$$\tilde{a}(\phi(x,y),\psi(x,y)) = 0, \quad \tilde{c}(\phi(x,y),\psi(x,y)) = 0.$$

Eliminieren wir $\frac{\partial \phi}{\partial x}$ und $\frac{\partial \psi}{\partial x}$, so folgt:

$$\tilde{b}(\phi(x,y),\psi(x,y)) = \frac{\partial \phi}{\partial y}(x,y) \frac{\partial \psi}{\partial y}(x,y) \frac{2}{a(x,y)} (a(x,y)\, c(x,y) - b(x,y)^2).$$

Die Koordinatentransformation

$$\tilde{x} = \phi(x,y), \quad \tilde{y} = \psi(x,y)$$

überführt also die linke Seite in die Normalform

$$\frac{\partial^2 \tilde{u}}{\partial \tilde{x} \partial \tilde{y}} .$$

Wir können noch durch eine weitere Koordinatentransformation

$$\tilde{\tilde{x}} = \tilde{x} + \tilde{y}, \quad \tilde{\tilde{y}} = \tilde{x} - \tilde{y}$$

die Normalform

$$\frac{\partial^2 \tilde{\tilde{u}}}{\partial \tilde{\tilde{x}}^2} - \frac{\partial^2 \tilde{\tilde{u}}}{\partial \tilde{\tilde{y}}^2}$$

erreichen.

Bei der parabolischen Gleichung ($b(x,y)^2 - a(x,y)\, c(x,y) = 0$) lösen wir die Differentialgleichung

$$\frac{\partial \psi}{\partial x} + \frac{b(x,y)}{a(x,y)} \frac{\partial \psi}{\partial y} = 0$$

mit $\frac{\partial \psi}{\partial y} \neq 0$ und setzen $\phi(x,y) = x$. Damit wird

$$\tilde{a}(\phi(x,y),\psi(x,y)) = a(x,y), \quad \tilde{b}(\phi(x,y),\psi(x,y)) = 0, \quad \tilde{c}(\phi(x,y),\psi(x,y)) = 0.$$

Die erste Gleichung erhält man aufgrund $\frac{\partial \phi}{\partial x} = 1$ und $\frac{\partial \phi}{\partial y} = 0$. Die zweite und die dritte Gleichung leiten wir ebenfalls damit her und benutzen die Faktorisierung

$$a\, x^2 + 2\, b\, x\, y + c\, y^2 = a \left(x + \frac{b}{a} y \right)^2 .$$

Die Koordinatentransformation

$$\tilde{x} = \phi(x,y), \quad \tilde{y} = \psi(x,y)$$

Abb. 3.4 Charakteristiken der
Wellengleichung

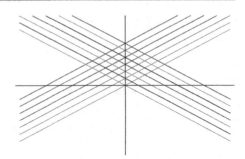

überführt also die linke Seite in die Normalform

$$\frac{\partial^2 \tilde{u}}{\partial \tilde{x}^2}\,.$$

Bei der elliptischen Gleichung haben wir komplexe Charakteristiken und dementsprechend etwas aufwändigere Rechnungen.

Beispiel 3.22

Wir betrachten die eindimensionale Wellengleichung:

$$\frac{\partial^2 u}{\partial x^2} - k^2 \frac{\partial^2 u}{\partial y^2} = 0, \quad k > 0\,.$$

Es gilt:

$$a(x,y) = 1, \quad b(x,y) = 0, \quad c(x,y) = -k^2\,.$$

Wir bekommen folgende charakteristische Gleichungen:

$$\frac{\partial \phi}{\partial x} - k \frac{\partial \phi}{\partial y} = 0, \quad \frac{\partial \psi}{\partial x} + k \frac{\partial \psi}{\partial y} = 0\,.$$

Damit ergeben sich die Charakteristiken

$$\phi(x,y) = y + k\,x, \quad \psi(x,y) = y - k\,x\,.$$

Mit der Koordinatentransformation

$$\tilde{x} = y + k\,x, \quad \tilde{y} = y - k\,x,$$

geht die Gleichung in die Normalform über (Abb. 3.4):

$$\frac{\partial^2 \tilde{u}}{\partial \tilde{x} \partial \tilde{y}} = 0\,.$$

Wir rechnen nach:

$$\frac{\partial u}{\partial x} = \frac{\partial \tilde{u}}{\partial \tilde{x}} k - \frac{\partial \tilde{u}}{\partial \tilde{y}} k,$$

$$\frac{\partial^2 u}{\partial x^2} = \frac{\partial^2 \tilde{u}}{\partial \tilde{x}^2} k^2 - \frac{\partial^2 \tilde{u}}{\partial \tilde{x} \partial \tilde{y}} k^2 - \frac{\partial^2 \tilde{u}}{\partial \tilde{y} \partial \tilde{x}} k^2 + \frac{\partial^2 \tilde{u}}{\partial \tilde{y}^2} k^2$$

$$\frac{\partial^2 u}{\partial x^2} = k^2 \left(\frac{\partial^2 \tilde{u}}{\partial \tilde{x}^2} - 2 \frac{\partial^2 \tilde{u}}{\partial \tilde{x} \partial \tilde{y}} + \frac{\partial^2 \tilde{u}}{\partial \tilde{y}^2} \right),$$

und

$$\frac{\partial u}{\partial y} = \frac{\partial \tilde{u}}{\partial \tilde{x}} - \frac{\partial \tilde{u}}{\partial \tilde{y}},$$

$$\frac{\partial^2 u}{\partial y^2} = \frac{\partial^2 \tilde{u}}{\partial \tilde{x}^2} + \frac{\partial^2 \tilde{u}}{\partial \tilde{x} \partial \tilde{y}} + \frac{\partial^2 \tilde{u}}{\partial \tilde{y} \partial \tilde{x}} + \frac{\partial^2 \tilde{u}}{\partial \tilde{y}^2}$$

$$\frac{\partial^2 u}{\partial y^2} = \frac{\partial^2 \tilde{u}}{\partial \tilde{x}^2} + 2 \frac{\partial^2 \tilde{u}}{\partial \tilde{x} \partial \tilde{y}} + \frac{\partial^2 \tilde{u}}{\partial \tilde{y}^2}.$$

Einsetzen liefert:

$$-4 k^2 \frac{\partial^2 \tilde{u}}{\partial \tilde{x} \partial \tilde{y}} = 0$$

und die Behauptung.

Beispiel 3.23

Wir bringen die Gleichung

$$-\frac{\partial^2 u}{\partial x^2} + \frac{\partial^2 u}{\partial x \partial y} + \frac{\partial^2 u}{\partial y^2} = 0$$

in Normalform.

Es gilt:

$$(b(x, y))^2 - a(x, y) c(x, y) = \frac{5}{4},$$

und wir haben eine hyperbolische Gleichung. Wir bestimmen die Koordinatentransformation aus

$$\frac{\partial \phi}{\partial x} - \frac{1}{2} \left(1 - \sqrt{5}\right) \frac{\partial \phi}{\partial y} = 0 \quad \text{und} \quad \frac{\partial \psi}{\partial x} - \frac{1}{2} \left(1 + \sqrt{5}\right) \frac{\partial \psi}{\partial y} = 0.$$

Die charakteristischen Gleichungen lauten:

$$\frac{dy}{dx} = -\frac{1}{2} \left(1 - \sqrt{5}\right) \quad \text{und} \quad \frac{dy}{dx} = -\frac{1}{2} \left(1 + \sqrt{5}\right).$$

Hieraus ergibt sich:

$$\phi(x, y) = y + \frac{1}{2}\left(1 - \sqrt{5}\right) x, \qquad \text{und} \quad \psi(x, y) = y + \frac{1}{2}\left(1 + \sqrt{5}\right) x.$$

Wir bilden die neue Funktion

$$\tilde{u}(\tilde{x}, \tilde{y}) = \tilde{u}(\phi(x, y), \psi(x, y)) = u(x, y)$$

und bekommen die Differentialgleichung in Normalform:

$$\frac{\partial^2 \tilde{u}}{\partial \tilde{x} \partial \tilde{y}} = 0.$$

Beispiel 3.24

Die Tricomi-Gleichung

$$y \frac{\partial^2 u}{\partial x^2} - \frac{\partial^2 u}{\partial y^2} = 0$$

ist wegen

$$b(x, y)^2 - a(x, y)c(x, y) = y$$

für $y > 0$ hyperbolisch und für $y < 0$ elliptisch.

Wir wollen die Tricomi-Gleichung im hyperbolischen Fall auf Normalform transformieren.

Wir bestimmen die Koordinatentransformation aus

$$\frac{\partial \phi}{\partial x} - \frac{1}{\sqrt{y}} \frac{\partial \phi}{\partial y} = 0 \quad \text{und} \quad \frac{\partial \psi}{\partial x} + \frac{1}{\sqrt{y}} \frac{\partial \psi}{\partial y} = 0.$$

Die charakteristischen Gleichungen lauten:

$$\frac{dy}{dx} = -\frac{1}{\sqrt{y}} \quad \text{und} \quad \frac{dy}{dx} = \frac{1}{\sqrt{y}}$$

bzw.

$$\int \sqrt{y}\, dy = \mp x + c.$$

Hieraus ergibt sich:

$$\frac{2}{3} y^{\frac{3}{2}} = \mp x + c,$$

sodass wir wählen können (Abb. 3.5):

$$\phi(x, y) = x + \frac{2}{3} y^{\frac{3}{2}} \qquad \text{und} \quad \psi(x, y) = -x + \frac{2}{3} y^{\frac{3}{2}}.$$

Abb. 3.5 Koordinatenlinien der Transformation
$\tilde{x} = \phi(x, y) = x + \frac{2}{3} y^{\frac{3}{2}}$,
$\tilde{y} = \psi(x, y) = -x + \frac{2}{3} y^{\frac{3}{2}}$

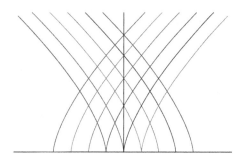

Wir bilden die neue Funktion

$$u(x, y) = \tilde{u}(\phi(x, y), \psi(x, y))$$

und berechnen die Ableitungen (Argumente werden nicht angegeben):

$$\frac{\partial u}{\partial x} = \frac{\partial \tilde{u}}{\partial \tilde{x}} - \frac{\partial \tilde{u}}{\partial \tilde{y}},$$

$$\frac{\partial^2 u}{\partial x^2} = \frac{\partial^2 \tilde{u}}{\partial \tilde{x}^2} - 2 \frac{\partial^2 \tilde{u}}{\partial \tilde{x} \partial \tilde{y}} + \frac{\partial^2 \tilde{u}}{\partial \tilde{y}^2},$$

$$\frac{\partial u}{\partial y} = \left(\frac{\partial \tilde{u}}{\partial \tilde{x}} + \frac{\partial \tilde{u}}{\partial \tilde{y}} \right) y^{\frac{1}{2}},$$

$$\frac{\partial^2 u}{\partial y^2} = \left(\frac{\partial \tilde{u}}{\partial \tilde{x}} + \frac{\partial \tilde{u}}{\partial \tilde{y}} \right) \frac{1}{2} y^{-\frac{1}{2}} + \left(\frac{\partial^2 \tilde{u}}{\partial \tilde{x}^2} + 2 \frac{\partial^2 \tilde{u}}{\partial \tilde{x} \partial \tilde{y}} + \frac{\partial^2 \tilde{u}}{\partial \tilde{y}^2} \right) y,$$

Einsetzen ergibt:

$$-4 y \frac{\partial^2 \tilde{u}}{\partial \tilde{x} \partial \tilde{y}} = \frac{1}{2} y^{-\frac{1}{2}} \left(\frac{\partial \tilde{u}}{\partial \tilde{x}} + \frac{\partial \tilde{u}}{\partial \tilde{y}} \right)$$

bzw.

$$\frac{\partial^2 \tilde{u}}{\partial \tilde{x} \partial \tilde{y}} = -\frac{1}{8 y^{\frac{3}{2}}} \left(\frac{\partial \tilde{u}}{\partial \tilde{x}} + \frac{\partial \tilde{u}}{\partial \tilde{y}} \right).$$

Aus:

$$\tilde{x} = x + \frac{2}{3} y^{\frac{3}{2}}, \quad \tilde{y} = -x + \frac{2}{3} y^{\frac{3}{2}},$$

folgt

$$\tilde{x} + \tilde{y} = \frac{4}{3} y^{\frac{3}{2}}$$

und wir bekommen die Normalform:

$$\frac{\partial^2 \tilde{u}}{\partial \tilde{x} \partial \tilde{y}} = -\frac{1}{6 (\tilde{x} + \tilde{y})} \left(\frac{\partial \tilde{u}}{\partial \tilde{x}} + \frac{\partial \tilde{u}}{\partial \tilde{y}} \right).$$

Beispiel 3.25

Die Gleichung

$$\frac{\partial^2 u}{\partial x^2} + 2\,y\,\frac{\partial^2 u}{\partial x \partial y} + y^2\,\frac{\partial^2 u}{\partial y^2} = 0$$

ist parabolisch.

Zur Bestimmung einer Koordinatentransformation betrachten wir

$$\frac{\partial \psi}{\partial x} + y\,\frac{\partial \psi}{\partial y} = 0\,.$$

Die charakteristischen Gleichungen lauten:

$$\frac{dy}{dx} = y$$

und besitzen die Lösungen:

$$y = c\,e^x\,,$$

sodass wir

$$\tilde{x} = \phi(x,y) = x \quad \text{und} \quad \tilde{y} = \psi(x,y) = y\,e^{-x}$$

als Koordinatentransformation wählen können. Die Normalform ergibt sich zu:

$$\frac{\partial^2 \tilde{u}}{\partial \tilde{x}^2} = y\,e^{-x}\,\frac{\partial \tilde{u}}{\partial \tilde{y}} \quad \text{bzw.} \quad \frac{\partial^2 \tilde{u}}{\partial \tilde{x}^2} = \tilde{y}\,\frac{\partial \tilde{u}}{\partial \tilde{y}}\,.$$

3.3 Die eindimensionale Wellengleichung

Wir betrachten das Problem der schwingenden Saite. Eine Saite der Länge l wird an beiden Enden eingespannt. Zur Zeit $t = 0$ wird die Saite ausgelenkt, mit einer gewissen Geschwindigkeit versehen und losgelassen. Die Saite schwingt dann (Abb. 3.6).

Wir bezeichnen die Auslenkung am Ort x zur Zeit t mit $u(x,t)$. Bei geeigneten physikalischen Annahmen ergibt sich folgende Gleichung für die Auslenkung:

$$\frac{\partial^2 u}{\partial t^2}(x,t) = c^2\,\frac{\partial^2 u}{\partial x^2}(x,t)$$

mit einer Konstanten $c > 0$. Da die Saite eingespannt ist, haben wir die Randbedingungen:

$$u(0,t) = u(l,t) = 0 \qquad \text{für alle Zeiten } t \geq 0.$$

Abb. 3.6 Die eingespannte
Saite

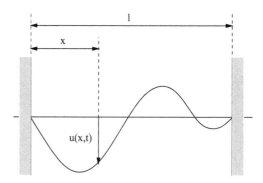

Außerdem hängt die Auslenkung stets von der gewählten Anfangsauslenkung und der Anfangsgeschwindigkeit ab. Wir bekommen Anfangsbedingungen:

$$u(x,0) = f(x), \quad \frac{\partial u}{\partial t}(x,0) = g(x).$$

Insgesamt stellt sich das Anfangsrandwertproblem für die eindimensionale Wellengleichung.

Definition: Anfangsrandwertproblem

Gesucht wird eine zweimal stetig differenzierbare Funktion, welche die eindimensionale Wellengleichung

$$\frac{\partial^2 u}{\partial t^2} = c^2 \frac{\partial^2 u}{\partial x^2}$$

mit den Randbedingungen

$$u(0,t) = u(l,t) = 0$$

und den Anfangsbedingungen:

$$u(x,0) = f(x), \quad \frac{\partial u}{\partial t}(x,0) = g(x),$$

für $0 \leq x \leq l, 0 \leq t$, erfüllt. ($c > 0$ ist eine Konstante).

Die Anfangsfunktionen f und g können frei vorgegeben werden. Die Anfangsauslenkung f muss zweimal stetig differenzierbar sein, die Anfangsgeschwindigkeit g einmal. Ferner muss $f(0) = f(l) = 0$ und $g(0) = g(l) = 0$ sein. Bisher kennen wir nur Anfangswertprobleme, für welche lokal eine eindeutige Lösung durch Potenzreihen garantiert wird. Es wird sich zeigen, dass das Anfangsrandwertproblem sachgemäß gestellt ist (Abb. 3.7).

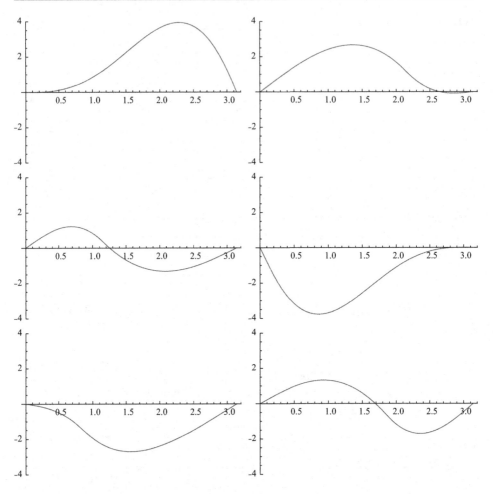

Abb. 3.7 Schwingende Saite (zu verschiedenen Zeiten)

Wir machen zur Lösung einen Separationsansatz.

Definition: Separationsmethode

Bei der Separationsmethode versuchen wir die Lösung als Produkt einer Funktion von x und einer Funktion von t alleine darzustellen:

$$u(x, t) = F(x)\, G(t)\,.$$

Die beiden Variablen x und t werden separiert.

Einsetzen in die Differentialgleichung ergibt:

$$F(x)\frac{d^2G}{dt^2}(t) = c^2\frac{d^2F}{dx^2}(x)G(t).$$

Hieraus bekommen wir folgende Beziehung:

$$\frac{\frac{d^2G}{dt^2}(t)}{c^2G(t)} = \frac{\frac{d^2F}{dx^2}}{F(x)}.$$

Auf der linken Seite steht eine Funktion von t und auf der rechten Seite eine Funktion von x. Fixiert man nacheinander eine der beiden Variablen, so stellt man fest, dass auf beiden Seiten eine Konstante stehen muss:

$$\frac{\frac{d^2G}{dt^2}(t)}{c^2G(t)} = \frac{\frac{d^2F}{dx^2}}{F(x)} = k.$$

Wir schreiben beide Gleichungen getrennt auf

$$\frac{\frac{d^2F}{dx^2}}{F} = k, \quad \frac{\frac{d^2G}{dt^2}}{c^2G} = k,$$

und erhalten eine Orts- und eine Zeitgleichung:

$$\frac{d^2F}{dx^2} - kF = 0, \quad \frac{d^2G}{dt^2} - c^2kG = 0.$$

Wenn diese beiden gewöhnlichen Differentialgleichungen erfüllt sind, dann ist $u(x,t) = F(x)G(t)$ eine Lösung der Wellengleichung. Wir versuchen nun die Randbedingung zu erfüllen. Für alle $t \geq 0$ bekommen wir:

$$u(0,t) = F(0)G(t) = 0, \quad u(l,t) = F(l)G(t) = 0.$$

Hieraus ergibt sich die Randbedingung:

$$F(0) = F(l) = 0.$$

(Die andere Möglichkeit wäre $G(t) = 0$, für alle t, was auf die Null-Lösung $u(x,t) = 0$ hinaus liefe.) Die Konstante k ist noch beliebig, und wir unterscheiden bei der Lösung der Ortsgleichung drei Fälle. Die allgemeine Lösung lautet:

$$k = 0: \quad F(x) = Ax + B, \tag{I}$$

$$k > 0: \quad F(x) = Ae^{\sqrt{k}x} + Be^{-\sqrt{k}x}, \tag{II}$$

$$k < 0: \quad F(x) = A\cos(px) + B\sin(px). \tag{III}$$

Hierbei sind A und B beliebige Konstante und

$$p = \sqrt{-k}, \quad k = -p^2, \quad p > 0.$$

Der Fall I scheidet aus, da er nur die Null-Lösung erlaubt:

$$\left.\begin{array}{l} F(0) = B \qquad\qquad = 0, \\ F(l) = A\,l + B \quad\;\; = 0, \end{array}\right\} \Rightarrow A = B = 0.$$

Ähnliches gilt im Fall II:

$$\left.\begin{array}{l} F(0) = A + B \qquad\qquad\quad = 0, \\ F(l) = A\,e^{\sqrt{k}\,l} + B\,e^{-\sqrt{k}\,l} \quad = 0, \end{array}\right\} \Rightarrow A = B = 0.$$

Es bleibt also nur der Fall III. Wir haben zunächst

$$F(0) = A, \quad F(l) = A\,\cos(p\,l) + B\,\sin(p\,l),$$

also $A = 0$, $\quad B\,\sin(p\,l) = 0$. Nun ist

$$\sin(p\,l) = 0 \Leftrightarrow p\,l = n\,\pi, \quad n \in \mathbb{N}.$$

Die Lösung des Randwertproblems der Ortsgleichung erfordert die Wahl:

$$p = \sqrt{-k} = \frac{n\,\pi}{l}, \qquad n \in \mathbb{N}.$$

Wir erhalten damit folgende Lösungen:

$$F_n(x) = \sin\left(\frac{n\,\pi}{l}\,x\right), \quad n \in \mathbb{N}.$$

Diese Lösungen dürfen mit beliebigen Konstanten multipliziert werden.

Die Zeitgleichung nimmt jetzt folgende Gestalt an

$$\frac{d^2 G}{d\,t^2} + \lambda_n^2\,G = 0, \quad \lambda_n = c\,\frac{n\,\pi}{l},$$

mit der allgemeinen Lösung: $G_n(t) = C_n\,\cos(\lambda_n\,t) + D_n\,\sin(\lambda_n\,t).$

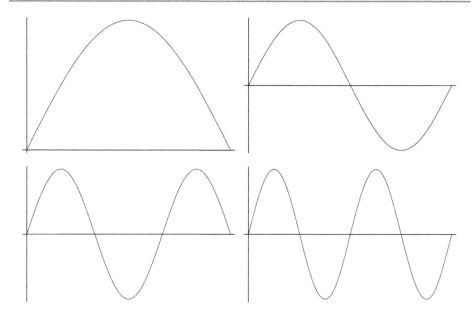

Abb. 3.8 Momentbilder der ersten vier Eigenschwingungen. Punkte, die für alle Zeiten in Ruhe bleiben, $F_n(x) = 0$, bezeichnet man als Knoten

Abb. 3.9 Eigenschwingung zu verschiedenen Zeiten

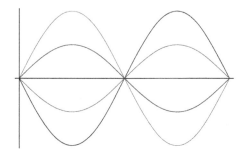

Satz: Eigenschwingungen der Saite

Insgesamt ergeben sich damit folgende Lösungen der Wellengleichung, welche die Randbedingungen erfüllen:

$$u_n(x, t) = (C_n \cos(\lambda_n t) + D_n \sin(\lambda_n t)) \sin\left(\frac{n\pi}{l} x\right), n = 0, 1, 2, \ldots,$$

mit beliebigen Konstanten C_n, D_n und $\lambda_n = \frac{c n \pi}{l}$. Man bezeichnet diese Lösungen als Eigenschwingungen der Saite (stehende Wellen) (Abb. 3.8 und 3.9).

Eine Eigenschwingung allein wird im Allgemeinen die Anfangsbedingung nicht erfüllen. Man kann Eigenschwingungen aber summieren. Die Summe zweier Lösungen ist wieder eine Lösung, da die Gleichung linear ist.

Definition: Superpositionsprinzip

Das Superpositionsprinzip lässt die Konvergenzfrage zunächst außer Acht und überlagert Eigenschwingungen zur Reihe:

$$u(x,t) = \sum_{n=1}^{\infty} \left(C_n \cos(\lambda_n t) + D_n \sin(\lambda_n t) \right) \sin\left(\frac{n\pi}{l} x \right).$$

Falls die Reihe konvergiert, bekommen wir eine zeitlich mit $\frac{2l}{c}$-periodische Lösung, denn

$$\lambda_n \left(t + \frac{2l}{c} \right) = \lambda_n t + \frac{c n \pi}{l} \frac{2l}{c} = \lambda_n t + 2 n \pi.$$

Die Anfangsbedingung verlangt, dass wir die Anfangsfunktion in eine Sinusreihe entwickeln können:

$$f(x) = u(x,0) = \sum_{n=1}^{\infty} C_n \sin\left(\frac{n\pi}{l} x \right).$$

Analog bekommen wir für die Anfangsgeschwindigkeit die Forderung:

$$g(x) = \frac{\partial u}{\partial t}(x,0) = \sum_{n=1}^{\infty} D_n \lambda_n \sin\left(\frac{n\pi}{l} x \right).$$

Entwickelt man eine ungerade Funktion in eine Fourierreihe, so entfallen die Kosinus-Anteile und man erhält eine Sinusreihe. Deshalb setzen wir die Funktionen f und g zunächst ungerade fort:

$$\begin{aligned}
f(x) &= -f(-x), & x &\in [-l, 0), \\
g(x) &= -g(-x), & x &\in [-l, 0), \\
f(x + 2l) &= f(x), & g(x + 2l) &= g(x),
\end{aligned}$$

und bekommen ungerade Funktionen der Periode $2\,l$, die wir der Einfachheit halber wieder mit f und g bezeichnen (Abb. 3.10).

Die Fourier-Koeffizienten ungerader Funktionen erhält man durch Integration über das halbe Periodenintervall:

$$C_n = \frac{2}{l} \int_0^l f(x) \sin\left(\frac{n\pi}{l} x \right) dx, \quad D_n \lambda_n = \frac{2}{l} \int_0^l g(x) \sin\left(\frac{n\pi}{l} x \right) dx,$$

Abb. 3.10 Ungerade Fortsetzung

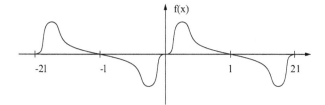

bzw. mit $\lambda_n = \frac{c n \pi}{l}$:

$$D_n = \frac{2}{c n \pi} \int_0^l g(x) \sin\left(\frac{n \pi}{l} x\right) dx.$$

Es bleibt die Frage nach der Konvergenz der Reihe und ihren Differenzierbarkeits-
eigenschaften. Wir stützen uns dabei auf die folgenden beiden Aussagen. Sei f eine
$2l$-periodische Funktion und $f : [-l, l] \longrightarrow \mathbb{R}$ zweimal stetig differenzierbar. Dann
konvergiert die zu f gehörige Fourierreihe

$$S_f(x) = \frac{a_0}{2} + \sum_{n=1}^{\infty} \left(a_n \cos\left(\frac{n \pi}{l} x\right) + b_n \sin\left(\frac{n \pi}{l} x\right)\right),$$

$$a_n = \frac{1}{l} \int_{-l}^{l} f(x) \cos\left(\frac{n \pi}{l} x\right) dx, \quad b_n = \frac{1}{l} \int_{-l}^{l} f(x) \sin\left(\frac{n \pi}{l} x\right) dx.$$

gleichmäßig auf $\mathbb{R}$ gegen f. Außerdem besitzt die Funktion f' die Fourierreihe

$$S_{f'}(x) = \sum_{n=1}^{\infty} \frac{n \pi}{l} \left(b_n \cos\left(\frac{n \pi}{l} x\right) - a_n \sin\left(\frac{n \pi}{l} x\right)\right)$$

und diese Reihe konvergiert punktweise gegen $f'(x)$ für alle $x \in (-l, l)$.

   Wenn man f und g durch ungerade Fortsetzung vom Intervall $[0, l]$ auf ganz $\mathbb{R}$ er-
streckt, entsteht jeweils eine zweimal stetig differenzierbare Funktion. Wir setzen weiter
voraus, dass f bzw. g auf dem Intervall $[-l, l]$ viermal bzw. dreimal stetig differenzierbar
ist. Dann folgt, dass die durch Superposition entstandene Reihe gleichmäßig konvergiert
und stetige erste und zweite partielle Ableitungen besitzt. Die Reihe stellt dann die Lösung
des Anfangsrandwertproblems für die schwingende Saite dar.

Beispiel 3.26

Wir betrachten das folgende Anfangsrandwertproblem:

$$\frac{\partial^2 u}{\partial t^2} = c^2 \frac{\partial^2 u}{\partial x^2},$$

$$u(0, t) = u(1, t) = 0, \quad u(x, 0) = f(x), \quad \frac{\partial u}{\partial t}(x, 0) = 0,$$

mit $f(x) = x$ für $0 \le x < \frac{1}{2}$, $f(x) = 1 - x$ für $\frac{1}{2} \le x \le 1$ (Abb. 3.11).

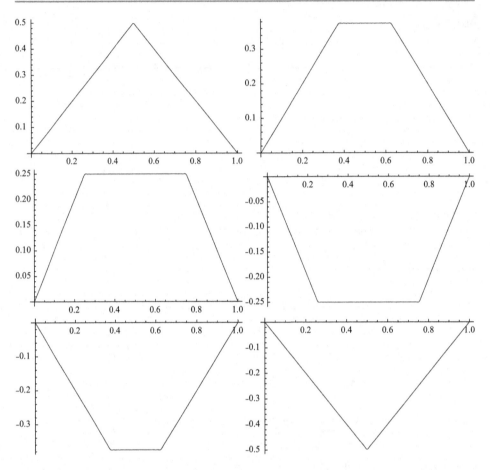

Abb. 3.11 Die Schwingende Saite (zu verschiedenen Zeiten) mit den Anfangsrandbedingungen: $u(0,t) = u(1,t) = 0$, $u(x,0) = f(x)$, $\frac{\partial u}{\partial t}(x,0) = 0$, mit $f(x) = x$ für $0 \leq x < \frac{1}{2}$, $f(x) = 1-x$ für $\frac{1}{2} \leq x \leq 1$

Durch Separation und Superposition bekommen wir die Lösung:

$$u(x,t) = \sum_{n=1}^{\infty} \left(C_n \cos\left(\lambda_n t\right) \sin\left(n\pi x\right) + D_n \sin\left(\lambda_n t\right)\right) \sin\left(n\pi x\right), \quad \lambda_n = c\,n\,\pi.$$

Da wir keine Anfangsgeschwindigkeit haben ($g(x) = 0$), gilt $D_n = 0$ für alle $n \geq 1$. Die Fourier-Koeffizienten C_n ergeben sich zu:

$$C_n = 2 \int_0^1 f(x) \sin\left(n\pi x\right)\, dx.$$

Die Funktion $f(x)$, $(l = 1)$, besitzt die gerade Symmetrie

$$f\left(\frac{l}{2} + x\right) = f\left(\frac{l}{2} - x\right) .$$

Die Sinusfunktionen besitzen folgende Symmetrie:

$$\sin\left(\frac{n\,\pi}{l}\left(\frac{l}{2} + x\right)\right) = (-1)^{n+1} \sin\left(\frac{n\,\pi}{l}\left(\frac{l}{2} - x\right)\right) .$$

Man braucht dazu nur die Umformung zu betrachten:

$$\sin\left(\frac{n\,\pi}{l}\left(\frac{l}{2} + x\right)\right) = \sin\left(\frac{n\,\pi}{2} + \frac{n\,\pi}{l} x\right)$$

und die Symmetrie der Sinusfunktion zu verwenden. Die Koeffizienten mit geraden Indizes verschwinden also

$$C_{2n} = 0 .$$

Für die Koeffizienten mit ungeraden Indizes erhalten wir:

$$C_{2\,n+1} = 4 \int_0^{\frac{1}{2}} f(x) \sin\left((2\,n + 1)\,\pi\,x\right) dx .$$

Ausrechnen der Koeffizienten ergibt:

$$C_{2\,n+1} = (-1)^n \, \frac{4}{(2\,n + 1)^2 \,\pi^2} , \quad n \geq 0 .$$

Wir betrachten die durch Separation und Superposition gewonnene Lösung des Anfangsrandwertproblems

$$u(x, t) = \sum_{n=1}^{\infty}\left(C_n \cos\left(\lambda_n\,t\right) \sin\left(\frac{n\,\pi}{l} x\right) + D_n \sin\left(\lambda_n\,t\right)\right) \sin\left(\frac{n\,\pi}{l} x\right) , \quad \lambda_n = c\,\frac{n\,\pi}{l} .$$

Wir formen um:

$$u(x, t) = \sum_{n=1}^{\infty} \frac{C_n}{2}\left(\sin\left(\frac{n\,\pi}{l}(x - c\,t)\right) + \sin\left(\frac{n\,\pi}{l}(x + c\,t)\right)\right)$$

$$+ \sum_{n=1}^{\infty} \frac{D_n}{2}\left(-\cos\left(\frac{n\,\pi}{l}(x + c\,t)\right) + \cos\left(\frac{n\,\pi}{l}(x - c\,t)\right)\right) .$$

Wir können $u(x, t)$ somit als Summe zweier Wellen interpretieren, nämlich einer vorläufigen (rechtsläufigen) Welle: $\alpha(x - c\,t)$ und einer rückläufigen (linksläufigen) Welle: $\beta(x + c\,t)$ (Abb. 3.12).

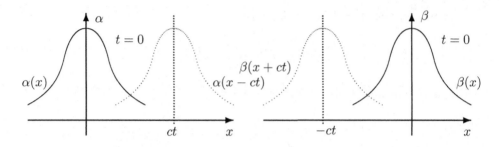

Abb. 3.12 Vor- und rückläufige Welle zur Zeit $t = 0$ und zur Zeit $t > 0$, $(c > 0)$

Offensichtlich können wir die Lösung als Summe einer vor- und einer rückläufigen Welle darstellen:

$$u(x, t) = \frac{1}{2} \left(f(x + c\,t) + f(x - c\,t) \right) + \frac{1}{2c} \int_{x-c\,t}^{x+c\,t} g(\xi)\,d\xi.$$

Denn es gilt:

$$u(x, 0) = f(x) = \sum_{n=1}^{\infty} C_n \sin\left(\frac{n\pi}{l}x\right),$$

$$\frac{\partial u}{\partial t}(x, 0) = g(x) = \sum_{n=1}^{\infty} D_n \lambda_n \sin\left(\frac{n\pi}{l}x\right),$$

und

$$\int g(\xi)\,d\xi = \sum_{n=1}^{\infty} \left(-D_n \lambda_n \frac{l}{n\pi} \cos\left(\frac{n\pi}{l}\xi\right) \right) + A\,c, \quad \lambda_n \frac{l}{n\pi} = c,$$

bzw.

$$\sum_{n=1}^{\infty} \left(-D_n \cos\left(\frac{n\pi}{l}\xi\right) \right) + A = \frac{1}{c} \int g(\xi)\,d\xi.$$

Dies führt uns auf die Methode von d' Alembert zur Lösung der eindimensionalen Wellengleichung:

$$\frac{\partial^2 u}{\partial t^2} - c^2 \frac{\partial^2 u}{\partial y^2} = 0.$$

Die Gleichung besitzt die Charakteristiken

$$\phi(t, x) = t + \frac{1}{c}x, \quad \psi(t, x) = t - \frac{1}{c}x.$$

Mit der Koordinatentransformation

$$\xi = x + c\,t, \quad \eta = x - c\,t,$$

geht die Gleichung in die Normalform über:

$$\frac{\partial^2 u}{\partial \xi \partial \eta} = 0 \, .$$

Die Lösung der Wellengleichung in dieser Normalform geschieht in zwei Integrationsschritten:

$$\frac{\partial u}{\partial \xi}(\xi, \eta) = h(\xi)$$

und

$$u(\xi, \eta) = \int h(\xi) \, d\xi + \beta(\eta)$$

bzw.

$$u(\xi, \eta) = \rho(\xi) + \sigma(\eta)$$

mit zwei freien Funktionen $\rho(\xi)$ und $\sigma(\eta)$. Wir rechnen in Ausgangsvariablen um

$$u(x, t) = \rho(x + c\,t) + \sigma(x - c\,t)$$

und bekommen die Lösung als Superposition einer rück- und einer vorläufigen Welle. Die Funktionen $\rho(\xi)$ und $\sigma(\eta)$ müssen nun so gewählt werden, dass die Anfangs- und Randbedingungen erfüllt sind. Beginnen wir mit dem Anfangswertproblem wie bei der allgemeinen Theorie ohne Einschränkungen an die Anfangsfunktionen:

$$u(x, 0) = f(x) = \rho(x) + \sigma(x)$$

und

$$\frac{\partial u}{\partial t}(x, 0) = g(x) = c\,\frac{d\rho}{dx}(x) - c\,\frac{d\sigma}{dx}(x) \, .$$

Hieraus ergibt sich das System:

$$\frac{d\rho}{dx}(x) + \frac{d\sigma}{dx}(x) = \frac{df}{dx}(x) \, ,$$
$$\frac{d\rho}{dx}(x) - \frac{d\sigma}{dx}(x) = \frac{g(x)}{c} \, ,$$

mit der Lösung:

$$\frac{d\rho}{dx}(x) = \frac{1}{2}\left(\frac{df}{dx}(x) + \frac{g(x)}{c}\right) \, ,$$
$$\frac{d\sigma}{dx}(x) = \frac{1}{2}\left(\frac{df}{dx}(x) - \frac{g(x)}{c}\right) \, .$$

Abb. 3.13 Ungerade Fortsetzung der Anfangsfunktionen

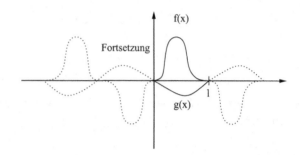

Integrieren liefert:

$$\rho(x) - \rho(0) = \frac{f(x)}{2} - \frac{f(0)}{2} + \frac{1}{2c} \int_0^x g(\xi)\,d\xi,$$

$$\sigma(x) - \sigma(0) = \frac{f(x)}{2} - \frac{f(0)}{2} - \frac{1}{2c} \int_0^x g(\xi)\,d\xi.$$

Die Anfangsbedingung ergibt nun $u(0,0) = f(0)$ und

$$\rho(0) + \sigma(0) = f(0).$$

Damit bekommen wir die Lösung des Anfangswertproblems:

$$u(x,t) = \frac{1}{2} f(x+ct) + \frac{1}{2c} \int_0^{x+ct} g(\xi)\,d\xi$$
$$+ \frac{1}{2} f(x-ct) - \frac{1}{2c} \int_0^{x-ct} g(\xi)\,d\xi,$$

also

$$u(x,t) = \frac{1}{2}\left(f(x+ct) + f(x-ct)\right) + \frac{1}{2c} \int_{x-ct}^{x+ct} g(\xi)\,d\xi.$$

Kommen wir nun zurück zur schwingenden Saite. Die Anfangsfunktionen sind nur auf dem Intervall $[0, l]$ erklärt. Die Anfangsfunktionen müssen nun für $x \in (-\infty, \infty)$ erklärt werden. Denn in der Lösungsformel wird beispielsweise $f(x+ct)$ und $f(x-ct)$ gebraucht. Das Argument von f muss die ganze Zahlengerade durchlaufen können. Dies erreichen wir dadurch, dass wir wie bei der Fourierentwicklung der Lösung $f(x)$ und $g(x)$ ungerade in $2l$-periodische Funktionen fortsetzen (Abb. 3.13).

Unter der Voraussetzung der ungeraden Fortsetzung zeigt man sofort, dass auch die Randbedingungen erfüllt sind:

$$u(0,t) = u(l,t) = 0.$$

Zunächst ergibt $u(0,0) = f(0)$. Weiter gilt aus Symmetriegründen:

$$u(0,t) = \frac{1}{2}\left(f(ct) + f(-ct)\right) + \frac{1}{2c} \int_{-ct}^{ct} g(\xi)\,d\xi = 0$$

und

$$u(l,t) = \frac{1}{2}\left(f(l+ct) + f(l-ct)\right) + \frac{1}{2c}\int_{l-ct}^{l+ct} g(\xi)\,d\xi = 0.$$

Außerdem sieht man, dass die Lösung periodisch in der Zeit mit $\frac{2l}{c}$ ist:

$$u\left(x, t + \frac{2l}{c}\right) = u(x,t).$$

Wenn wir f mit der Periode $2l$ fortsetzen gilt:

$$f\left(x + c\left(t + \frac{2l}{c}\right)\right) + f\left(x - c\left(t + \frac{2l}{c}\right)\right) = f(x + ct + 2l) + f(x - ct - 2l)$$

$$= f(x + ct) + f(x - ct)$$

und

$$\int_{x-c\left(t+\frac{2l}{c}\right)}^{x+c\left(t+\frac{2l}{c}\right)} g(\xi)\,d\xi = \int_0^{x+ct+2l} g(\xi)\,d\xi - \int_0^{x-ct-2l} g(\xi)\,d\xi$$

$$= \int_0^{x+ct} g(\xi)\,d\xi + \int_{x+ct}^{x+ct+2l} g(\xi)\,d\xi$$

$$- \int_0^{x-ct} g(\xi)\,d\xi + \int_{x-ct-2l}^{x-ct} g(\xi)\,d\xi$$

$$= \int_0^{x+ct} g(\xi)\,d\xi - \int_0^{x-ct} g(\xi)\,d\xi.$$

Die Funktion g ist ungerade und $2l$ periodisch und damit verschwinden Integrale über ein Intervall der Länge $2l$.

Satz: D' Alembertsche Lösung der Wellengleichung

Die Methode von d' Alembert liefert folgende Lösung

$$u(x,t) = \frac{1}{2}\left(f(x+ct) + f(x-ct)\right) + \frac{1}{2c}\int_{x-ct}^{x+ct} g(\xi)\,d\xi.$$

des Anfangsrandwertproblems

$$u(0,t) = u(l,t) = 0, \quad u(x,0) = f(x), \quad \frac{\partial u}{\partial t}(x,0) = g(x),$$

für die Wellengleichung (Abb. 3.14)

$$\frac{\partial^2 u}{\partial t^2} = c^2 \frac{\partial^2 u}{\partial x^2}.$$

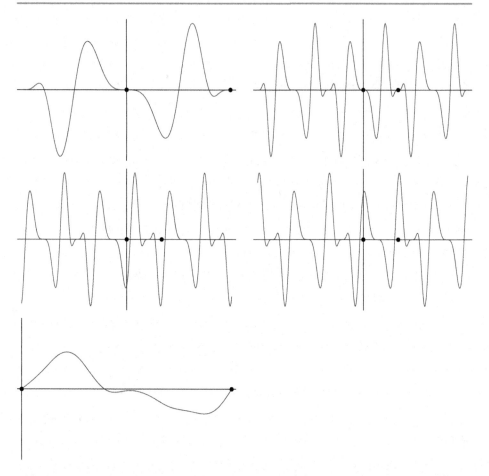

Abb. 3.14 Veranschaulichung der Lösung im Spezialfall $g(x) = 0$. Anfangsfunktion f im Intervall $[0, l]$ mit ungerader Fortsetzung auf $[-l, l]$ und $2\,l$-periodische Fortsetzung auf $\mathbb{R}$. Links- und rechtsläufige Welle: $f(x + c\,t), f(x - c\,t)$. Addition und Lösung im Intervall $[0, l]$

Wir stellen nun die Eindeutigkeit der Lösung der Lösung des Anfangsrandwertproblems sicher. Wir nehmen an, das Problem

$$\frac{\partial^2 u}{\partial t^2} = c^2 \frac{\partial^2 u}{\partial x^2}, \quad u(0, t) = u(l, t) = 0, \quad u(x, 0) = f(x), \frac{\partial u}{\partial t}(x, 0) = g(x),$$

besitzt zwei Lösungen $u_1(x, t)$ und $u_2(x, t)$. Die Differenz

$$u(x, t) = u_1(x, t) - u_2(x, t)$$

löst dann das folgende Anfangsrandwertproblem:

$$\frac{\partial^2 u}{\partial t^2} = c^2 \frac{\partial^2 u}{\partial x^2}, \quad u(0, t) = u(l, t) = 0, \quad u(x, 0) = 0, \frac{\partial u}{\partial t}(x, 0) = 0.$$

Wenn das Ausgangsproblem zwei verschiedene Lösungen hätte, dann müsste das neue homogene Problem eine von Null verschiedene Lösung besitzen. Wir integrieren über die potenzielle und kinetische Energie und betrachten die gesamte Energie der Saite:

$$E(t) = \frac{1}{2} \int_0^l \left(c^2 \left(\frac{\partial u}{\partial x}(x,t) \right)^2 + \left(\frac{\partial u}{\partial t}(x,t) \right)^2 \right) dx.$$

Die Ableitung der Energie ergibt zunächst:

$$\frac{dE}{dt}(t) = \int_0^l \left(c^2 \frac{\partial u}{\partial x}(x,t) \frac{\partial^2 u}{\partial x \partial t}(x,t) + \frac{\partial u}{\partial t}(x,t) \frac{\partial^2 u}{\partial t^2}(x,t) \right) dx$$

und mit der Differentialgleichung folgt:

$$\begin{aligned}
\frac{dE}{dt}(t) &= \int_0^l \left(c^2 \frac{\partial u}{\partial x}(x,t) \frac{\partial^2 u}{\partial x \partial t}(x,t) + c^2 \frac{\partial u}{\partial t}(x,t) \frac{\partial^2 u}{\partial x^2}(x,t) \right) dx \\
&= c^2 \int_0^l \frac{\partial}{\partial x} \left(\frac{\partial u}{\partial x}(x,t) \frac{\partial u}{\partial t}(x,t) \right) dx \\
&= c^2 \frac{\partial u}{\partial x}(x,t) \frac{\partial u}{\partial t}(x,t) \Big|_0^l \\
&= 0.
\end{aligned}$$

Aus den Randbedingungen $u(0,t) = u(l,t) = 0$ ergibt sich nämlich $\frac{\partial u}{\partial t}(0,t) = \frac{\partial u}{\partial t}(l,t) = 0$. Da wir für die Herleitung nur die Randbedingungen benötigt haben, gilt der Energieerhaltungssatz beim allgemeinen Anfangsrandwertproblem der Wellengleichung.

Satz: Energieerhaltungssatz für die eindimensionale Wellengleichung
Löst $u(x,t)$ das Anfangsrandwertproblem der eindimensionalen Wellengleichung, so bleibt die Energie

$$E(t) = \frac{1}{2} \int_0^l \left(c^2 \left(\frac{\partial u}{\partial x}(x,t) \right)^2 + \left(\frac{\partial u}{\partial t}(x,t) \right)^2 \right) dx$$

erhalten:

$$E(t) = E(0).$$

Im homogenen Fall gilt nun zusätzlich:

$$E(t) = E(0) = 0.$$

Abb. 3.15 Kundtsches Rohr

Denn aus $u(x,0) = 0$ folgt $\frac{\partial u}{\partial x}(x,0) = 0$ und mit $\frac{\partial u}{\partial t}(x,0) = 0$ bekommen wir

$$E(0) = \frac{1}{2} \int_0^l \left(c^2 \left(\frac{\partial u}{\partial x}(x,0) \right)^2 + \left(\frac{\partial u}{\partial t}(x,0) \right)^2 \right) dx = 0 \,.$$

Die Beziehung $E(t) = 0$ führt aber sofort auf

$$\frac{\partial u}{\partial x}(x,t) = \frac{\partial u}{\partial t}(x,t) = 0$$

und

$$u(x,t) = u(0,0) = 0 \,.$$

Also kann das homogene Problem nur die Nulllösung $u(x,t) = 0$ besitzen, und die Lösung des Ausgangsproblems ist eindeutig.

Mit der Wellengleichung lässt sich auch die eindimensionale Schallausbreitung beschreiben. Wir betrachten ein unendlich langes Rohr, welches mit einem Gas konstanten Druckes gefüllt ist. Zur Zeit $t = 0$ werde in einem Teil des Rohres (Kundtsches Rohr) eine Druckstörung ausgelöst. Diese verursacht eine Druckänderung, welche als Schall wahrgenommen wird. Die Abweichung des Druckes $u(x,t)$ vom Normaldruck am Ort x zur Zeit t unterliegt der Wellengleichung (Abb. 3.15).

Die eindimensionale Schallausbreitung im Kundtschen Rohr stellt ein Anfangswertproblem für eine Gleichung zweiter Ordnung dar. Für die Lösung dieses Problems wird lokal eine eindeutige Lösung durch Potenzreihenentwicklung garantiert. Global erhält man die Lösung mit der Methode von d'Alembert.

Satz: Anfangswertproblem für die eindimensionale Wellengleichung

Die Lösung der eindimensionalen Wellengleichung

$$\frac{\partial^2 u}{\partial t^2} = c^2 \frac{\partial^2 u}{\partial x^2}$$

mit den Anfangsbedingungen:

$$u(x,0) = f(x), \quad \frac{\partial u}{\partial t}(x,0) = g(x),$$

für $x \in \mathbb{R}, 0 \le t$, ergibt sich mit der Methode von d'Alembert zu:

$$u(x,t) = \frac{1}{2} \left(f(x + c\,t) + f(x - c\,t) \right) + \frac{1}{2c} \int_{x-c\,t}^{x+c\,t} g(\xi)\, d\xi \,.$$

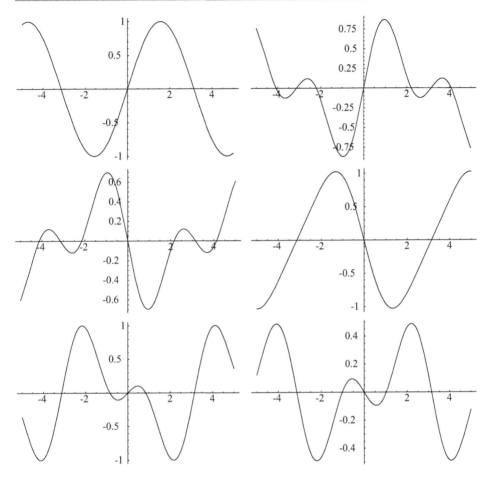

Abb. 3.16 Lösung der eindimensionalen Wellengleichung nach d' Alembert (zu verschiedenen Zeiten)

Beispiel 3.27

Wir betrachten das folgende Anfangswert-Problem:

$$\frac{\partial^2 u}{\partial t^2} = c^2 \frac{\partial^2 u}{\partial x^2}, \quad u(x,0) = \sin(x), \quad \frac{\partial u}{\partial t}(x,0) = \sin(2x).$$

Nach der Methode von d' Alembert ergibt sich die Lösung (Abb. 3.16):

$$u(x,t) = \frac{1}{2}\left(\sin(x+ct) + \sin(x-ct)\right) + \frac{1}{2c}\int_{x-ct}^{x+ct} \sin(2\xi)\,d\xi$$

$$= \frac{1}{2}\left(\sin(x+ct) + \sin(x-ct)\right) - \frac{1}{4c}\left(\cos(2(x+ct)) - \cos(2(x-ct))\right).$$

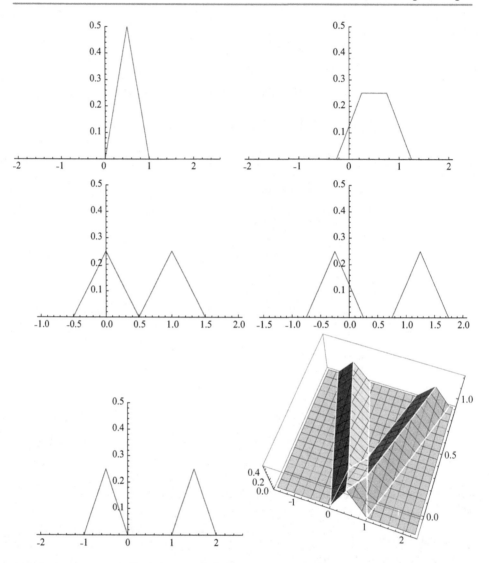

Abb. 3.17 Die Lösung $u(x,t)$ für $t = 0, \frac{1}{4}, \frac{1}{2}, \frac{3}{4}, 1$ und Plot der Lösung über der $x - t$-Ebene $(t \geq 0)$

Beispiel 3.28

Wir lösen das Anfangswertproblem für die Wellengleichung

$$\frac{\partial^2 u}{\partial t^2} = \frac{\partial^2 u}{\partial x^2}, \quad u(x,0) = f(x), \quad \frac{\partial u}{\partial t}u(x,0) = 0, \quad x \in \mathbb{R},$$

$$f(x) = x, \quad 0 \leq x \leq \tfrac{1}{2}, \quad f(x) = 1 - x, \quad \tfrac{1}{2} \leq x \leq 1, \quad f(x) = 0, \text{ sonst,}$$

Abb. 3.18 Ungerade Fortsetzung der Anfangsfunktion über die x-Achse

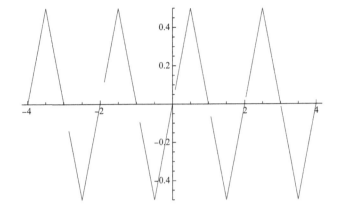

mit der Methode von d'Alembert. Wir zeichnen die Lösung

$$u(x, t) = \tfrac{1}{2}\left(f(x + t) + f(x - t)\right) \quad x \in \mathbb{R}, t \geq 0,$$

für $t = 0, \frac{1}{4}, \frac{1}{2}, \frac{3}{4}, 1$ (Abb. 3.17).

Zum Vergleich lösen wir das Anfangsrandwertproblem für die Wellengleichung

$$\frac{\partial^2 u}{\partial t^2} = \frac{\partial^2 u}{\partial x^2}, \quad u(0, t) = u(1, t) = 0, \quad u(x, 0) = f(x), \quad \frac{\partial u}{\partial t}u(x, 0) = 0, \quad 0 \leq x \leq 1,$$

$$f(x) = x, 0 \leq x \leq \tfrac{1}{2}, \quad f(x) = 1 - x, \quad \tfrac{1}{2} \leq x \leq 1, \quad f(x) = 0, \text{sonst},$$

mit der Methode von d'Alembert. Wir zeichnen die Lösung

$$u(x, t) = \frac{1}{2}\left(f(x + t) + f(x - t)\right) \quad 0 \leq x \leq 1, t \geq 0,$$

für $t = 0, \frac{1}{4}, \frac{1}{2}, \frac{3}{4}, 1$.

Wir haben dieselbe Anfangsbedingung für $0 \leq x \leq 1$. Die Anfangsfunktion $f(x)$ müssen wir ungerade fortsetzen, dann bekommen wir die Lösung nach d' Alembert (Abb. 3.18 und 3.19).

Die Lösungsformel von d' Alembert zeigt, dass die Lösung u im festen Punkt (x, t) der Ebene nicht von allen Funktionswerten von f und g abhängt, sondern nur von den Werten von f und g in den Punkten des Intervalls $[x - c\,t, x + c\,t]$. Man spricht vom Abhängigkeitsgebiet (Abb. 3.20).

Das Abhängigkeitsgebiet erhält man, indem man durch den Punkt (x, t) Charakteristiken legt und diese Geraden mit der Achse $t = 0$ schneidet. Umgekehrt sei ein Punkt $(x_0, 0)$ auf der Anfangslinie $(t = 0)$ gegeben. In welchen Punkten (x, t) der Ebene (Einflussgebiet) können die Werte $f(x_0)$ und $g(x_0)$ den Wert $u(x, t)$ beeinflussen? Offenbar sind dies gerade diejenigen Punkte (x, t), in deren Abhängigkeitsgebiet $(x_0, 0)$ liegt (Abb. 3.21).

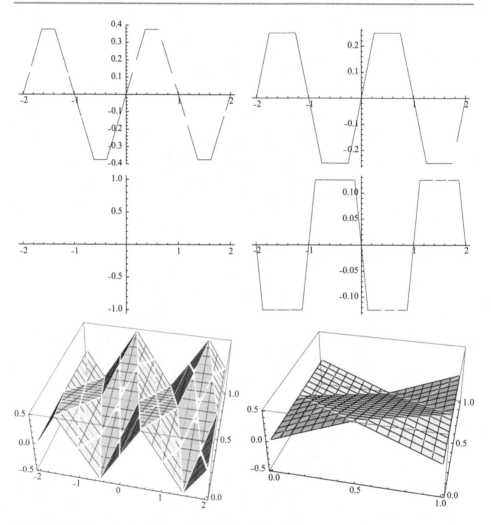

Abb. 3.19 Die Lösung $u(x, t)$ für $t = \frac{1}{8}, \frac{1}{4}, \frac{1}{2}, \frac{3}{4}$ und Plot der Lösung über dem Streifen $-2 \le x \le 2$, $t \ge 0$ in der $x - t$-Ebene. Die Lösung ist periodisch in x. Für das Anfangsrandwertproblem schränken wir ein auf den Streifen $0 \le x \le 1$, $t \ge 0$

Abb. 3.20 Abhängigkeitsgebiet des Punktes (x, t):
Die Lösung im Punkt (x, t)
hängt von den Werten der Anfangsfunktionen im Intervall
$[x - c\,t, x + c\,t]$ ab

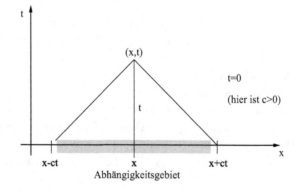

Abb. 3.21 Das Einflussgebiet des Punktes $(x_0, 0)$ wird
begrenzt von zwei Charakteris-
tiken $t = -\frac{1}{c}x + \frac{x_0}{c}$, $t = \frac{1}{c}x - \frac{x_0}{c}$,
die von dem Punkt $(x_0, 0)$ aus-
gehen

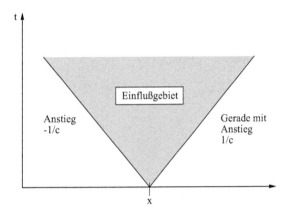

Wenn ein Punkt (x, t_0) im Einflussgebiet liegt, dann liegen auch alle Punkte $(x, t), t > t_0$ im Einflussgebiet. Man kann dies auch so ausdrücken. Wenn eine Störung den Ort x zum Zeitpunkt t_0 erreicht, dann wirkt sie sich für alle Zeiten $t > t_0$ dort aus. Die Dämpfung des Schalls beispielsweise wird also durch die Wellengleichung nicht erfasst.

Beispiel 3.29

Im Spezialfall, dass die Anfangsgeschwindigkeit überall verschwindet, haben wir die Lösung:

$$u(x, t) = \frac{1}{2}\left(f(x + c\,t) + f(x - c\,t)\right).$$

Hieraus folgt:

$$u(x + c\,t, 0) = \frac{1}{2}\left(f(x + c\,t) + f(x + c\,t)\right), \quad u(x - c\,t, 0) = \frac{1}{2}\left(f(x - c\,t) + f(x - c\,t)\right)$$

also: $f(x + c\,t) = u(x + c\,t, 0)$, $f(x - c\,t) = u(x - c\,t, 0)$.

Die Lösung nimmt also die Gestalt an:

$$u(x, t) = \frac{1}{2}\left(u(x + c\,t, 0) + u(x - c\,t, 0)\right).$$

Die Auslenkung im Punkt (x, t) ist gleich dem arithmetischen Mittel aus den Auslen-
kungen zur Zeit $t = 0$ am Ort $x - ct$ bzw. $x + ct$. In der (x, t) Ebene pflanzen sich Störungen längs Charakteristiken fort (Abb. 3.22).

Wenn umgekehrt an einem festen Ort x_0 zur Zeit $t = 0$ eine Störung erfolgt, $(f(x_0) \neq 0)$, so wird diese Störung nur auf den ausgehenden Charakteristiken re-
gistriert (Abb. 3.23).

Jetzt sei eine Störung auf ein ganzes Intervall $[a, b]$ verteilt, $(f(x_0) \neq 0, x_0 \in [a, b])$, dann ergibt sich folgendes Einflussgebiet. (Abb. 3.24)

Abb. 3.22 Das Abhängigkeitsgebiet des Punktes (x, t)
besteht nur aus den beiden
Eckpunkten $x - c\,t$ und $x + c\,t$

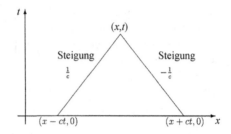

Beispiel 3.30

Wir betrachten die inhomogene Wellengleichung:

$$\frac{\partial^2 u}{\partial t^2} = c^2 \frac{\partial^2 u}{\partial x^2} + Q(x, t).$$

Eine partikuläre Lösung ergibt sich wie folgt:

$$u(x, t) = \frac{1}{2c} \int_0^t \int_{x - c\,(t-\tau)}^{x + c\,(t-\tau)} Q(\xi, \tau)\, d\xi\, d\tau.$$

Abb. 3.23 Das Einflussgebiet
besteht nur aus den beiden
Charakteristiken

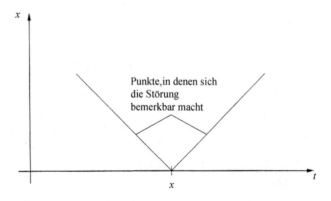

Abb. 3.24 Das Einflussgebiet
eines Intervalls. Zur Zeit t steht
am Ort x_1 die Störung noch
bevor. Am Ort x_2 erfolgt die
Störung gerade am Ort x_3 ist
die Störung bereits erfolgt

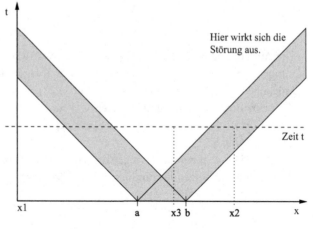

Wir rechnen nach:

$$\frac{\partial u}{\partial x}(x,t) = \frac{1}{2c} \int_0^t \left(Q(x + c(t-\tau), \tau) - Q(x - c(t-\tau), \tau) \right) d\tau.$$

$$\frac{\partial^2 u}{\partial x^2}(x,t) = \frac{1}{2c} \int_0^t \left(\frac{\partial Q}{\partial x}(x + c(t-\tau), \tau) - \frac{\partial Q}{\partial x} Q(x - c(t-\tau), \tau) \right) d\tau.$$

Wir schreiben:

$$u(x,t) = \frac{1}{2c} \int_0^t F(x,t,\tau) \, d\tau$$

und bekommen:

$$\frac{\partial u}{\partial t}(x,t) = \frac{1}{2c} \left(F(x,t,t) + \int_0^t \frac{\partial F}{\partial t}(x,t,\tau) \, d\tau \right),$$

also

$$\frac{\partial u}{\partial t}(x,t) = \frac{1}{2c} \int_0^t \left(c\, Q(x + c(t-\tau), \tau) + c\, Q(x - c(t-\tau), \tau) \right) d\tau.$$

Mit

$$G(x,t,\tau) = c\, Q(x + c(t-\tau), \tau) + c\, Q(x - c(t-\tau), \tau)$$

bekommen wir wieder:

$$\frac{\partial^2 u}{\partial t^2}(x,t) = \frac{1}{2c} \left(G(x,t,t) + \int_0^t \frac{\partial G}{\partial t}(x,t,\tau) \, d\tau \right),$$

bzw.

$$\frac{\partial^2 u}{\partial t^2}(x,t)$$
$$= \frac{1}{2c} \left(2c\, Q(x,t) + \int_0^t \left(c^2 \frac{\partial Q}{\partial x}(x + c(t-\tau), \tau) - c^2 \frac{\partial Q}{\partial x}(x - c(t-\tau), \tau) \right) d\tau \right).$$

Insgesamt bekommen wir also eine Lösung der Wellengleichung. Offensichtlich erfüllt die partikuläre Lösung die Anfangsbedingungen:

$$u(x,0) = \frac{\partial u}{\partial t}(x,0) = 0.$$

3.4   Die zweidimensionale Wellengleichung

Wir betrachten eine Membran, die in Schwingungen versetzt wird (Abb. 3.25).
Das Problem wird analog zum eindimensionalen Fall beschrieben.

Definition: Anfangsrandwertproblem für die zweidimensionale Wellengleichung
Gesucht wird eine zweimal stetig differenzierbare Funktion, welche die zweidimensionale Wellengleichung

$$\frac{\partial^2 u}{\partial t^2} = c^2 \left(\frac{\partial^2 u}{\partial x^2} + \frac{\partial^2 u}{\partial y^2} \right)$$

mit den Randbedingungen

$$u(x, y, t) = 0 \quad \text{für} \quad x = 0, x = a, y = 0, y = b$$

und den Anfangsbedingungen:

$$u(x, y, 0) = f(x, y), \quad \frac{\partial u}{\partial t}(x, y, 0) = g(x, y),$$

für $0 \le x \le a, 0 \le y \le b, 0 \le t$, erfüllt. ($c > 0$ ist eine Konstante).

Die Differentialgleichung schreibt man häufig mit dem zweidimensionalen Laplaceoperator:

$$\frac{\partial^2 u}{\partial t^2} = c^2 \left(\frac{\partial^2}{\partial x^2} + \frac{\partial^2}{\partial y^2} \right) u(x, y) = c^2 \, \Delta u(x, y).$$

Wieder separieren wir die Zeit von den räumlichen Variablen:

$$u(x, y, t) = F(x, y) \, G(t).$$

Abb. 3.25 Rechteckige, schwingende Membran. Am Rand wird die Membran eingespannt. Die Auslenkung ist gleich Null

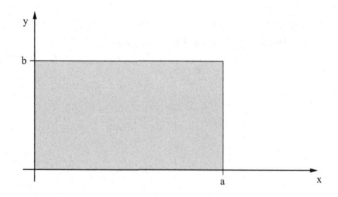

Einsetzen in die Differentialgleichung ergibt:

$$F(x,y)\frac{d^2G}{dt^2}(t) = c^2\left(\frac{\partial^2 F}{\partial x^2}(x,y)\,G(t) + \frac{\partial^2 F}{\partial y^2}(x,y)\,G(t)\right).$$

Hieraus ergibt sich mit einer Konstanten:

$$\frac{\frac{d^2G}{dt^2}(t)}{c^2\,G(t)} = \frac{\frac{\partial^2 F}{\partial x^2}(x,y) + \frac{\partial^2 F}{\partial y^2}(x,y)}{F(x,y)} = -v^2.$$

(Wie im eindimensionalen Fall erweist sich eine positive Konstante als unverträglich mit den den Randbedingungen). Damit bekommen wir die Zeitgleichung:

$$\frac{d^2G}{dt^2}(t) + \lambda^2\,G(t) = 0, \quad \lambda = c\,v$$

und die räumliche Gleichung:

$$\frac{\partial^2 F}{\partial x^2}(x,y) + \frac{\partial^2 F}{\partial y^2}(x,y) + v^2\,F(x,y) = 0.$$

Die räumliche Gleichung lösen wir erneut durch Separation:

$$F(x,y) = H(x)\,M(y).$$

Einsetzen ergibt:

$$\frac{d^2H}{dx^2}(x)\,M(y) + H(x)\frac{d^2M}{dy^2}(y) + v^2\,H(x)\,M(y) = 0$$

bzw.

$$\frac{\frac{d^2H}{dx^2}(x)}{H(x)} = -\frac{\frac{d^2M}{dy^2}(y)}{M(y)} - v^2 = -k^2.$$

Wir bekommen folgende Gleichungen:

$$\frac{d^2H}{dx^2}(x) + k^2\,H(x) = 0$$

und

$$\frac{d^2M}{dy^2}(y) + p^2\,M(y) = 0, \quad v^2 - k^2 = p^2 > 0,$$

mit allgemeinen Lösungen:

$$H(x) = A\,\cos(k\,x) + B\,\sin(k\,x), \quad M(y) = A^*\cos(p\,y) + B^*\sin(p\,y).$$

Abb. 3.26 Knotenlinien einer rechteckigen Membran ($m = 2, n = 2$)

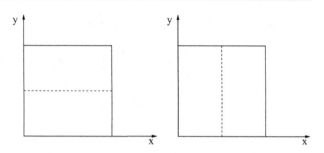

Die Randbedingungen

$$F(0, y) = H(0)\,M(y), \quad F(a, y) = H(a)\,M(y),$$

und

$$F(x, 0) = H(x)\,M(0), \quad F(x, b) = H(x)\,M(b),$$

nehmen folgende Gestalt an:

$$H(0) = 0,\, H(a) = 0, \quad M(0) = 0,\, M(b) = 0.$$

Wie im eindimensionalen Fall erhalten wir folgende Lösungen:

$$H_m(x) = \sin\left(\frac{m\,\pi}{a}\,x\right), \quad M_n(y) = \sin\left(\frac{n\,\pi}{b}\,y\right), \quad m, n \in \mathbb{N}.$$

Die Lösungen der räumlichen Gleichung lauten damit:

$$F_{mn}(x, y) = \sin\left(\frac{m\,\pi}{a}\,x\right)\sin\left(\frac{n\,\pi}{b}\,y\right), \quad \frac{m\,\pi}{a} = k_m,\, \frac{n\,\pi}{b} = p_n.$$

in der Zeitgleichung haben wir den Parameter

$$\lambda = c\,v = c\,\sqrt{p^2 + k^2},$$

also:

$$\lambda_{mn} = c\,\sqrt{\left(\frac{n\pi}{b}\right)^2 + \left(\frac{m\pi}{a}\right)^2} = c\,\pi\,\sqrt{\frac{m^2}{a^2} + \frac{n^2}{b^2}}.$$

Die allgemeine Lösung der Zeitgleichung lautet dann:

$$G_{mn}(t) = C_{mn}\,\cos(\lambda_{mn}\,t) + D_{mn}\,\sin(\lambda_{mn}\,t),$$

und wir bekommen folgende Eigenschwingungen der zweidimensionalen Wellengleichung (stehende Wellen):

$$u_{mn}(x, y, t) = (C_{mn}\,\cos(\lambda_{mn}\,t) + D_{mn}\,\sin(\lambda_{mn}\,t))\,\sin\left(\frac{m\,\pi}{a}\,x\right)\sin\left(\frac{n\,\pi}{b}\,y\right).$$

Diese Eigenschwingungen besitzen nun anstelle von Knoten so genannte Knotenlinien. Das sind Kurven auf der Membran, die durch die Gleichung $F_{mn}(x, y) = 0$ gegeben werden (Abb. 3.26 und 3.27).

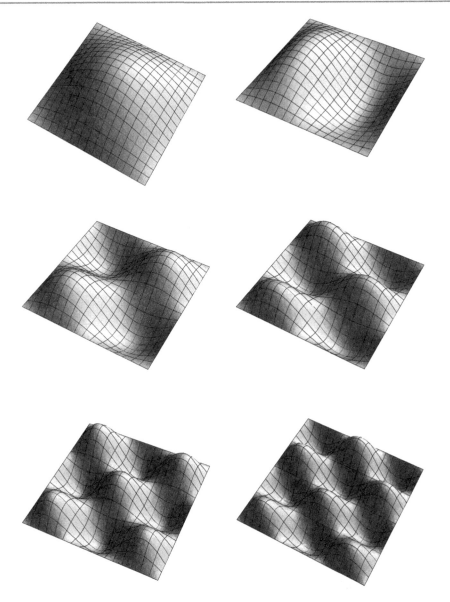

Abb. 3.27 Eigenschwingungen einer rechteckigen Membran ($m = 1, n = 1, m = 2, n = 1, m = 2, n = 2, m = 2, n = 3, m = 3, n = 3, m = 3, n = 4$)

Die Anfangsbedingungen erfüllt man wieder durch Superposition und Fourierentwicklung (ungerade Fortsetzung, Sinusreihe):

$$u(x, y, t) = \sum_{m=1}^{\infty} \sum_{n=1}^{\infty} (C_{mn} \cos(\lambda_{mn} t) + D_{mn} \sin(\lambda_{mn} t)) \sin\left(\frac{m\pi}{a} x\right) \sin\left(\frac{n\pi}{b} y\right).$$

Die Anfangsauslenkung und die Anfangsgeschwindigkeit müssen wir in eine zweifache Fourierreihe entwickeln:

$$f(x, y) = u(x, y, 0) = \sum_{m=1}^{\infty} \sum_{n=1}^{\infty} C_{mn} \sin\left(\frac{m\,\pi}{a}\,x\right) \sin\left(\frac{n\,\pi}{b}\,y\right)$$

und

$$g(x, y) = \frac{\partial u}{\partial t}(x, y, 0) = \sum_{m=1}^{\infty} \sum_{n=1}^{\infty} D_{mn}\,\lambda_{mn} \sin\left(\frac{m\,\pi}{a}\,x\right) \sin\left(\frac{n\,\pi}{b}\,y\right).$$

Die Fourierkoeffizienten ergeben sich durch zweifache Integration:

$$C_{mn} = \frac{4}{a\,b} \int_0^b \int_0^a f(x, y) \sin\left(\frac{m\,\pi}{a}\,x\right) \sin\left(\frac{n\,\pi}{b}\,y\right) dx\,dy,$$

$$D_{mn} = \frac{4}{a\,b\,\lambda_{mn}} \int_0^b \int_0^a g(x, y) \sin\left(\frac{m\,\pi}{a}\,x\right) \sin\left(\frac{n\,\pi}{b}\,y\right) dx\,dy.$$

Beispiel 3.31

Wir betrachten das folgende Anfangsrandwertproblem

$$\frac{\partial^2 u}{\partial t^2} = \frac{\partial^2 u}{\partial x^2} + \frac{\partial^2 u}{\partial y^2},$$

$$u(x, y, t) = 0 \quad \text{für} \quad x = 0, \quad x = 1, \quad y = 0, \quad y = 1,$$

$$u(x, y, 0) = f(x, y) = x\,y\,(x - 1)\,(y - 1), \quad \frac{\partial u}{\partial t}(x, y, 0) = 0,$$

(für $0 \le x \le 1, 0 \le y \le 1, 0 \le t$). Anschaulich kann man sich eine quadratische Membran vorstellen, die an den Rändern eingespannt wird. Die Membran wird ausgelenkt und schwingt anschließend.

Mit $c = 1$ bekommen wir folgende Lösung:

$$u(x, y, t) = \sum_{m=1}^{\infty} \sum_{n=1}^{\infty} C_{mn} \cos(\lambda_{mn}\,t)\,\sin(m\,\pi\,x)\,\sin(n\,\pi\,y),$$

$$C_{mn} = 4 \int_0^1 \int_0^1 f(x, y) \sin(m\,\pi\,x)\,\sin(n\,\pi\,y)\,dx\,dy, \quad \lambda_{mn} = \pi\,\sqrt{m^2 + n^2}.$$

Wertet man die Integrale aus, so ergibt sich für $m, n \ge 0$:

$$C_{2\,m+1, 2\,n+1} = 4 \left(\int_0^1 x\,(x - 1) \sin((2\,m + 1)\,\pi\,x)\,dx \right) \left(\int_0^1 y\,(y - 1) \sin((2\,n + 1)\,\pi\,y)\,dy \right)$$

$$= 4 \left(-\frac{4}{(2\,m + 1)^3\,\pi^3} \right) \left(-\frac{4}{(2\,n + 1)^3\,\pi^3} \right) = \frac{1}{(2\,m + 1)^3\,(2\,n + 1)^3}\,\frac{64}{\pi^6}.$$

Alle anderen Koeffizienten ergeben Null (Abb. 3.28).

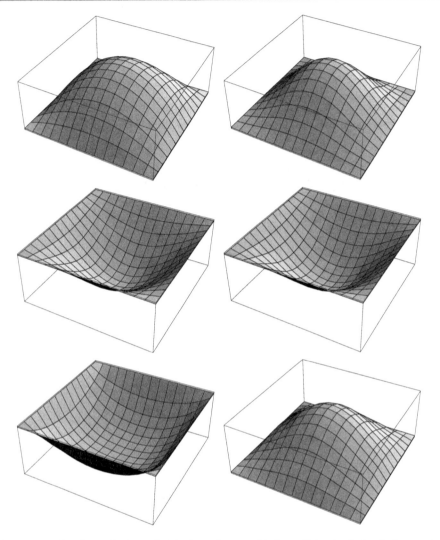

Abb. 3.28 Rechteckige schwingende Membran (zu verschiedenen Zeiten) mit der Anfangsauslen-kung $f(x, y) = x\,y\,(x - 1)\,(y - 1)$ und der Anfangsgeschwindigkeit $g(x, y) = 0$

Die Schwingung einer kreisförmigen Membran (Trommel) behandelt man am besten in Polarkoordinaten:

$$x = r\cos(\varphi), \quad y = r\sin(\varphi), \quad 0 < r, 0 \le \varphi < 2\pi.$$

Die Umkehrung lautet:

$$r = \sqrt{x^2 + y^2}, \quad \varphi = \arctan\left(\frac{y}{x}\right).$$

Beim Ausdrücken des Polarwinkels beschränken wir uns zunächst auf den ersten Quadranten. Im zweiten und dritten Quadranten muss π und im vierten Quadranten 2π addiert werden.

Beispiel 3.32

Wir wollen den Laplaceoperator in Polarkoordinaten ausdrücken. Dies könnte wie im dreidimensionalen Fall mit Tensorrechnung geschehen, wir können aber auch direkt vorgehen:

$$\frac{\partial u}{\partial x}(x,y) = \frac{\partial u}{\partial r}(r,\varphi)\,\frac{\partial r}{\partial x}(x,y) + \frac{\partial u}{\partial \varphi}(r,\varphi)\,\frac{\partial \varphi}{\partial x}(x,y)$$

$$\frac{\partial^2 u}{\partial x^2}(x,y) = \left(\frac{\partial^2 u}{\partial r^2}(r,\varphi)\,\frac{\partial r}{\partial x}(x,y) + \frac{\partial^2 u}{\partial r\partial\varphi}(r,\varphi)\,\frac{\partial \varphi}{\partial x}(x,y)\right)\frac{\partial r}{\partial x}(x,y)$$

$$+ \frac{\partial u}{\partial r}(r,\varphi)\,\frac{\partial^2 r}{\partial x^2}(x,y)$$

$$\cdot\left(\frac{\partial^2 u}{\partial\varphi\partial r}(r,\varphi)\,\frac{\partial r}{\partial x}(x,y) + \frac{\partial^2 u}{\partial\varphi^2}(r,\varphi)\,\frac{\partial \varphi}{\partial x}(x,y)\right)\frac{\partial \varphi}{\partial x}(x,y)$$

$$+ \frac{\partial u}{\partial \varphi}(r,\varphi)\,\frac{\partial^2 \varphi}{\partial x^2}(x,y).$$

Analog bekommt man:

$$\frac{\partial^2 u}{\partial y^2}(x,y) = \left(\frac{\partial^2 u}{\partial r^2}(r,\varphi)\,\frac{\partial r}{\partial y}(x,y) + \frac{\partial^2 u}{\partial r\partial\varphi}(r,\varphi)\,\frac{\partial \varphi}{\partial y}(x,y)\right)\frac{\partial r}{\partial y}(x,y)$$

$$+ \frac{\partial u}{\partial r}(r,\varphi)\,\frac{\partial^2 r}{\partial y^2}(x,y)$$

$$\cdot\left(\frac{\partial^2 u}{\partial\varphi\partial r}(r,\varphi)\,\frac{\partial r}{\partial y}(x,y) + \frac{\partial^2 u}{\partial\varphi^2}(r,\varphi)\,\frac{\partial \varphi}{\partial y}(x,y)\right)\frac{\partial \varphi}{\partial y}(x,y)$$

$$+ \frac{\partial u}{\partial \varphi}(r,\varphi)\,\frac{\partial^2 \varphi}{\partial y^2}(x,y).$$

Die Ableitungen der Polarkoordinatenabbildung ergeben sich zu:

$$\frac{\partial r}{\partial x} = \frac{x}{\sqrt{x^2 + y^2}} = \frac{x}{r}, \quad \frac{\partial r}{\partial y}(x,y) = \frac{y}{r},$$

$$\frac{\partial \varphi}{\partial x} = \frac{1}{1+\left(\frac{y}{x}\right)^2}\left(-\frac{y}{x^2}\right) = -\frac{y}{r^2}, \quad \frac{\partial \varphi}{\partial y} = \frac{1}{1+\left(\frac{y}{x}\right)^2}\frac{1}{x} = \frac{x}{r^2},$$

und

$$\frac{\partial^2 r}{\partial x^2} = \frac{r - x\,\frac{\partial r}{\partial x}}{r^2} = \frac{1}{r} - \frac{x^2}{r^3} = \frac{1}{r}\left(1 - \frac{x^2}{r^2}\right) = \frac{1}{r}\left(\frac{r^2}{r^2} - \frac{x^2}{r^2}\right) = \frac{1}{r}\left(\frac{y^2}{r^2}\right) = \frac{y^2}{r^3},$$

$$\frac{\partial^2 \varphi}{\partial x^2} = -y\left(-\frac{2}{r^3}\right)\frac{\partial r}{\partial x} = 2\,x\,y\,\frac{1}{r^4},$$

$$\frac{\partial^2 r}{\partial y^2} = \frac{r - y\,\frac{\partial r}{\partial y}}{r^2} = \frac{1}{r} - \frac{y^2}{r^3} = \frac{1}{r}\left(1 - \frac{y^2}{r^2}\right) = \frac{x^2}{r^3},$$

$$\frac{\partial^2 \varphi}{\partial y^2} = x\left(-\frac{2}{r^3}\right)\frac{\partial r}{\partial y} = -2\,x\,y\,\frac{1}{r^4}.$$

Insgesamt erhalten wir

$$\frac{\partial^2 u}{\partial x^2}(x, y) = \frac{x^2}{r^2}\frac{\partial^2 u}{\partial r^2}(r, \varphi) - 2\frac{x\,y}{r^3}\frac{\partial^2 u}{\partial r \partial \varphi}(r, \varphi) + \frac{y^2}{r^4}\frac{\partial^2 u}{\partial \varphi \partial \varphi}(r, \varphi) + \frac{y^2}{r^3}\frac{\partial u}{\partial r}(r, \varphi)$$

$$+ 2\frac{x\,y}{r^4}\frac{\partial u}{\partial \varphi}(r, \varphi),$$

$$\frac{\partial^2 u}{\partial y^2}(x, y) = \frac{y^2}{r^2}\frac{\partial^2 u}{\partial r^2}(r, \varphi) + 2\frac{x\,y}{r^3}\frac{\partial^2 u}{\partial r \partial \varphi}(r, \varphi) + \frac{x^2}{r^4}\frac{\partial^2 u}{\partial \varphi \partial \varphi}(r, \varphi) + \frac{x^2}{r^3}\frac{\partial u}{\partial r}(r, \varphi)$$

$$- 2\frac{x\,y}{r^4}\frac{\partial u}{\partial \varphi}(r, \varphi),$$

und damit

$$\frac{\partial^2 u}{\partial x^2}(x, y) + \frac{\partial^2 u}{\partial y^2}(x, y) = \frac{\partial^2 u}{\partial r^2}(r, \varphi) + \frac{1}{r}\frac{\partial u}{\partial r}(r, \varphi) + \frac{1}{r^2}\frac{\partial^2 u}{\partial \varphi^2}(r, \varphi).$$

In (ebenen) Polarkoordinaten lautet der Laplaceoperator:

$$\Delta u = \frac{\partial^2 u}{\partial r^2} + \frac{1}{r}\frac{\partial u}{\partial r} + \frac{1}{r^2}\frac{\partial^2 u}{\partial \varphi^2} = \frac{1}{r}\frac{\partial}{\partial r}\left(r\frac{\partial u}{\partial r}\right) + \frac{1}{r^2}\frac{\partial^2 u}{\partial \varphi^2}.$$

Wir spannen nun eine kreisförmige Membran am Rand ein und versetzen sie in Schwingungen (Abb. 3.29).

Wir beschränken uns auf rotationssymmetrische Probleme und bekommen das folgende Anfangsrandwertproblem.

Abb. 3.29 Kreisförmige
Membran mit Radius R

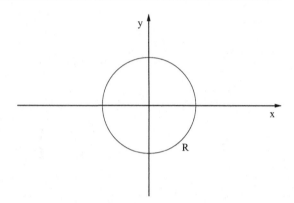

Definition: Rotationssymmetrisches Anfangsrandwertproblem

Gesucht wird eine zweimal stetig differenzierbare Funktion, welche die zweidimensionale Wellengleichung

$$\frac{\partial^2 u}{\partial t^2} = c^2 \left(\frac{\partial^2 u}{\partial r^2} + \frac{1}{r} \frac{\partial u}{\partial r} \right), \quad c > 0,$$

mit der Randbedingung

$$u(R, t) = 0, \quad R > 0,$$

und den Anfangsbedingungen:

$$u(r, 0) = f(r), \quad \frac{\partial u}{\partial t}(r, 0) = g(r),$$

für $0 < r, 0 \le t$, erfüllt.

Wir benützen erneut die Methode der Separation der Variablen:

$$u(r, t) = F(r)\, G(t).$$

Einsetzen in die Differentialgleichung ergibt:

$$F(r) \frac{d^2 G}{dt^2}(t) = c^2 \left(\frac{d^2 F}{dr^2}(r)\, G(t) + \frac{1}{r} \frac{dF}{dr}(r)\, G(t) \right)$$

bzw.

$$\frac{\frac{d^2 G}{dt^2}(t)}{c^2\, G(t)} = \frac{1}{F(r)} \left(\frac{d^2 F}{dr^2}(r) + \frac{1}{r} \frac{dF}{dr}(r) \right) = -k^2, \quad k > 0.$$

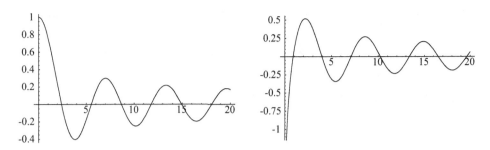

Abb. 3.30 Die Bessel-Funktion $J_0(x)$ für positive x, $J_0(-x) = J_0(x)$ (*links*), und die Bessel-Funktion $Y_0(x)$ (*rechts*)

Wiederum führen nur negative Konstante zu Eigenschwingungen. Aber auch bei der Lösung des Randwertproblems benötigen wir eine negative Konstante. Wir erhalten eine Zeitgleichung:

$$\frac{d^2 G}{dt^2}(t) + \lambda^2\, G(t) = 0, \quad \lambda = c\, k,$$

und eine räumliche Gleichung:

$$\frac{d^2 F}{dr^2}(r) + \frac{1}{r}\frac{dF}{dr}(r) + k^2\, F(r) = 0.$$

In der räumlichen Gleichung führen wir die Variable ein

$$s = k\, r, \quad F(r) = \tilde{F}(s(r)) \quad \text{bzw.} \quad F(s),$$

und bekommen die Besselsche Differentialgleichung:

$$\frac{d^2 F}{ds^2}(s) + \frac{1}{s}\frac{dF}{ds}(s) + F(s) = 0.$$

Satz: Lösung der Besselschen Differentialgleichung 0-ter Ordnung

Die allgemeine Lösung der Besselschen Differentialgleichung

$$\frac{d^2 y}{dx^2} + \frac{1}{x}\frac{dy}{dx} + y = 0$$

lautet

$$y(x) = c_1\, J_0(x) + c_2\, Y_0(x).$$

Die Bessel-Funktion 1. Art und 0-ter Ordnung besitzt folgende Potenzreihenentwicklung:

$$J_0(x) = \sum_{\nu=0}^{\infty} \left(-\frac{1}{4}\right)^{\nu} \frac{1}{(\nu!)^2}\, x^{2\nu}.$$

Die Bessel-Funktion 2. Art und 0-ter Ordnung $Y_0(x)$ hat die Gestalt (Abb. 3.30)

$$Y_0(x) = J_0(x)\ln(x) - \sum_{\nu=1}^{\infty}\left(-\frac{1}{4}\right)^{\nu}\frac{1}{(\nu!)^2}\left(\sum_{\mu=1}^{\nu}\frac{1}{\mu}\right)x^{\nu}.$$

Die Bessel-Funktion $J_0(x)$ besitzt unendlich viele positive Nullstellen α_n, $n \in \mathbb{N}$. Man kann die Nullstellen eingrenzen und ansonsten nur numerisch berechnen. Es gilt:

$$\left((n-1)+\frac{6}{8}\right)\pi < \alpha_n < \left((n-1)+\frac{7}{8}\right)\pi, \quad n \in \mathbb{N},$$

$$\alpha_{n+1} - \alpha_n < \pi, \quad \alpha_{n+2} - \alpha_{n+1} > \alpha_{n+1} - \alpha_n$$

$$\lim_{n\to\infty}\left(\alpha_{n+1} - \alpha_n\right) = \pi, \quad \lim_{n\to\infty}\left(\alpha_n - \left((n-1)+\frac{6}{8}\right)\pi\right) = 0.$$

Die Besselsche Differentialgleichung n-ter Ordnung lautet:

$$\frac{d^2y}{dx^2} + \frac{1}{x}\frac{dy}{dx} + \left(1 - \frac{n^2}{x^2}\right)y = 0.$$

Ihre Lösungen werden gegeben durch die Bessel-Funktionen 1. Art $J_n(x)$ und 2. Art $Y_n(x)$ und n-ter Ordnung. (Dabei ist n eine reelle Zahl. Im allgemeinen Fall ist $n \in C$. In vielen Fällen ist $n \in \mathbb{Z}$). Offensichtlich bekommen wir die Besselsche Differentialgleichung für $n = 0$.

Satz: Orthogonalitätseigenschaft der Besselfunktion 0-ter Ordnung

Die Bessel-Funktion $J_0(x)$ besitzt eine monoton wachsende Folge von positiven Nullstellen $\alpha_1 < \alpha_2 < \dots$. Für natürliche Zahlen $m \neq n$ gilt:

$$\int_0^R x J_0(k_m x) J_0(k_n x)\, dx = 0, \quad k_m = \frac{\alpha_m}{R}.$$

Die allgemeine Lösung der räumlichen Gleichung lautet nun:

$$F(r) = c_1 J_0(k\,r) + c_2 Y_0(k\,r).$$

Da Y_0 an der Stelle $r = 0$ eine logarithmische Singularität besitzt, kann Y_0 keinen Beitrag leisten: $c_2 = 0$. Ohne Einschränkung kann $c_1 = 1$ gesetzt werden, da wir von den Lösungen der Zeitgleichung zwei weitere Konstanten bekommen, mit denen C_1 multipliziert wird.

Somit nehmen wir als Lösung der räumlichen Gleichung:

$$F(r) = J_0(k\,r)\,.$$

Die Randbedingung $u(R, t) = 0$ zieht nach sich:

$$F(R) = J_0(k\,R) = 0\,,$$

also

$$k\,R = \alpha_n\,, \quad \text{bzw.} \quad k_n = \frac{\alpha_n}{R}\,, \quad n = 1, 2, \dots\,,$$

mit den positiven Nullstellen der Bessel-Funktion J_0. Betrachten wir nun die allgemeine Lösung der Zeitgleichung

$$G_n(t) = C_n \cos(\lambda_n\,t) + b_n \sin(\lambda_n\,t)\,, \quad \lambda_n = c\,k_n = c\,\frac{\alpha_n}{R}\,.$$

Um die Anfangsbedingungen zu erfüllen, setzen wir die Reihe an:

$$u(r, t) = \sum_{n=1}^{\infty} (C_n \cos(\lambda_n\,t) + D_n \sin(\lambda_n\,t))\,J_0(k_n\,r)$$

und bekommen die Bedingungen:

$$u(r, 0) = \sum_{n=1}^{\infty} C_n\,J_0(k_n\,r) = f(r)\,, \quad \frac{\partial u}{\partial t}(r, 0) = \sum_{n=1}^{\infty} \lambda_n\,D_n\,J_0(k_n\,r) = g(r)\,.$$

Die Vollständigkeit des Systems $J_0(k_n\,r)$ rechtfertigt dieses Vorgehen. Bei geeigneten Voraussetzungen kann eine Funktion in eine Bessel-Reihe entwickelt werden. Wir erhalten folgende Entwicklungskoeffizienten:

$$C_n = \frac{\int_0^R r\,J_0(k_n\,r)\,f(r)\,dr}{\int_0^R r\,(J_0(k_n\,r))^2\,dr}\,, \quad \lambda_n\,D_n = \frac{\int_0^R r\,J_0(k_n\,r)\,g(r)\,dr}{\int_0^R r\,(J_0(k_n\,r))^2\,dr}\,.$$

Dazu multiplizieren wir:

$$\sum_{n=1}^{\infty} C_n\,r\,J_0(k_m\,r)\,J_0(k_n\,r) = r\,J_0(k_m\,r)\,f(r)\,,$$

Integration ergibt mit der Orthogonalität:

$$\int_0^R \left(\sum_{n=1}^{\infty} C_n\,r\,J_0(k_m\,r)\,J_0(k_n\,r) \right)\,dr = \sum_{n=1}^{\infty} C_n \left(\int_0^R r\,J_0(k_m\,r)\,J_0(k_n\,r)\,dr \right)$$

$$= C_m \int_0^R r\,(J_0(k_m\,r))^2\,dr$$

$$= \int_0^R r\,J_0(k_m\,r)\,f(r)\,dr\,.$$

Die Koeffizienten D_m ergeben sich analog.

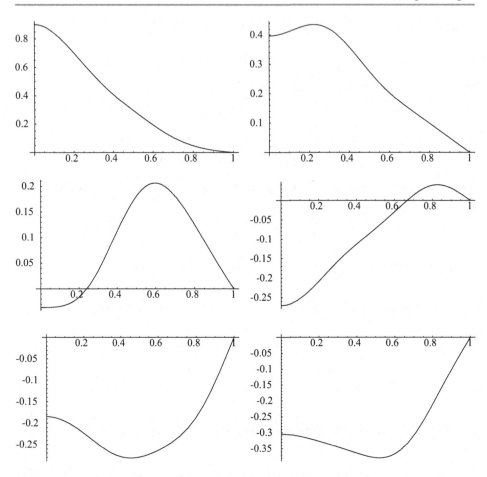

Abb. 3.31 Lösung des Anfangsrandwertproblems (zu verschiedenen Zeiten)

Beispiel 3.33

Wir betrachten das folgende rotationssymmetrische Anfangsrandwertproblem für die zweidimensionale Wellengleichung

$$\frac{\partial^2 u}{\partial t^2} = \frac{\partial^2 u}{\partial r^2} + \frac{1}{r}\frac{\partial u}{\partial r}, \quad u(1,t) = 0,$$

$$u(r,0) = 1 - \sin\left(\frac{\pi}{2}r\right), \quad \frac{\partial u}{\partial t}(r,0) = 0.$$

Mit den positiven Nullstellen der Bessel-Funktion J_0 bekommen wir folgende Lösung:

$$u(r,t) = \sum_{n=1}^{\infty} C_n \cos(\alpha_n t)\, J_0(\alpha_n r), \quad C_n = \frac{\int_0^1 r\, J_0(\alpha_n r)\left(1 - \sin\left(\frac{\pi}{2}r\right)\right)\, dr}{\int_0^1 r\left(J_0(\alpha_n r)\right)^2\, dr}.$$

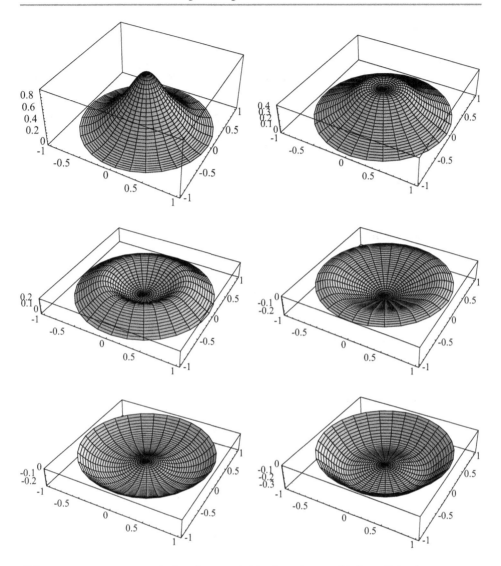

Abb. 3.32 Rotationssymmetrische schwingende Membran (zu verschiedenen Zeiten)

Die Nullstellen der Besselfunktion $J_0(r)$ entnehmen wir einer Sammlung (Mathematica):

$$\alpha_1 = 2.40483\ldots, \quad \alpha_2 = 5.52008\ldots, \quad \alpha_3 = 8.65373\ldots,$$

$$\alpha_4 = 11.7915\ldots, \quad \alpha_5 = 14.9309\ldots \quad \text{usw.}$$

Die Entwicklungskoeffizienten C_n lassen wir ebenfalls Mathematica berechnen. Wir bekommen für die ersten fünf Koeffizienten (Abb. 3.31 und 3.32):

$$c_1 = 0.517429, c_2 = 0.279802, c_3 = 0.666667, c_4 = 0.0397991, c_5 = 0.0497004.$$

3.5 Die Wärmeleitungsgleichung

Mit der Wärmeleitungsgleichung beschreiben wir die Entwicklung der Temperatur $u(x, t)$ am Ort x zur Zeit t in einem wärmeleitenden Körper. Die Wärmeleitung in einem Stab endlicher Länge erfassen wir mit folgendem Anfangsrandwertproblem.

Definition: Anfangsrandwertproblem für die Wärmeleitungsgleichung
Gesucht wird eine zweimal stetig differenzierbare Funktion, welche die Wärmeleitungsgleichung

$$\frac{\partial u}{\partial t} = c^2 \frac{\partial^2 u}{\partial x^2}$$

mit den Randbedingungen

$$u(0, t) = u(l, t) = 0$$

und der Anfangsbedingung:

$$u(x, 0) = f(x),$$

für $0 \leq x \leq l$, $0 \leq t$, erfüllt. ($c > 0$ ist eine Konstante) (Abb. 3.33).

Zur Lösung wenden wir wieder die Separationsmethode an:

$$u(x, t) = F(x) G(t)$$

und bekommen:

$$F(x) \frac{dG}{dt}(t) = c^2 \frac{d^2 F}{dx^2}(x) G(t)$$

bzw.

$$\frac{1}{c^2} \frac{\frac{dG}{dt}(t)}{G(t)} = \frac{\frac{d^2 F}{dx^2}(x)}{F(x)} = k.$$

Die Randbedingung kann nur erfüllt werden, wenn wir negative Separationskonstante wählen:

$$k = -p^2, \quad p > 0.$$

Die Zeitgleichung:

$$\frac{dG}{dt}(t) = c^2 k G(t)$$

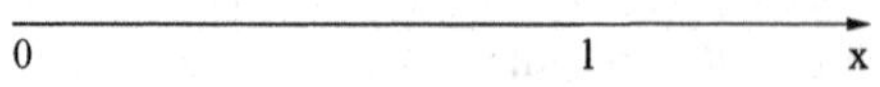

Abb. 3.33 Stab endlicher Länge

Abb. 3.34 Zeitliche Entwicklung der Lösung $u_2(x,t)$. Die Lösung schwingt nicht durch, sondern geht auf null zurück

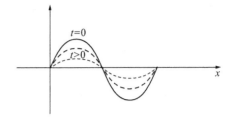

besitzt die allgemeine Lösung:

$$G(t) = C\, e^{-c^2 p^2 t}\,.$$

Die räumliche Gleichung

$$\frac{d^2 F}{dx^2}(x) + p^2 F(x) = 0$$

besitzt die allgemeine Lösung:

$$F(x) = A\,\cos(p\,x) + B\,\sin(p\,x)\,.$$

Konkret zieht die Randbedingung

$$u(0,t) = F(0)\,G(t) = 0\,,\quad u(l,t) = F(l)\,G(t) = 0\,,$$

nach sich:

$$F(0) = A = 0\,,\quad F(l) = B\,\sin(p\,l) = 0\,.$$

Wir müssen also nehmen:

$$p = p_n = \frac{n\,\pi}{l}\,.$$

Die Lösungen der räumlichen Gleichung lauten dann:

$$F_n(x) = \sin\!\left(\frac{n\,\pi}{l}\,x\right),$$

und wir erhalten folgende Lösungen des Randwertproblems:

$$u_n(x,t) = \sin\!\left(\frac{n\,\pi}{l}\,x\right) e^{-\lambda_n^2 t}\,,\quad \lambda_n = c\,\frac{n\,\pi}{l}\,.$$

Die Lösungen $u_n(x,t)$ unterscheiden sich von den entsprechenden Lösungen der Wellengleichung (Abb. 3.34).

Durch Superposition

$$u(x,t) = \sum_{n=1}^{\infty} C_n\,\sin\!\left(\frac{n\,\pi}{l}\,x\right) e^{-\lambda_n^2 t}$$

erfüllen wir die Anfangsbedingung:

$$u(x,0) = \sum_{n=1}^{\infty} C_n \sin\left(\frac{n\,\pi}{l}\,x\right) = f(x)\,.$$

Wir entwickeln also die Anfangstemperatur $f(x)$ wieder in eine Sinusreihe. Ungerade Fortsetzung liefert die Fourierkoeffizienten:

$$C_n = \frac{2}{l} \int_0^l f(x)\,\sin\left(\frac{n\,\pi}{l}\,x\right)\,dx\,.$$

Beispiel 3.34

Wir betrachten die Wärmeleitung in einem Stab der Länge l. Die Anfangstemperatur sei gegeben durch:

$$f(x) = \begin{cases} x\,, & 0 \le x < \frac{l}{2}\,, \\ l - x\,, & \frac{l}{2} \le x \le l\,. \end{cases}$$

Die Lösung des Anfangsrandwertproblems lautet:

$$u(x,t) = \sum_{n=1}^{\infty} C_n \sin\left(\frac{n\,\pi}{l}\,x\right) e^{-\lambda_n^2\,t}$$

mit den Fourier-Koeffizienten:

$$C_n = \frac{2}{l} \int_0^l f(x)\,\sin\left(\frac{n\,\pi}{l}\,x\right)\,dx\,.$$

Da die Anfangstemperatur $f(x)$ die gerade Symmetrie besitzt $f\left(\frac{l}{2}+x\right) = f\left(\frac{l}{2}-x\right)$, verschwinden die Koeffizienten mit geraden Indizes: $C_{2n} = 0$. Für die Koeffizienten mit ungeraden Indizes bekommen wir:

$$\begin{aligned}
C_{2n-1} &= \frac{4}{l} \int_0^{\frac{l}{2}} x \sin\left(\frac{(2\,n-1)\,\pi}{l}\,x\right)\,dx \\[2mm]
&= \frac{4}{l} \left(\frac{\sin\left(\frac{(2\,n-1)\,\pi}{l}\,x\right)}{\left(\frac{(2\,n-1)\,\pi}{l}\right)^2} - \frac{x\cos\left(\frac{(2\,n-1)\,\pi}{l}\,x\right)}{\frac{(2\,n-1)\,\pi}{l}} \right) \Bigg|_{x=0}^{x=\frac{l}{2}} \\[2mm]
&= \frac{4}{l}\,\frac{(-1)^{n-1}}{\left(\frac{(2\,n-1)\,\pi}{l}\right)^2} = (-1)^{n-1}\,\frac{4\,l}{(2\,n-1)^2\,\pi^2}\,.
\end{aligned}$$

Damit ergibt sich folgende Lösung des Anfangsrandwertproblems (Abb. 3.35):

$$u(x,t) = \frac{4\,l}{\pi^2}\left(\sin\left(\frac{\pi\,x}{l}\right) e^{-\left(\frac{c\,\pi}{l}\right)^2 t} - \frac{1}{3^2}\sin\left(\frac{3\,\pi\,x}{l}\right) e^{-\left(\frac{3\,c\,\pi}{l}\right)^2 t} + \dots \right)\,.$$

Abb. 3.35 Zeitliche Entwicklung der Lösung des Anfangsrandwertproblems (Stab endlicher Länge)

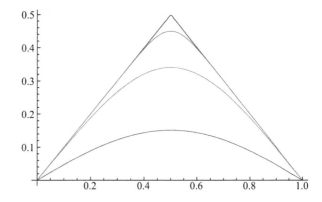

Wir lassen eine äußere Wärmequelle wirken und betrachten die inhomogene Gleichung mit homogenen Anfangsbedingungen:

$$\frac{\partial u}{\partial t} = c^2 \frac{\partial^2 u}{\partial x^2} + Q(x,t),$$

$$u(0,t) = u(l,t) = 0, u(x,0) = 0, \quad 0 \le x \le l, 0 \le t.$$

In Analogie zum homogenen Problem mit inhomogenen Anfangsbedingungen machen wir folgenden Lösungsansatz:

$$u(x,t) = \sum_{n=1}^{\infty} \mu_n(t) \sin\left(\frac{n\pi}{l} x\right).$$

Damit sind die Randbedingungen erfüllt. Die Anfangsbedingung

$$u(x,0) = \sum_{n=1}^{\infty} \mu_n(0) \sin\left(\frac{n\pi}{l} x\right) = 0$$

führt auf:

$$\mu_n(0) = 0.$$

Wir entwickeln die äußere Wärmequelle in eine Sinus-Reihe durch ungerade Fortsetzung und bekommen:

$$Q(x,t) = \sum_{n=1}^{\infty} q_n(t) \sin\left(\frac{n\pi}{l} x\right),$$

$$q_n(t) = \frac{2}{l} \int_0^l Q(x,t) \sin\left(\frac{n\pi}{l} x\right) dx.$$

Einsetzen in die inhomogene Wärmeleitungsgleichung ergibt nun die Differentialgleichung:

$$\frac{d\mu_n}{dt}(t) = -\left(\frac{n\,\pi}{l}x\right)^2 \mu_n(t) + q_n(t), \quad \mu_n(t)(0) = 0.$$

Durch Variation der Konstanten bekommen wir die Lösung:

$$\mu_n(t) = \left(\int_0^t e^{\left(\frac{n\pi}{l}x\right)^2\tau} q_n(\tau)\, d\tau\right) e^{-\left(\frac{n\pi}{l}x\right)^2 t}.$$

Beispiel 3.36

Wir betrachten das allgemeine Anfangsrandwertproblem:

$$\frac{\partial u}{\partial t} = c^2 \frac{\partial^2 u}{\partial x^2} + Q(x,t),$$

$$u(0,t) = g(t), \quad u(l,t) = h(t), u(x,0) = f(x), \quad 0 \le x \le l, 0 \le t.$$

Wir spalten eine Funktion ab, die den Randbedingungen genügt:

$$u(x,t) = v(x,t) + w(x,t), \quad w(x,t) = g(t) + \frac{x}{l}\left(h(t) - g(t)\right).$$

Für die Funktion $v(x,t)$ ergibt sich die inhomogene Gleichung:

$$\frac{\partial v}{\partial t} = c^2 \frac{\partial^2 v}{\partial x^2} + \left(Q(x,t) - \frac{\partial w}{\partial t}\right)$$

$$v(0,t) = v(l,t) = 0, v(x,0) = f(x) - \left(g(0) + \frac{x}{l}\left(h(0) - g(0)\right)\right).$$

Wir können dieses Problem wie folgt lösen: $v(x,t) = v_1(x,t) + v_2(x,t)$. Dabei löst $v_1(x,t)$ das inhomogene Problem mit homogenen Anfangsbedingungen und $v_2(x,t)$ das homogene Problem mit inhomogenen Anfangsbedingungen.

Beispiel 3.37

Wir behandeln das folgende Anfangsrandwertproblem mit der Laplacetransformation:

$$\frac{\partial u}{\partial t} = c^2 \frac{\partial^2 u}{\partial x^2},$$

$$u(0,t) = g(t), \quad u(l,t) = h(t),$$

$$u(x,0) = f(x), \quad 0 \le x \le l, 0 \le t.$$

Wegen der Anfangsbedingung wenden wir die Laplacetransformation bezüglich t an und schreiben:

$$\int_0^\infty e^{-st} u(x,t)\, dt = U(x,s).$$

Abb. 3.36 Stab unendlicher
Länge

$$x = 0$$

Die Laplacetransformierte der Zeitableitung ergibt sich aus dem Differentiationssatz:

$$\int_0^\infty e^{-st} \frac{\partial u}{\partial t}(x,t)\, dt = s\, U(x,s) - f(x).$$

Anwenden der Laplacetransformation auf die Differentialgleichung führt auf das folgende Randwertproblem:

$$\frac{\partial^2 U}{\partial x^2}(x,s) - \frac{1}{c^2} s\, U(x,s) = -\frac{1}{c^2} f(x),$$

$$U(0,s) = G(s) = \int_0^\infty e^{-st} g(t)\, dt, \quad U(l,s) = H(s) = \int_0^\infty e^{-st} h(t)\, dt.$$

Die Wärmeleitung in einem Stab unendlicher Länge erfassen wir mit folgendem Anfangswertproblem.

Satz: Anfangswertproblem für die Wärmeleitungsgleichung
Die Lösung der Wärmeleitungsgleichung

$$\frac{\partial u}{\partial t} = c^2 \frac{\partial^2 u}{\partial x^2}, \quad x \in \mathbb{R}, 0 \le t, c > 0,$$

welche folgende Anfangsbedingung erfüllt:

$$u(x,0) = f(x), \quad x \in \mathbb{R},$$

wird gegeben durch (Abb. 3.36):

$$u(x,t) = 2 \int_0^\infty \left(A(\omega) \cos(\omega x) + B(\omega) \sin(\omega x) \right) e^{-c^2 \omega^2 t}\, d\omega,$$

$$A(\omega) = \frac{1}{2\pi} \int_{-\infty}^\infty f(\xi) \cos(\omega \xi)\, d\xi, \quad B(\omega) = \frac{1}{2\pi} \int_{-\infty}^\infty f(\xi) \sin(\omega \xi)\, d\xi.$$

Wie im endlichen Fall erhalten wir durch Separation folgende Lösungen:

$$u_\omega(x,t) = \left(A(\omega) \cos(\omega x) + B(\omega) \sin(\omega x) \right) e^{-c^2 \omega^2 t}$$

mit Separationskonstanten $-\omega^2$ und davon abhängigen Konstanten $A(\omega)$ und $B(\omega)$. Da keine Randbedingung vorgeschrieben wird, gibt es auch keine diskreten Eigenwerte ω_n. Anstatt eine Summation (Superposition) vorzunehmen, integrieren wir nun diese Lösungen auf:

$$u(x,t) = \int_{-\infty}^{\infty} (A(\omega)\,\cos(\omega\,x) + B(\omega)\,\sin(\omega\,x))\,e^{-c^2\,\omega^2\,t}\,d\omega\,.$$

Die Anfangsbedingung nimmt dann die Gestalt an:

$$f(x) = \int_{-\infty}^{\infty} (A(\omega)\,\cos(\omega\,x) + B(\omega)\,\sin(\omega\,x))\,d\omega\,.$$

Die Funktion $A(\omega)$ ist stets gerade. Die Funktion $B(\omega)$ ist stets ungerade. Wir können deshalb schreiben:

$$f(x) = 2\int_{0}^{\infty} (A(\omega)\,\cos(\omega\,x) + B(\omega)\,\sin(\omega\,x))\,d\omega\,.$$

Damit ergibt sich folgende Lösung:

$$u(x,t) = 2\int_{0}^{\infty} (A(\omega)\,\cos(\omega\,x) + B(\omega)\,\sin(\omega\,x))\,e^{-c^2\,\omega^2\,t}\,d\omega\,.$$

Zur Berechnung der Faktoren $A(\omega)$ und $B(\omega)$ betrachten wir die Fouriertransformierte:

$$F(\omega) = \frac{1}{2\,\pi}\int_{-\infty}^{\infty} f(x)\,e^{-i\,\omega\,x}\,dx\,.$$

Das Fourier-Integraltheorem gibt Auskunft darüber, wie man aus der Transformierten die Funktion rekonstruiert. Grob gesprochen haben wir also folgende Rekonstruktion:

$$f(x) = \frac{1}{2\,\pi}\int_{-\infty}^{\infty} \left(\int_{-\infty}^{\infty} f(\xi)\,e^{-i\,\omega\,\xi}\,d\xi\right) e^{i\,\omega\,x}\,d\omega\,.$$

Umformen ergibt:

$$f(x) = \frac{1}{2\,\pi}\int_{-\infty}^{\infty} \left(\int_{-\infty}^{\infty} f(\xi)\,(\cos(\omega\,\xi) - \sin(\omega\,\xi)\,i)\,d\xi\right) (\cos(\omega\,x) + \sin(\omega\,x)\,i)\,d\omega\,.$$

Wir zerlegen den Integranden wie folgt:

$$\begin{aligned}
f(x) = &\int_{-\infty}^{\infty} \left(\frac{1}{2\,\pi}\int_{-\infty}^{\infty} f(\xi)\,\cos(\omega\,\xi)\,d\xi\right) \cos(\omega\,x)\,d\omega \\
&+ \int_{-\infty}^{\infty} \left(\frac{1}{2\,\pi}\int_{-\infty}^{\infty} f(\xi)\,\sin(\omega\,\xi)\,d\xi\right) \sin(\omega\,x)\,d\omega \\
&+ \left(\int_{-\infty}^{\infty} \left(\frac{1}{2\,\pi}\int_{-\infty}^{\infty} f(\xi)\,\cos(\omega\,\xi)\,d\xi\right) \sin(\omega\,x)\,d\omega\right) i \\
&- \left(\int_{-\infty}^{\infty} \left(\frac{1}{2\,\pi}\int_{-\infty}^{\infty} f(\xi)\,\sin(\omega\,\xi)\,d\xi\right) \cos(\omega\,x)\,d\omega\right) i\,.
\end{aligned}$$

Abb. 3.37 Zeitliche Entwicklung der Lösung des
Anfangswertproblems (Stab
unendlicher Länge)

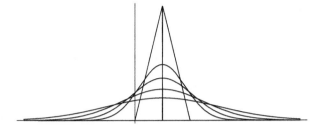

Da die Funktion $a(\omega)$ gerade ist, und die Funktion $b(\omega)$ ungerade, verschwindet der dritte
und der vierte Summand. Mit der Eindeutigkeit der Fouriertansformierten ergeben sich die
Koeffizienten:

$$A(\omega) = \frac{1}{2\pi} \int_{-\infty}^{\infty} f(\xi) \cos(\omega\,\xi)\,d\xi, \quad B(\omega) = \frac{1}{2\pi} \int_{-\infty}^{\infty} f(\xi) \sin(\omega\,\xi)\,d\xi.$$

Beispiel 3.38

Wir betrachten die Wärmeleitung in einem Stab unendlicher Länge und geben wieder
die Anfangstemperatur vor:

$$f(x) = \begin{cases} x, & 0 \le x < \frac{l}{2}, \\ l - x, & \frac{l}{2} \le x \le l, \\ 0, & \text{sonst}. \end{cases}$$

Die Lösung des Anfangswertproblems lautet:

$$u(x,t) = \int_{-\infty}^{\infty} (A(\omega)\,\cos(\omega\,x) + B(\omega)\,\sin(\omega\,x))\,e^{-c^2\,\omega^2\,t}\,d\omega.$$

Dabei nehmen die Koeffizienten folgende Gestalt an (Abb. 3.37):

$$\begin{aligned}
A(\omega) &= \frac{1}{2\pi} \int_{-\infty}^{\infty} f(\xi) \cos(\omega\,\xi)\,d\xi \\
&= \frac{1}{2\pi} \int_{0}^{\frac{l}{2}} \xi \cos(\omega\,\xi)\,d\xi + \int_{\frac{l}{2}}^{l} (l - \xi) \cos(\omega\,\xi)\,d\xi \\
&= -\frac{1}{2\pi\,\omega^2} + \frac{1}{\pi\,\omega^2} \cos\left(\frac{l}{2}\,\omega\right) - \frac{1}{2\pi\,\omega^2} \cos(l\,\omega), \\
B(\omega) &= \frac{1}{2\pi} \int_{-\infty}^{\infty} f(\xi) \sin(\omega\,\xi)\,d\xi \\
&= \frac{1}{2\pi} \int_{0}^{\frac{l}{2}} \xi \sin(\omega\,\xi)\,d\xi + \int_{\frac{l}{2}}^{l} (l - \xi) \sin(\omega\,\xi)\,d\xi \\
&= \frac{1}{\pi\,\omega^2} \sin\left(\frac{l}{2}\,\omega\right) - \frac{1}{2\pi\,\omega^2} \sin(l\,\omega).
\end{aligned}$$

Abb. 3.38 Integrationsweg
in der Gaußschen Ebene beim
Integral $\int_\Gamma e^{-\alpha z^2}\,dz$

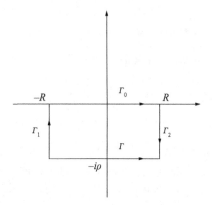

Man kann die Lösung

$$u(x,t) = \int_{-\infty}^{\infty} \left(A(\omega)\,\cos(\omega x) + B(\omega)\,\sin(\omega x)\right) e^{-c^2\,\omega^2\,t}\,d\omega$$

$$= \frac{1}{2\pi} \int_{-\infty}^{\infty} \left(\left(\int_{-\infty}^{\infty} f(\xi)\,\cos(\omega\,\xi)\,d\xi\right)\cos(\omega x)\right) e^{-c^2\,\omega^2\,t}\,d\omega$$

$$+ \frac{1}{2\pi} \int_{-\infty}^{\infty} \left(\left(\int_{-\infty}^{\infty} f(\xi)\,\sin(\omega\,\xi)\,d\xi\right)\sin(\omega x)\right) e^{-c^2\,\omega^2\,t}\,d\omega$$

$$= \frac{1}{2\pi} \int_{-\infty}^{\infty} \left(\int_{-\infty}^{\infty} f(\xi)\,e^{-i\,\omega\,\xi}\,d\xi\right) e^{i\,\omega\,x - c^2\,\omega^2\,t}\,d\omega$$

zunächst schreiben als:

$$u(x,t) = \frac{1}{2\pi} \int_{-\infty}^{\infty} \left(\int_{-\infty}^{\infty} e^{i\,\omega\,(x-\xi) - c^2\,\omega^2\,t}\,d\omega\right) f(\xi)\,d\xi.$$

Das innere Integral formen wir um:

$$\int_{-\infty}^{\infty} e^{i\,\omega\,(x-\xi) - c^2\,\omega^2\,t}\,d\omega = \int_{-\infty}^{\infty} e^{-t\left(c^2\,\omega^2 - i\,\omega\,\frac{(x-\xi)}{t}\right)}\,d\omega$$

$$= \int_{-\infty}^{\infty} e^{-t\left(c^2\,\omega^2 - 2\,\omega\,c\,i\,\frac{x-\xi}{2tc} - \frac{(x-\xi)^2}{4t^2c^2}\right) - \frac{(x-\xi)^2}{4tc^2}}\,d\omega$$

$$= \int_{-\infty}^{\infty} e^{-t\left(c\,\omega - \frac{i(x-\xi)}{2ct}\right)^2 - \frac{(x-\xi)^2}{4c^2t}}\,d\omega$$

$$= e^{-\frac{(x-\xi)^2}{4c^2t}} \int_{-\infty}^{\infty} e^{-t\left(c\,\omega - \frac{i(x-\xi)}{2ct}\right)^2}\,d\omega$$

$$= e^{-\frac{(x-\xi)^2}{4c^2t}} \int_{-\infty}^{\infty} e^{-tc^2\left(\omega - \frac{i(x-\xi)}{2c^2t}\right)^2}\,d\omega.$$

Nach dem Cauchyschen Integralsatz gilt (Abb. 3.38):

$$\int_\Gamma e^{-\alpha z^2}\,dz = \int_{\Gamma_0} e^{-\alpha z^2}\,dz + \int_{\Gamma_1} e^{-\alpha z^2}\,dz + \int_{\Gamma_2} e^{-\alpha z^2}\,dz.$$

Ist $\alpha > 0$, so verschwinden die Integrale über Γ_1 und Γ_2 beim Grenzübergang $r \to \infty$ und es gilt $\int_\Gamma e^{-\alpha z^2}\, dz = \int_{\Gamma_0} e^{-\alpha z^2}\, dz$. Wir zeigen für Γ_2:

$$\left| \int_{\Gamma_2} e^{-\alpha z^2}\, dz \right| = \left| \int_0^\rho e^{-\alpha (R - i\,\sigma)^2} (-i)\, d\sigma \right|$$

$$= e^{-\alpha R^2} \left| \int_0^\rho e^{\alpha \sigma^2 + 2\alpha R i\,\sigma}\, d\sigma \right|$$

$$\leq e^{-\alpha R^2} \int_0^\rho e^{\alpha \sigma^2}\, d\sigma.$$

Es gilt also:

$$\int_{-\infty}^{\infty} e^{-t\,c^2 \left(\omega - \frac{i\,(x-\xi)}{2\,c^2\,t}\right)^2}\, d\omega = \int_{-\infty}^{\infty} e^{-t\,c^2\,\omega^2}\, d\omega$$

$$= \frac{1}{c\,\sqrt{t}} \int_{-\infty}^{\infty} e^{-\omega^2}\, d\omega$$

$$= \frac{\sqrt{\pi}}{c\,\sqrt{t}}.$$

Insgesamt ergibt sich:

$$\int_{-\infty}^{\infty} e^{i\,\omega\,(x-\xi) - c^2\,\omega^2\,t}\, d\omega = \frac{\sqrt{\pi}\, e^{-\frac{(x-\xi)^2}{4\,c^2\,t}}}{c\,\sqrt{t}}.$$

Die Fouriertransformation führt auf den folgenden Lösungsansatz.

Satz: Lösung für die Wärmeleitungsgleichung

Die Lösung des Anfangswertproblems

$$\frac{\partial u}{\partial t} = c^2 \frac{\partial^2 u}{\partial x^2},$$

$$u(x, 0) = f(x), \quad x \in \mathbb{R}, 0 \leq t,$$

wird gegeben durch:

$$u(x, t) = \int_{-\infty}^{\infty} \frac{e^{-\frac{(x-\xi)^2}{4\,c^2\,t}}}{2\,c\,\sqrt{\pi\,t}}\, f(\xi)\, d\xi.$$

Dass die Anfangsbedingung erfüllt wird, geht auf die Delta-Distribution zurück. Mit der Gaußschen Funktion:

$$g(\xi) = \frac{1}{\sqrt{\pi}}\, e^{-\xi^2}$$

bilden wir die Funktionenfolge $g_n(\xi) = n\, g(n\,\xi)$. Dann gilt:

$$\lim_{n\to\infty} \int_{-\infty}^{\infty} \frac{n}{\sqrt{\pi}}\, e^{-n^2\,(\xi-x)^2}\, \phi(\xi)\, d\xi = \phi(x)$$

und damit

$$\lim_{t\to 0} u(x,t) = \lim_{t\to 0} \int_{-\infty}^{\infty} \frac{e^{-\frac{(x-\xi)^2}{4c^2 t}}}{2\,c\,\sqrt{\pi\,t}}\, f(\xi)\, d\xi = f(x)\,.$$

Die Funktionenfolge:

$$g_n(\xi) = n\, e^{-n^2\, t^2}$$

konvergiert für alle $\xi \neq 0$ gegen Null:

$$\lim_{n\to\infty} g_n(t) = \lim_{n\to\infty} n\, e^{-n^2\, t^2} = \lim_{n\to\infty} \frac{n}{e^{n^2\, t^2}}$$

$$= \lim_{n\to\infty} \frac{1}{2\,n\,t^t\, e^{n^2\, t^2}} = 0\,.$$

Gleichmäßige Konvergenz liegt allerdings nicht vor. Mit der Konvergenz der Funktionenfolge $g_n(t)$ bekommen wir auch:

$$\lim_{t\to 0} \frac{e^{-\frac{(x-\xi)^2}{4c^2 t}}}{2\,c\,\sqrt{\pi\,t}} = 0\,.$$

Definition: Grundlösung der Wärmeleitungsgleichung
Man bezeichnet den Kern

$$K(x,t) = \frac{1}{2\,c\,\sqrt{\pi\,t}}\, e^{-\frac{x^2}{4c^2 t}}$$

als Grundlösung der Wärmeleitungsgleichung und

$$G(x,t) = K(x - \xi, t)$$

als Quelllösung.

Die Quelllösung beschreibt die zeitliche Entwicklung der Temperaturverteilung einer punktförmigen Wärmequelle der Intensität eins, die zur Zeit $t = 0$ im Punkt ξ angebracht wird und auf alle Punkte x wirkt. Man erhält die Lösung der Wärmeleitungsgleichung am Ort x, indem man alle Wärmequellen an den Stellen ξ, gewichtet mit ihrer Intensität $f(x)$, aufsummiert. Man faltet die Grundlösung mit der Anfangstemperatur. Dass die Quelllösung für jedes feste ξ die Wärmeleitungsgleichung löst, sieht man so:

$$\frac{\partial G}{\partial t}(x, t) = \frac{1}{2\,c\,\sqrt{\pi}} \left(-\frac{1}{2}\frac{1}{t^{3/2}}\right) e^{-\frac{(x-\xi)^2}{4\,c^2\,t^2}}$$

$$+ \frac{1}{2\,c\,\sqrt{\pi\,t}}\, e^{-\frac{(x-\xi)^2}{4\,c^2\,t}} \left(-\frac{(x-\xi)^2}{4\,c^2\,t^2}\right),$$

$$\frac{\partial G}{\partial x}(x, t) = \frac{1}{2\,c\,\sqrt{\pi\,t}}\, e^{-\frac{(x-\xi)^2}{4\,c^2\,t}} \left(-\frac{2\,(x-\xi)}{4\,c^2\,t}\right)$$

$$\frac{\partial^2 G}{\partial x^2}(x, t) = \frac{1}{2\,c\,\sqrt{\pi\,t}}\, e^{-\frac{(x-\xi)^2}{4\,c^2\,t}} \left(-\frac{2\,(x-\xi)}{4\,c^2\,t}\right)^2$$

$$+ \frac{1}{2\,c\,\sqrt{\pi\,t}}\, e^{-\frac{(x-\xi)^2}{4\,c^2\,t}} \left(-\frac{2}{4\,c^2\,t}\right).$$

Entsprechend der Differentialgleichung geschieht die Wärmeleitung mit unendlicher Geschwindigkeit. Die zur Zeit $t = 0$ am Ort $x = \xi$ strahlende Wärmequelle macht sich zur beliebigen Zeit t an jedem Ort bemerkbar. In dieser Hinsicht ist die Modellierung sicher nicht gut. Wir können aber zeigen, dass die gesamte Wärmemenge erhalten bleibt:

$$\int_{-\infty}^{\infty} u(x, t)\, dx = \int_{-\infty}^{\infty} f(\xi)\, d\xi.$$

Wir benötigen dazu

$$\int_{-\infty}^{\infty} K(x-\xi, t)\, dx = \int_{-\infty}^{\infty} \frac{1}{2\,c\,\sqrt{\pi\,t}}\, e^{-\frac{(x-\xi)^2}{4\,c^2\,t}}\, dx = 1.$$

Dies geht zurück auf

$$\int_{-\infty}^{\infty} e^{-(x-\xi)^2}\, dx = \sqrt{\pi}.$$

Nun rechnen wir nach:

$$\int_{-\infty}^{\infty} u(x, t)\, dx = \int_{-\infty}^{\infty} \left(\int_{-\infty}^{\infty} K(x-\xi, t)\, f(\xi)\, d\xi\right) dx$$

$$= \int_{-\infty}^{\infty} \left(\int_{-\infty}^{\infty} K(x-\xi, t)\, dx\right) f(\xi)\, d\xi = \int_{-\infty}^{\infty} f(\xi)\, d\xi.$$

Beispiel 3.39

Wir betrachten die inhomogene Gleichung

$$\frac{\partial u}{\partial t} = c^2 \frac{\partial^2 u}{\partial x^2} + Q(x, t).$$

Eine partikuläre Lösung mit $u(x,0) = 0$ wird gegeben durch:

$$u(x,t) = \int_0^t \int_{-\infty}^{\infty} \frac{e^{-\frac{(x-\xi)^2}{4c^2(t-\tau)}}}{2c\sqrt{\pi(t-\tau)}} \, Q(\xi,\tau) \, d\xi \, d\tau.$$

Wir benutzen:

$$\lim_{\tau \to t} \int_{-\infty}^{\infty} \frac{e^{-\frac{(x-\xi)^2}{4c^2(t-\tau)}}}{2c\sqrt{\pi(t-\tau)}} \, Q(\xi,\tau) \, d\xi = Q(x,t)$$

und bekommen:

$$\frac{\partial u}{\partial t}(x,t) = Q(x,t) + \int_0^t \int_{-\infty}^{\infty} \frac{\partial}{\partial t} \frac{e^{-\frac{(x-\xi)^2}{4c^2(t-\tau)}}}{2c\sqrt{\pi(t-\tau)}} \, Q(\xi,\tau) \, d\xi \, d\tau.$$

Außerdem ergibt sich:

$$\frac{\partial^2 u}{\partial x^2}(x,t) = \int_0^t \int_{-\infty}^{\infty} \frac{\partial^2}{\partial x^2} \frac{e^{-\frac{(x-\xi)^2}{4c^2(t-\tau)}}}{2c\sqrt{\pi(t-\tau)}} \, Q(\xi,\tau) \, d\xi \, d\tau.$$

Diese Ableitungen berechnet man analog zur Grundlösung und bestätigt, dass $u(x,t)$ eine partikuläre Lösung ist.

Beispiel 3.40

Wir betrachten die Wärmeleitungsgleichung für einen Stab endlicher Länge und stellen die Lösung ebenfalls mit einer Quelllösung dar:

$$u(x,t) = \int_0^l K(x,\xi,t) \, f(\xi) \, d\xi.$$

Die Lösung des Anfangsrandwertproblems

$$\frac{\partial u}{\partial t} = c^2 \frac{\partial^2 u}{\partial x^2}, \quad u(x,0) = f(x), \quad u(0,t) = u(l,t) = 0,$$

$$0 \le x \le l, \quad 0 \le t,$$

bekommen wir zunächst mit einer Fourierreihe:

$$u(x,t) = \sum_{n=1}^{\infty} C_n \sin\left(\frac{n\pi}{l}x\right) e^{-\lambda_n^2 t}, \quad \lambda_n = c\frac{n\pi}{l}$$

mit den Fourier-Koeffizienten:

$$C_n = \frac{2}{l} \int_0^l f(x) \sin\left(\frac{n\pi}{l} x\right) dx.$$

Einsetzen und Vertauschen von Summation und Integration ergibt:

$$u(x,t) = \sum_{n=1}^{\infty} \left(\frac{2}{l} \int_0^l f(\xi) \sin\left(\frac{n\pi}{l}\xi\right) d\xi\right) \sin\left(\frac{n\pi}{l} x\right) e^{-\lambda_n^2 t},$$

$$u(x,t) = \int_0^l \left(\frac{2}{l} \sum_{n=1}^{\infty} f(\xi) \sin\left(\frac{n\pi}{l}\xi\right) \sin\left(\frac{n\pi}{l} x\right) e^{-\lambda_n^2 t}\right) d\xi,$$

$$u(x,t) = \int_0^l \left(\frac{2}{l} \sum_{n=1}^{\infty} \sin\left(\frac{n\pi}{l}\xi\right) \sin\left(\frac{n\pi}{l} x\right) e^{-\lambda_n^2 t}\right) f(\xi) d\xi.$$

Wir haben folgende Quelllösung:

$$K(x,\xi,t) = \frac{2}{l} \sum_{n=1}^{\infty} \sin\left(\frac{n\pi}{l} x\right) \sin\left(\frac{n\pi}{l} \xi\right) e^{-\lambda_n^2 t}.$$

Wir betrachten noch die zweidimensionale Wärmeleitungsgleichung auf einer Kreisscheibe. Wie bei der Wellengleichung beschränken wir uns auf das rotationssymmetrische Problem.

Definition: Rotationssymmetrisches Anfangsrandwertproblem
Gesucht wird eine zweimal stetig differenzierbare Funktion, welche die zweidimensionale Wärmeleitungsgleichung

$$\frac{\partial u}{\partial t} = c^2 \left(\frac{\partial^2 u}{\partial r^2} + \frac{1}{r} \frac{\partial u}{\partial r}\right), \quad c > 0,$$

mit der Randbedingung
$$u(R,t) = 0, \quad R > 0,$$

und der Anfangsbedingung:
$$u(r,0) = f(r),$$

für $0 < r$, $0 \le t$, erfüllt.

Wir benützen den Separationsansatz:

$$u(r,t) = F(r)\,G(t).$$

Einsetzen in die Differentialgleichung ergibt:

$$F(r) \frac{dG}{dt}(t) = c^2 \left(\frac{d^2F}{dr^2}(r)\, G(t) + \frac{1}{r} \frac{dF}{dr}(r)\, G(t) \right)$$

bzw.

$$\frac{\frac{dG}{dt}(t)}{c^2\, G(t)} = \frac{1}{F(r)} \left(\frac{d^2F}{dr^2}(r) + \frac{1}{r} \frac{dF}{dr}(r) \right) = -k^2, \quad k > 0\,.$$

Wiederum führen nur negative Konstante zu Lösungen. Wir erhalten eine Zeitgleichung:

$$\frac{dG}{dt}(t) + \lambda^2\, G(t) = 0, \quad \lambda = c\,k\,,$$

und eine räumliche Gleichung:

$$\frac{d^2F}{dr^2}(r) + \frac{1}{r} \frac{dF}{dr}(r) + k^2\, F = 0\,.$$

Genau wie bei der Wellengleichung bekommen wir folgende Lösung der räumlichen Gleichung:

$$F(r) = J_0(k\,r)\,.$$

Die Randbedingung $u(R, t) = 0$ zieht wieder nach sich:

$$F(R) = J_0(k\,R) = 0\,,$$

also

$$k\,R = \alpha_n\,, \quad \text{bzw.} \quad k_n = \frac{\alpha_n}{R}\,, \quad n = 1, 2, \dots,$$

mit den positiven Nullstellen der Bessel-Funktion J_0.

Betrachten wir nun die allgemeine Lösung der Zeitgleichung

$$G_n(t) = C_n\, e^{-\lambda_n^2\, t}\,, \quad \lambda_n = c\,k_n = c\, \frac{\alpha_n}{R}\,.$$

Um die Anfangsbedingungen zu erfüllen, setzen wir die Reihe an:

$$u(r, t) = \sum_{n=1}^{\infty} C_n\, e^{-\lambda_n^2\, t}\, J_0(k_n\, r)$$

und bekommen die Bedingungen:

$$u(r, 0) = \sum_{n=1}^{\infty} C_n\, J_0(k_n\, r) = f(r)\,.$$

Wir erhalten wieder die folgenden Entwicklungskoeffizienten:

$$C_n = \frac{\int_0^R r\, J_0(k_n\, r)\, f(r)\, dr}{\int_0^R r\, (J_0(k_n\, r))^2\, dr}\,.$$

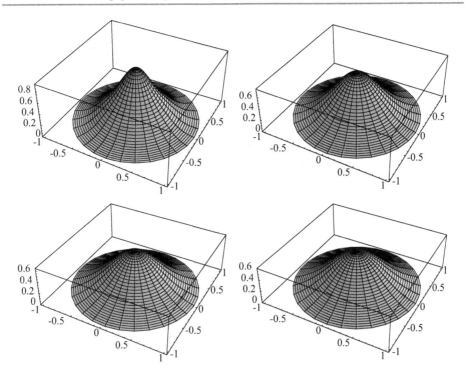

Abb. 3.39 Rotationssymmetrische Lösung der zweidimensionalen Wärmeleitungsgleichung (zu verschiedenen Zeiten)

Beispiel 3.41

Wir betrachten das folgende rotationssymmetrische Anfangsrandwertproblem für die zweidimensionale Wärmeleitungsgleichung

$$\frac{\partial u}{\partial t} = \left(\frac{\partial^2 u}{\partial r^2} + \frac{1}{r} \frac{\partial u}{\partial r} \right),$$

$$u(1, t) = 0, \quad u(r, 0) = 1 - \sin\left(\frac{\pi}{2} r \right).$$

Mit den positiven Nullstellen der Bessel-Funktion J_0 bekommen wir folgende Lösung (Abb. 3.39):

$$u(r, t) = \sum_{n=1}^{\infty} C_n \, e^{-\lambda_n^2 t} \, J_0(\alpha_n r), \quad C_n = \frac{\int_0^1 r \, J_0(\alpha_n r) \left(1 - \sin\left(\frac{\pi}{2} r \right) \right) dr}{\int_0^1 r \left(J_0(\alpha_n r) \right)^2 dr}.$$

3.6   Die Potenzialgleichung

In der Potenzialtheorie gibt es drei klassische Randwertprobleme. Diese besitzen in der Ebene und im Raum eine gleich große Bedeutung.

Definition: Randwertprobleme für die Potenzialgleichung

Sei $D \subset \mathbb{R}^n$, $n = 2, 3$ ein offener Normalbereich mit dem Rand $\partial(D)$. Gesucht wird eine Funktion u, welche die Potenzialgleichung löst

$$\Delta u(x) = 0, \quad x \in D.$$

Beim Dirichlet-Problem wird die Randbedingung vorgeschrieben:

$$u(x) = f(x), \quad x \in \partial(D).$$

Beim Neumann-Problem wird die Randbedingung vorgeschrieben:

$$\frac{\partial u}{\partial \underline{n}^0}(x) = f(x), \quad x \in \partial(D).$$

Beim gemischten Randwertproblem wird die Randbedingung vorgeschrieben:

$$\frac{\partial u}{\partial \underline{n}^0}(x) + k(x)\, u(x) = f(x), \quad x \in \partial(D).$$

Dabei sind die gegebenen Funktionen $f, h, h(x) > 0$, stetig auf $\partial(D)$. Die gesuchte Funktion u ist zweimal stetig differenzierbar auf D und stetig differenzierbar auf $D \cup \partial(D)$. Der Normaleneinheitsvektor $\underline{n}^0$ weist aus D hinaus.

Funktionen, welche die Potenzialgleichung erfüllen, werden auch als harmonische Funktionen bezeichnet.

Die Normalableitung darf beim Randwertproblem nicht beliebig vorgeschrieben werden, denn für jede harmonische Funktion gilt:

$$\int_{\partial(D)} \frac{\partial u}{\partial \underline{n}^0}\, dA = 0.$$

(Für $n = 2$: $dA = \|\underline{n}\|\, ds$, Für $n = 3$: $dA = \|\underline{n}\|\, du$). Man entnimmt dies der zweiten Greenschen Formel mit $g = u$, $h = 1$:

$$\int_D (-\Delta u)\, dx = \int_{\partial(D)} \left(-\frac{\partial u}{\partial \underline{n}^0} \right) dA = 0.$$

Es gibt höchstens eine Lösung der Randwertprobleme der Potenzialgleichung. Beim Neumann-Problem ist die Lösung nur bis auf eine additive Konstante eindeutig.

Für irgendeine Lösung u der Potenzialgleichung liefert die erste Greensche Formel mit $g = h = u$:

$$\int_D \nabla u \cdot \nabla u \, dx = \int_{\partial(D)} u \frac{\partial u}{\partial \underline{n}^0} \, dA.$$

Nehmen wir an, u_1 und u_2 seien verschiedene Lösungen des Randwertproblems. Dann ist $u_1 - u_2$ eine Lösung der Potenzialgleichung und wir haben:

$$\int_D \nabla(u_1 - u_2) \cdot \nabla(u_1 - u_2) \, dx = \int_{\partial(D)} (u_1 - u_2) \frac{\partial(u_1 - u_2)}{\partial \underline{n}^0} \, dA.$$

Beim Dirichlet-Problem gilt ferner $u_1(x) - u_2(x) = 0$ am Rand, also

$$\int_D \nabla(u_1 - u_2) \cdot \nabla(u_1 - u_2) \, dx = 0.$$

Damit bekommen wir zunächst $\nabla(u_1 - u_2)(x) = 0$, dann $(u_1 - u_2)(x) = $ konst. und schließlich $(u_1 - u_2)(x) = 0$, wegen der Randbedingung.

Beim Neumann-Problem verschwindet die Normalableitung $\frac{\partial(u_1 - u_2)}{\partial \underline{n}^0}(x)$ am Rand, also

$$\int_D \nabla(u_1 - u_2) \cdot \nabla(u_1 - u_2) \, dx = 0.$$

Wir bekommen aber nur $\nabla(u_1 - u_2)(x) = 0$ und $(u_1 - u_2)(x) = $ konst.

Beim gemischten Problem ergibt sich zuerst

$$\int_D \nabla(u_1 - u_2) \cdot \nabla(u_1 - u_2) \, dx = \int_{\partial(D)} (u_1 - u_2) \frac{\partial(u_1 - u_2)}{\partial \underline{n}^0} \, dA$$

$$= -\int_{\partial(D)} k \, (u_1 - u_2)^2 \, dA \le 0.$$

Damit bekommen wir wieder $\nabla(u_1 - u_2)(x) = 0$, und schließlich $(u_1 - u_2)(x) = 0$, wegen $(u_1 - u_2)^2(x) = 0$ am Rand.

Beispiel 3.42

Bei der Wellengleichung für die kreisförmige Membran haben wir den zweidimensionalen Laplaceoperator in Polarkoordinaten übertragen. Wir suchen nun nach Lösungen der Potenzialgleichung in zwei bzw. drei Dimensionen, die nur vom Radius (Abstand von einem festen Punkt x_0) abhängen:

$$u(x) = h(r(x)), \quad r(x) = \sqrt{\sum_{k=1}^n (x_k - x_{0k})^2} = \|x - x_0\|, \quad n = 2, 3.$$

Wir berechnen die Ableitungen:

$$\frac{\partial u}{\partial x_j}(x) = \frac{dh}{dr}(r(x)) \frac{x_j - x_{0j}}{r(x)},$$

$$\frac{\partial^2 u}{\partial x_j^2}(x) = \frac{d^2 h}{dr^2}(r(x)) \frac{(x_j - x_{0j})^2}{r(x)^2} + \frac{dh}{dr}(r(x)) \frac{r(x)^2 - (x_j - x_{0j})^2}{r(x)^3},$$

und bekommen:

$$\Delta u(x) = \sum_{j=1}^n \frac{\partial^2 u}{\partial x_j^2}(x) = \frac{d^2 h}{dr^2}(r(x)) + \frac{n-1}{r(x)} \frac{dh}{dr}(r(x)).$$

Der radialsymmetrische Ansatz $u(x) = h(r(x))$ führt also auf die Eulersche Differentialgleichung:

$$\frac{d^2 h}{dr^2}(r) + \frac{n-1}{r} \frac{dh}{dr}(r) = 0.$$

Im Fall $n = 2$ haben wir die allgemeine Lösung:

$$h(r) = c_1 + c_2 \ln(r),$$

und im Fall $n = 3$:

$$h(r) = c_1 + c_2 \frac{1}{r}.$$

Damit sind

$$u(x) = c_1 + c_2 \ln\left(\sqrt{(x_1 - x_{01})^2 + (x_2 - x_{02})^2}\right) = c_1 + c_2 \ln(|x - x_0|),$$

bzw.

$$u(x) = c_1 + c_2 \frac{1}{\sqrt{(x_1 - x_{01})^2 + (x_2 - x_{02})^2 + (x_3 - x_{03})^2}} = c_1 + c_2 \frac{1}{|x - x_0|},$$

Lösungen der Potenzialgleichung.

Beispiel 3.43

Die Eulersche Differentialgleichung:

$$r^2 \frac{d^2 f}{dr^2} + a_1 r \frac{df}{dr} + a_0 f = 0$$

wird durch die Substitution $t(r) = \ln(r)$ in eine lineare Differentialgleichung mit konstanten Koeffizienten überführt. Wir berechnen die Ableitungen:

$$\frac{df}{dr}(r) = \frac{df}{dt}(t(r)) \frac{1}{r},$$

$$\frac{d^2 f}{dr^2}(r) = \frac{d^2 f}{dt^2}(t(r)) \frac{1}{r^2} - \frac{df}{dt}(t(r)) \frac{1}{r^2}.$$

Einsetzen ergibt die Differentialgleichung:

$$\frac{d^2 f}{dt^2}(t) + (a_1 - 1)\frac{df}{dt}(t) + a_0 f(t) = 0.$$

Für die Eulersche Differentialgleichung

$$\frac{d^2 h}{dr^2}(r) + \frac{n-1}{r}\frac{dh}{dr}(r) = 0$$

bekommen wir im Fall $n = 2$:

$$\frac{d^2 h}{dt^2}(t) = 0$$

und im Fall $n = 3$:

$$\frac{d^2 h}{dt}(t) + \frac{dh}{dt}(t) = 0$$

mit den Lösungen:

$$h(t) = c_1 + c_2 t = c_1 + c_2 \ln(r), \quad n = 2,$$

bzw

$$h(t) = c_1 + c_2 e^{-t} = c_1 + c_2 \frac{1}{r}, \quad n = 3.$$

Wie bei der Wärmeleitung führen wir Grundlösungen ein. Die Schwierigkeit bei der Wärmeleitung liegt darin, dass die Grundlösung für feste Zeiten, also punktweise, gegen Null konvergiert, und im Distributionensinn gegen die Deltafunktion. Bei der Potenzialgleichung stößt man schon im einfachen Fall der radialsymmetrischen Lösung auf eine Singularität.

Definition: Grundlösungen der Potenzialgleichung
Die folgende Funktion heißt Singularitätenfunktion der Potenzialgleichung:

$$s(x, x_0) = \begin{cases} -\frac{1}{2\pi}\ln(\|x - x_0\|), & n = 2, \\ \frac{1}{4\pi}\frac{1}{\|x - x_0\|}, & n = 3. \end{cases}$$

Sei $D \subset \mathbb{R}^n$, $n = 2, 3$ ein Normalgebiet, $\phi : (D \cup \partial(D)) \to \mathbb{R}$ sei stetig differenzierbar, $\phi : D \to \mathbb{R}$ sei zweimal stetig differenzierbar und $\Delta\phi = 0$. Die Funktion:

$$\gamma(x, x_0) = s(x, x_0) + \phi(x)$$

heißt Grundlösung der Potenzialgleichung in D.

Als Funktion von x betrachtet, ist die Singularitätenfunktion $s(x, x_0)$ eine Lösung von $\Delta u = 0$ in $\mathbb{R}^2 \setminus \{x_0\}$ bzw. $\mathbb{R}^3 \setminus \{x_0\}$. Eine Grundlösung γ ist auf der Diagonalen $x = x_0$ nicht definiert. Ohne Beweis geben wir folgende Darstellungsformel.

Satz: Darstellung harmonischer Funktionen

Sei γ eine Grundlösung für $\Delta u = 0$ im Normalgebiet $D \subset \mathbb{R}^n$, $n = 2, 3$. Sei $u : D \to \mathbb{R}$ zweimal stetig differenzierbar. Ist $\Delta u(x) = 0$ in D, dann gilt für jedes $y \in D$:

$$u(y) = \int_{\partial D} \left(\gamma(x, y) \frac{\partial u}{\partial \underline{n}^0}(x) - u(x) \frac{\partial \gamma}{\partial \underline{n}^0}(x, y) \right) dA.$$

Ist u eine harmonische Funktion, dann gilt die Darstellungsformel. Umgekehrt bekommen wir durch die Darstellungsformel bei beliebiger Vorgabe von u und $\frac{\partial u}{\partial \underline{n}^0}$ auf dem Rand nicht notwendigerweise eine harmonische Funktion. (Es muss $\int_{\partial(D)} \frac{\partial u}{\partial \underline{n}^0} \, dA = 0$ gelten).

Satz: Mittelwertformel harmonischer Funktionen

Sei u eine harmonische Funktion im Normalgebiet $D \subset \mathbb{R}^n$, $n = 2, 3$. Dann gilt für jedes $y \in D$ und für jede Kugel $K_\rho(y) \subset D$:

$$u(y) = \frac{1}{\text{Vol}(\partial K_\rho(y))} \int_{\partial K_\rho(y)} u(x) \, dA,$$

wobei $\text{Vol}(\partial K_\rho(y)) = 2\pi\rho$ für $n = 2$ und $\text{Vol}(\partial K_\rho(y)) = 4\pi\rho^2$ für $n = 3$.

Wir betrachten den dreidimensionalen Fall. Als Grundlösung wählen wir die Singularitätenfunktion

$$\gamma(x, y) = s(x, y) = \frac{1}{4\pi} \frac{1}{\|x - y\|}$$

und gehen von der Darstellungsformel aus:

$$u(y) = \int_{\partial D} \left(s(x, y) \frac{\partial u}{\partial \underline{n}^0}(x) - u(x) \frac{\partial s}{\partial \underline{n}^0}(x, y) \right) dA.$$

Abb. 3.40 Kugel mit Mittelpunkt y, Punkt x auf der Oberfläche und nach außen weisendem Normaleneinheitsvektor

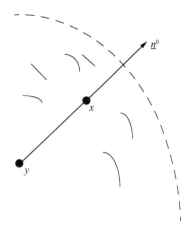

Wir berechnen die Normalableitung (Abb. 3.40):

$$\frac{\partial s}{\partial \underline{n}^0}(x, y) = \nabla_x \left(\frac{1}{4\pi} \frac{1}{\|x - y\|} \right) \cdot \frac{x - y}{\|x - y\|}$$

$$= -\frac{1}{4\pi} \frac{x - y}{\|x - y\|^3} \cdot \frac{x - y}{\|x - y\|}$$

$$= -\frac{1}{4\pi} \frac{1}{\|x - y\|^2}.$$

Mit der Normalableitung erhalten wir:

$$u(y) = \int_{\partial K_\rho(y)} \frac{1}{4\pi} \frac{1}{\|x - y\|} \frac{\partial u}{\partial \underline{n}^0}(x)\, dA + \frac{1}{4\pi} \int_{\partial K_\rho(y)} u(x) \frac{1}{\|x - y\|^2}\, dA.$$

Wenn der Punkt x auf der Oberfläche der Kugel um y mit dem Radius ρ umläuft gilt $\|x - y\| = \rho$ und:

$$u(y) = \frac{1}{\rho} \frac{1}{4\pi} \int_{\partial K_\rho(y)} \frac{\partial u}{\partial \underline{n}^0}(x)\, dA + \frac{1}{4\pi\rho^2} \int_{\partial K_\rho(y)} u(x)\, dA.$$

Da u harmonisch in D ist, verschwindet der erste Summand und die Behauptung ist bewiesen.

Wir bemerken noch ohne Beweis, dass die Mittelwerteigenschaft harmonische Funktionen charakterisiert. Eine Funktion u ist genau dann harmonisch in D, wenn für alle Kugeln $K_\rho(y) \subset D$ die Mittelwerteigenschaft gilt.

Beispiel 3.44

Wir betrachten das Dirichlet-Problem für eine ebene Kreisscheibe
$$D = \{(x_1, x_2) \in \mathbb{R}^2 \mid x_1^2 + x_2^2 \le R^2\}$$

$$\Delta u(x_1, x_2) = 0, \quad (x_1, x_2) \in D, \quad u(x_1, x_2) = f(x_1, x_2), \quad (x_1, x_2) \in \partial(D).$$

Mit dem Laplaceoperator in Polarkoordinaten (r, φ) überführen wir das Problem wie folgt:

$$\Delta u = \frac{\partial^2 u}{\partial r^2} + \frac{1}{r}\frac{\partial u}{\partial r} + \frac{1}{r^2}\frac{\partial^2 u}{\partial \varphi^2} = 0, \quad u(R, \varphi) = f(\varphi).$$

Die Funktion f ist dann stetig differenzierbar und 2π-periodisch.

Zur Lösung machen wir wieder einen Separationsansatz:

$$u(r, \varphi) = F(r)\, G(\varphi).$$

Einsetzen ergibt die Bedingung:

$$\frac{d^2 F}{dr^2}(r)\, G(\varphi) + \frac{1}{r}\frac{dF}{dr}(r)\, G(\varphi) + \frac{1}{r^2}\, F(r)\frac{d^2 G}{d\varphi^2}(\varphi) = 0.$$

Wir separieren und berücksichtigen, dass wir bezüglich der Winkelvariablen periodische Lösungen, also eine Schwingungsgleichung, benötigen:

$$\frac{r^2\frac{d^2 F}{dr^2}(r) + r\frac{dF}{dr}(r)}{F(r)} = -\frac{\frac{d^2 G}{d\varphi^2}(\varphi)}{G(\varphi)} = \lambda^2, \quad \lambda > 0.$$

Für $\lambda = n \in \mathbb{N}_0$ besitzt die Winkelgleichung:

$$\frac{d^2 G}{d\varphi^2}(\varphi) + n^2\, G(\varphi) = 0$$

2π-periodische Lösungen:

$$G_n(\varphi) = A_n\, \cos(n\,\varphi) + B_n\, \sin(n\,\varphi).$$

Die radiale Gleichung nimmt die Gestalt einer Eulerschen Differentialgleichung an:

$$r^2\frac{d^2 F}{dr^2}(r) + r\frac{dF}{dr}(r) - n^2\, F(r) = 0.$$

Die allgemeine Lösung lautet (mit $a_1 = 1$ und $a_0 = -n^2$):

$$F_n(r) = \begin{cases} C_0 + D_0\,\ln(r), & n = 0, \\ C_n\, r^n + D_n\,\frac{1}{r^n}, & n > 0. \end{cases}$$

Bei $r = 0$ soll keine Singularität vorliegen, sodass wir folgende Lösungen behalten:

$$F_n(r) = \begin{cases} 1, & n = 0, \\ r^n, & n > 0. \end{cases}$$

Superposition ergibt folgende Fourier-Entwicklung der Lösung des Dirichlet-Problems:

$$u(r, \varphi) = A_0 + \sum_{n=1}^{\infty} r^n \left(A_n \cos(n\,\varphi) + B_n \sin(n\,\varphi) \right).$$

Die Koeffizienten müssen aus den Fourier-Koeffizienten der Randfunktion bestimmt werden:

$$A_0 = \frac{1}{2\,\pi} \int_0^{2\pi} f(\varphi)\,d\varphi,$$

$$A_n = \frac{1}{R^n\,\pi} \int_0^{2\pi} f(\varphi)\,\cos(n\,\varphi)\,d\varphi,$$

$$B_n = \frac{1}{R^n\,\pi} \int_0^{2\pi} f(\varphi)\,\sin(n\,\varphi)\,d\varphi.$$

Man sieht auch die Mittelwerteigenschaft:

$$u(0,0) = A_0 = \frac{1}{2\,\pi} \int_0^{2\pi} f(\varphi)\,d\varphi$$

$$= \frac{1}{2\,\pi\,R} \int_0^{2\pi} f(\varphi)\,\sqrt{R^2\,\sin(\varphi))^2 + R^2\,\cos(\varphi))^2}\,d\varphi.$$

Beispiel 3.45

Wir haben das Dirichlet-Problem im Inneren einer Kreisscheibe betrachtet. Wir können auch das so genannte Außenraumproblem betrachten und fragen, welches Potenzial eine vorgegebene Belegung auf der Kreislinie im Äußeren erzeugt (Abb. 3.41).

Sei wieder $D = \{ (x_1, x_2) \in \mathbb{R}^2 \mid x_1^2 + x_2^2 \leq R^2 \}$, aber nun

$$\Delta u(x_1, x_2) = 0, \quad (x_1, x_2) \in \mathbb{R}^2 \backslash D, \quad u(x_1, x_2) = f(x_1, x_2), \quad (x_1, x_2) \in \partial(D).$$

Die Separation verläuft genau wie vorhin:

$$u(r, \varphi) = F(r)\,G(\varphi).$$

Wir bekommen wieder:

$$G_n(\varphi) = A_n \cos(n\,\varphi) + B_n \sin(n\,\varphi).$$

Abb. 3.41 Das Äußere eines
Kreises im $\mathbb{R}^2$

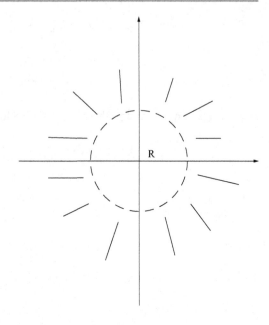

Aus den allgemeinen Lösungen der radialen Gleichung:

$$F_n(r) = \begin{cases} C_0 + D_0 \ln(r), & n = 0, \\ C_n\, r^n + D_n\, \frac{1}{r^n}, & n > 0, \end{cases}$$

entnehmen wir nun folgende Lösungen:

$$F_n(r) = \begin{cases} 1, & n = 0, \\ \frac{1}{r^n}, & n > 0. \end{cases}$$

Hier müssen wir nicht die Singularität bei null vermeiden, sondern darauf achten, dass
die Reihe für $r \geq R$ konvergiert. Superposition ergibt folgende Fourier-Entwicklung der
Lösung des Dirichlet-Problems:

$$u(r, \varphi) = A_0 + \sum_{n=1}^{\infty} \frac{1}{r^n} \left(A_n\, \cos(n\,\varphi) + B_n\, \sin(n\,\varphi)\right).$$

Die Koeffizienten müssen wieder aus den Fourier-Koeffizienten der Randfunktion
bestimmt werden:

$$A_0 = \frac{1}{2\,\pi} \int_0^{2\pi} f(\varphi)\, d\varphi,$$

$$A_n = \frac{R^n}{\pi} \int_0^{2\pi} f(\varphi)\, \cos(n\,\varphi)\, d\varphi, \qquad B_n = \frac{R^n}{\pi} \int_0^{2\pi} f(\varphi)\, \sin(n\,\varphi)\, d\varphi.$$

Beispiel 3.46

Wir nehmen einen Kreis $D = \{(x_1, x_2) \in \mathbb{R}^2 \mid x_1^2 + x_2^2 \le 1\}$ und betrachten das Dirichlet-Problem mit der Randbedingung:

$$u(1, \varphi) = f(\varphi) = \frac{1}{4} \varphi (\pi - \varphi) (2\pi - \varphi), \quad 0 \le \varphi \le 2\pi,$$

erstens im Inneren des Kreises

$$\Delta u(x_1, x_2) = 0, \quad (x_1, x_2) \in D$$

und zweitens im Äußeren des Kreises:

$$\Delta u(x_1, x_2) = 0, \quad (x_1, x_2) \in \mathbb{R}^2 \backslash D.$$

Wir ermitteln die Fourierkoeffizienten:

$$A_0 = \frac{1}{2\pi} \int_0^{2\pi} f(\varphi) \, d\varphi = 0,$$

$$A_n = \frac{1}{\pi} \int_0^{2\pi} f(\varphi) \cos(n\varphi) \, d\varphi = 0,$$

$$B_n = \frac{1}{\pi} \int_0^{2\pi} f(\varphi) \sin(n\varphi) \, d\varphi = \frac{3}{n^3}.$$

Wegen $R = 1$ gelten diese Koeffizienten sowohl im Inneren als auch im Äußeren. Wir bekommen im Innengebiet:

$$u(r, \varphi) = \sum_{n=1}^{\infty} r^n B_n \sin(n\varphi).$$

Im Außengebiet ergibt sich (Abb. 3.42):

$$u(r, \varphi) = \sum_{n=1}^{\infty} \frac{1}{r^n} B_n \sin(n\varphi).$$

Aus der Mittelwerteigenschaft harmonischer Funktionen folgt das Maximumprinzip.

Satz: Maximumprinzip

Sei u eine nichtkonstante harmonische Funktion im Normalgebiet $D \subset \mathbb{R}^n$, $n = 2, 3$. Dann nimmt u in keinem inneren Punkt von D ein Maximum oder ein Minimum an.

Ist ferner u stetig auf $D \cup \partial D$, dann nimmt u ein Maximum oder ein Minimum nur auf dem Rand ∂D von D an.

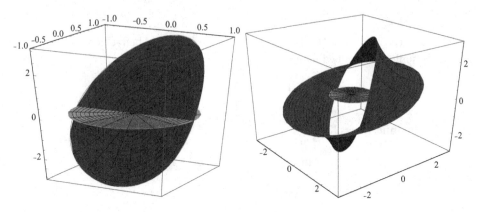

Abb. 3.42 Potenzial im Inneren des Kreises (*links*) und im Äußeren (*rechts*)

Nehmen wir an, die Funktion u besitze eine Maximalstelle in $a \in D$. Wir wählen eine Kugel um a mit Radius ρ, die ganz im Inneren von D liegt: $\partial K_\rho(a)$. Es gilt dann mit der Mittelwertformel:

$$u(a) = \frac{1}{\text{Vol}(\partial K_\rho(a))} \int_{\partial K_\rho(a)} u(x)\, dA \leq \frac{u(a)}{\text{Vol}(\partial K_\rho(a))} \int_{\partial K_\rho(a)} dA = u(a).$$

Wenn die Annahme nicht sofort zum Widerspruch führen soll, muss $u(x) = u(a)$ für alle $x \in K_\rho(a))$ gelten. Da nach Vorraussetzung aber u nicht konstant ist, existiert ein $b \in D$ mit $u(b) \neq u(a)$. Wir verbinden die Punkte a und b durch eine Kurve C, die ganz in D verläuft (Abb. 3.43).

Sei $M = \{x \in C \mid u(x) = u(a)\}$. Zu jedem Punkt $x_0 \in M$ gibt es ein eine Kugel $K_\varepsilon(x_0)$, sodass $K_\varepsilon(x_0) \cap C \subset M$. Andererseits folgt $y \in M$ aus $y \in \partial M \cap C$. Dies ergibt den Widerspruch $M = C$.

Abb. 3.43 Punkte a und b,
Kurve C und Kugel $K_\rho(a)$

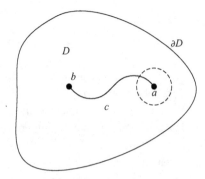

Abb. 3.44 Ebenes Gebiet D
mit Gitter

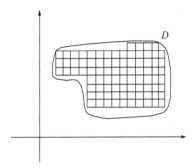

Beispiel 3.47

Im Allgemeinen, insbesondere bei beliebigen Grundgebieten, wird man es schwer haben, das Dirichlet-Problem auf analytischem Weg zu lösen. Man geht dann zu numerischen Verfahren über.

Wir schildern einige Grundgedanken des Differenzenverfahrens. Wir betrachten das Dirichlet-Problem:

$$\Delta u(x) = 0, \quad x \in D, \quad u(x) = f(x), \quad x \in \partial(D).$$

Wir versuchen nun eine Näherung für die Lösung in diskreten Punkten anzugeben. Das Gebiet wird dazu mit einem rechteckigen Gitter überzogen. Der Gitterabstand sei in beiden Richtungen h (Abb. 3.44).

Die Frage ist nun, wie wir die zweite Ableitung durch Gitterwerte angeben. Dieses Problem können wir zunächst eindimensional angehen. Nehmen wir an, dass Gitterwerte einer Funktion $k(x)$ bekannt sind. Wir legen eine Parabel $p(x)$ durch die Punkte $(x_0 - h, k(x_0 - h)), (x_0, k(x_0)), (x_0 + h, k(x_0 + h))$ und nehmen $p''(x_0)$ als Näherungswert für $k''(x_0)$ (Abb. 3.45).

Schreiben wir für die Parabel:

$$p(x) = a\,(x - x_0)^2 + b\,(x - x_0) + c,$$

Abb. 3.45 Parabel durch die
Punkte $(x_0 - h, k(x_0 - h))$,
$(x_0, k(x_0)), (x_0 + h, k(x_0 + h))$

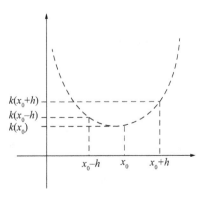

Abb. 3.46 Vier benachbarte
Punkte bestimmen die zweiten
Ableitungen im Zentrum

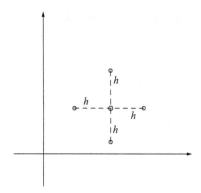

so ergibt sich:

$$k(x_0 - h) = a\,h^2 - b\,h + c, \quad k(x_0) = c, \quad k(x_0 + h) = a\,h^2 + b\,h + c.$$

Hieraus folgt:

$$a = \frac{k(x_0 + h) + k(x_0 - h) - 2\,k(x_0)}{2\,h^2}$$

und damit

$$p''(x_0) = 2\,a = \frac{k(x_0 + h) + k(x_0 - h) - 2\,k(x_0)}{h^2}.$$

Man hätte die Diskretisierung der zweiten Ableitung auch direkt bekommen können:

$$k''(x_0) \approx \frac{\frac{k(x_0+h)-k(x_0)}{h} - \frac{k(x_0)-k(x_0-h)}{h}}{h} = \frac{k(x_0 + h) + k(x_0 - h) - 2\,k(x_0)}{h^2}.$$

Wir diskretisieren die Potenzialgleichung nun wie folgt:

$$\frac{u(x_{01} + h, x_{02}) + u(x_{01} - h, x_{02}) - 2\,u(x_{01}, x_{02})}{h^2}$$
$$+ \frac{u(x_{01}, x_{02} + h) + u(x_{01}, x_{02} - h) - 2\,u(x_{01}, x_{02})}{h^2} = 0.$$

Man kann diese Gleichung auflösen und bekommt im Einklang mit der Mittelwerteigenschaft (und dem Maximumprinzip) harmonischer Funktionen (Abb. 3.46):

$$u(x_{01}, x_{02}) = \tfrac{1}{4}\left(u(x_{01} + h, x_{02}) + u(x_{01} - h, x_{02}) + u(x_{01}, x_{02} + h) + u(x_{01}, x_{02} - h)\right).$$

Numerische Lösung der Potenzialgleichung bedeutet nun, dass wir für jeden Gitterpunkt im Inneren des Gebiets eine Gleichung aufstellen. Dies ergibt ein lineares Gleichungssystem für die Funktionswerte in den Gitterpunkten im Inneren. Die Funktionswerte in den Gitterpunkten auf dem Rand des Gebiets sind gegeben.

Abb. 3.47 Rechteck D mit
Gitterpunkten

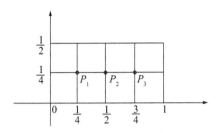

Beispiel 3.48

Wir betrachten das Dirichlet-Problem auf dem Rechteck

$$D = \left\{ D = \left\{ x \,\middle|\, x = (x_1, x_2) \, 0 \le x_1 \le 1, \, 0 \le x_2 \le \tfrac{1}{2} \right\} \right.:$$
$$\Delta u(x) = 0, \quad x \in D, \quad u(x) = f(x), \quad x \in \partial(D).$$

Das Gebiet wird mit einem rechteckigen Gitter überzogen mit den Gitterpunkten:
$(\tfrac{1}{4} k, \tfrac{1}{4} l)$, $k = 0, 1, 2, 3, 4$, $l = 0, 1, 2$. Auf dem Rand gelte: $f(1, \tfrac{1}{4}) = 1$ und $f = 0$ sonst.
Wir berechnen die Lösung in den Punkten: $P_1 = (\tfrac{1}{4}, \tfrac{1}{4})$, $P_2 = (\tfrac{1}{2}, \tfrac{1}{4})$, $P_3 = (\tfrac{3}{4}, \tfrac{1}{4})$, mit
dem Differenzenverfahren (Abb. 3.47):

$$u(x_1, x_2) = \frac{1}{4} \left(u\left(x_1 + \frac{1}{4}, x_2\right) + u\left(x_1 - \frac{1}{4}, x_2\right) + u\left(x_1, x_2 + \frac{1}{4}\right) + u\left(x_1, x_2 - \frac{1}{4}\right) \right).$$

Hieraus ergibt sich für die Punkte P_1, P_2, P_3 das folgende System:

$$u(P_1) = \tfrac{1}{4} u(P_2),$$
$$u(P_2) = \tfrac{1}{4} u(P_1) + \tfrac{1}{4} u(P_3),$$
$$u(P_3) = \tfrac{1}{4} u(P_2) + \tfrac{1}{4},$$

mit der Lösung:

$$u(P_1) = \frac{1}{56}, \quad u(P_2) = \frac{1}{14}, \quad u(P_3) = \frac{15}{56}.$$

Wir schreiben das System noch in Matrixform:

$$\begin{pmatrix} 4 & -1 & 0 \\ -1 & 4 & -1 \\ 0 & -1 & 4 \end{pmatrix} \begin{pmatrix} u(P_1) \\ u(P_2) \\ u(P_3) \end{pmatrix} = \begin{pmatrix} 0 \\ 0 \\ 1 \end{pmatrix}.$$

Abb. 3.48 Quadrat D mit
Gitterpunkten

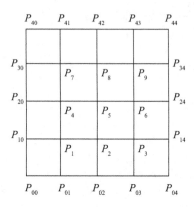

Beispiel 3.49

Wir betrachten das Dirichlet-Problem auf dem Quadrat
$D = \{ D = \{ x | x = (x_1, x_2)\, 0 \le x_1 \le 1,\, 0 \le x_2 \le 1 \}$:

$$\Delta u(x) = 0, \quad x \in D, \quad u(x) = f(x), \quad x \in \partial(D).$$

Das Gebiet wird wieder mit einem rechteckigen Gitter überzogen mit den Gitterpunkten: $(\frac{1}{4}k, \frac{1}{4}l)$, $k = 0, 1, 2, 3, 4$, $l = 0, 1, 2, 2, 3, 4$. Wir berechnen die Lösung mit dem Differenzenverfahren in den Punkten:
$P_1 = (\frac{1}{4}, \frac{1}{4})$, $P_2 = (\frac{1}{2}, \frac{1}{4})$, $P_3 = (\frac{3}{4}, \frac{1}{4})$, $P_4 = (\frac{1}{4}, \frac{1}{2})$, $P_5 = (\frac{1}{2}, \frac{1}{2})$, $P_6 = (\frac{3}{4}, \frac{1}{2})$, $P_7 = (\frac{1}{4}, \frac{3}{4})$, $P_8 = (\frac{1}{2}, \frac{3}{4})$, $P_9 = (\frac{3}{4}, \frac{3}{4})$.
Die Randpunkte nummerieren wir wie folgt: $P_{0,0} = (0, 0)$, $P_{0,1} = (\frac{1}{4}, 0)$, $P_{0,2} = (\frac{1}{2}, 0)$, $P_{0,3} = (\frac{3}{4}, 0)$, $P_{0,4} = (1, 0)$, $P_{1,0} = (0, \frac{1}{4})$, $P_{1,4} = (1, \frac{1}{4})$, $P_{2,0} = (0, \frac{1}{2})$, $P_{2,4} = (1, \frac{1}{2})$, $P_{3,0} = (0, \frac{3}{4})$, $P_{3,4} = (1, \frac{3}{4})$, $P_{4,0} = (0, 1)$, $P_{4,1} = (\frac{1}{4}, 1)$, $P_{4,2} = (\frac{1}{2}, 1)$, $P_{4,3} = (\frac{3}{4}, 1)$, $P_{4,4} = (1, 1)$ (Abb. 3.48).
Die Diskretisierung ergibt folgende Gleichungen für die Punkte $P_1, \dots, P_9$:

$$P_1\text{:}\, f(P_{1,0}) - 4u(P_1) + u(P_2) + u(P_4) + f(P_{0,1}) = 0,$$
$$P_2\text{:}\, u(P_1) - 4u(P_2) + u(P_3) + u(P_5) + f(P_{0,2}) = 0,$$
$$P_3\text{:}\, u(P_2) - 4u(P_3) + f(P_{1,4}) + u(P_6) + f(P_{0,3}) = 0,$$
$$P_4\text{:}\, f(P_{2,0}) - 4u(P_4) + u(P_5) + u(P_7) + u(P_1) = 0,$$
$$P_5\text{:}\, u(P_4) - 4u(P_5) + u(P_6) + u(P_8) + u(P_2) = 0,$$
$$P_6\text{:}\, u(P_5) - 4u(P_6) + f(P_{2,4}) + u(P_9) + u(P_3) = 0,$$
$$P_7\text{:}\, f(P_{3,0}) - 4u(P_7) + u(P_8) + f(P_{4,1}) + u(P_4) = 0,$$
$$P_8\text{:}\, u(P_7) - 4u(P_8) + u(P_9) + f(P_{4,2}) + u(P_5) = 0,$$
$$P_9\text{:}\, u(P_8) - 4u(P_9) + f(P_{3,4}) + f(P_{4,3}) + u(P_6) = 0,$$

Abb. 3.49 Randwerte und Näherungslösungen auf dem Quadrat D

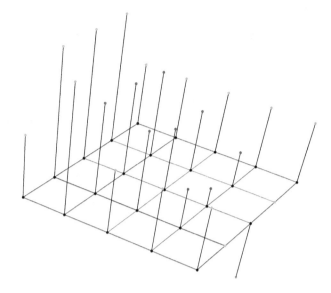

Wir schreiben das System wieder in Matrixform (Abb. 3.49):

$$
\begin{pmatrix}
4 & -1 & 0 & -1 & 0 & 0 & 0 & 0 & 0 \\
-1 & 4 & -1 & 0 & -1 & 0 & 0 & 0 & 0 \\
0 & -1 & 4 & 0 & 0 & -1 & 0 & 0 & 0 \\
-1 & 0 & 0 & 4 & -1 & 0 & -1 & 0 & 0 \\
0 & -1 & 0 & -1 & 4 & -1 & 0 & -1 & 0 \\
0 & 0 & -1 & 0 & -1 & 4 & 0 & 0 & -1 \\
0 & 0 & 0 & -1 & 0 & 0 & 4 & -1 & 0 \\
0 & 0 & 0 & 0 & -1 & 0 & -1 & 4 & -1 \\
0 & 0 & 0 & 0 & 0 & -1 & 0 & -1 & 4
\end{pmatrix}
\begin{pmatrix}
u(P_1) \\
u(P_2) \\
u(P_3) \\
u(P_4) \\
u(P_5) \\
u(P_6) \\
u(P_7) \\
u(P_8) \\
u(P_9)
\end{pmatrix}
=
\begin{pmatrix}
f(P_{1,0}) + f(P_{0,1}) \\
f(P_{0,2}) \\
f(P_{1,4}) + f(P_{0,3}) \\
f(P_{2,0}) \\
0 \\
f(P_{2,4}) \\
f(P_{4,1}) + f(P_{3,0}) \\
f(P_{4,2}) \\
f(P_{4,3}) + f(P_{3,4})
\end{pmatrix}.
$$

In Kugelkoordinaten: $x_1 = r \sin(\vartheta) \cos(\varphi)$, $x_2 = r \sin(\vartheta) \sin(\varphi)$, $x_3 = r \cos(\vartheta)$, $0 < r$, $0 \le \vartheta \le \pi$, $0 \le \varphi < 2\pi$, nimmt die (dreidimensionale) Potenzialgleichung

$$
\Delta u = \frac{\partial^2 u}{\partial x_1^2} + \frac{\partial^2 u}{\partial x_2^2} + \frac{\partial^2 u}{\partial x_3^2} = 0
$$

die Gestalt an:

$$
\frac{1}{r^2} \left(\frac{\partial}{\partial r} \left(r^2 \frac{\partial u}{\partial r} \right) + \frac{1}{\sin(\vartheta)} \frac{\partial}{\partial \vartheta} \left(\sin(\vartheta) \frac{\partial u}{\partial \vartheta} \right) + \frac{1}{(\sin(\vartheta))^2} \frac{\partial^2 u}{\partial \varphi^2} \right) = 0.
$$

Mit dem Separationsansatz

$$
u(r, \vartheta) = h(r) \, g(\cos(\vartheta))
$$

werden von φ unabhängige Lösungen gesucht. Welche gewöhnlichen Differentialgleichungen ergeben sich für die Funktionen h und g?

Ableiten ergibt:

$$\frac{\partial}{\partial r}u(r,\vartheta) = \frac{dh}{dr}(r)\,g(\cos(\vartheta))$$

und

$$\frac{\partial}{\partial r}\left(r^2\frac{\partial}{\partial r}u(r,\vartheta)\right) = \left(r^2\frac{d^2h}{dr^2}(r) + 2\,r\frac{dh}{dr}(r)\right)g(\cos(\vartheta))\,.$$

Mit $g(\xi(\vartheta)) = g(\cos(\vartheta))$ ergibt sich:

$$\frac{\partial}{\partial\vartheta}u(r,\vartheta) = -h(r)\,\sin(\vartheta)\,\frac{dg}{d\xi}(\cos(\vartheta))$$

und

$$\frac{\partial}{\partial\vartheta}\left(\sin(\vartheta)\frac{\partial}{\partial\vartheta}u(r,\vartheta)\right) = -h(r)\,2\,\sin(\vartheta)\,\cos(\vartheta)\,\frac{dg}{d\xi}(\cos(\vartheta))$$

$$+ h(r)\,(\sin(\vartheta))^3\,\frac{d^2g}{d\xi^2}(\cos(\vartheta))\,.$$

Einsetzen und Separieren liefert mit $\xi = \cos(\vartheta)$ und $1 - \xi^2 = (\sin(\vartheta))^2$:

$$\frac{r^2\frac{d^2h}{dr^2}(r) + 2\,r\frac{dh}{dr}(r)}{h(r)} = -\frac{(1-\xi^2)\frac{d^2g}{d\xi^2}(\xi) - 2\,\xi\frac{dg}{d\xi}(\xi)}{g(\xi)} = c\,,$$

also

$$r^2\frac{dh}{dr}(r) + 2\,r\frac{dh}{dr}(r) - c\,h(r) = 0\,,$$

$$(1-\xi^2)\frac{d^2g}{d\xi^2}(\xi) - 2\,\xi\frac{dg}{d\xi}(\xi) + c\,g(\xi) = 0\,.$$

Setzt man $c = n\,(n+1)$, $n \in \mathbb{N}_0$, so erhält man die Legendresche Differentialgleichung für die Funktion g:

$$(1-\xi^2)\frac{d^2g}{d\xi^2}(\xi) - 2\,\xi\frac{dg}{d\xi}(\xi) + n\,(n+1)\,g(\xi) = 0\,.$$

Für die Funktion h bekommen wir dann die Eulersche Differentialgleichung:

$$r^2 \frac{d^2 h}{dr^2}(r) + 2\,r\,\frac{dh}{dr}(r) - n\,(n+1)\,h(r) = 0$$

mit der allgemeinen Lösung:

$$h(r) = C_n\,r^n + D_n\,\frac{1}{r^{n+1}}\,.$$

Insgesamt ergeben sich also vom Winkel φ unabhängige Lösungen der Potenzialgleichung der Gestalt:

$$u_n(r, \vartheta) = \left(C_n\,r^n + D_n\,\frac{1}{r^{n+1}} \right) P_n(\cos(\vartheta))$$

mit den Legendre-Polynomen P_n.

Beispiel 3.50

Auf der Oberfläche einer Kugel um den Nullpunkt mit dem Radius $R = 1$ schreiben wir ein Potenzial $u(1, \vartheta) = g(\vartheta)$ vor. Wir suchen eine Lösung der Potenzialgleichung $\Delta u = 0$ im Inneren der Kugel mit $u = g$ auf der Kugeloberfläche.

Wir machen folgenden Ansatz:

$$u(r, \vartheta) = \sum_{n=0}^{\infty} C_n\,r^n\,P_n(\cos(\vartheta))\,.$$

Die Randbedingung bedeutet:

$$\sum_{n=0}^{\infty} C_n\,P_n(\cos(\vartheta)) = g(\vartheta)\,.$$

Zur Bestimmung der Koeffizienten benutzen wir die Orthogonalität:

$$\int_{-1}^{1} P_n(\xi)\,P_m(\xi)\,d\xi = \frac{2}{2\,n+1}\,\delta_{nm}\,.$$

Mit der Substitution $\xi = \cos(\vartheta)$ folgt:

$$\int_{0}^{\pi} P_n(\cos(\vartheta))\,P_m(\cos(\vartheta))\,\sin(\vartheta)\,d\vartheta = \frac{2}{2\,n+1}\,\delta_{nm}\,.$$

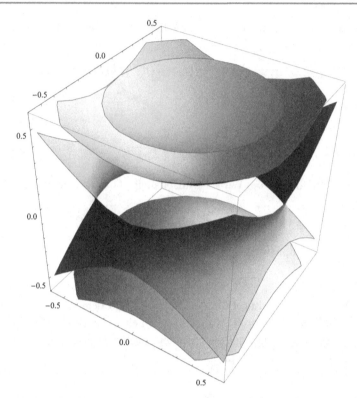

Abb. 3.50 Äquipotenzialflächen der Lösung des Randwertproblems $u(1, \vartheta) = \sin(\vartheta)$

Aus

$$\int_0^\pi g(\vartheta)\, P_m(\cos(\vartheta))\, \sin(\vartheta)\, d\vartheta = \sum_{n=0}^\infty C_n \int_0^\pi P_n(\cos(\vartheta))\, P_m(\cos(\vartheta))\, \sin(\vartheta)\, d\vartheta$$

$$= C_m\, \frac{2}{2\,m + 1}$$

folgt die Beziehung:

$$C_m = \frac{2\,m + 1}{2} \int_0^\pi g(\vartheta)\, P_m(\cos(\vartheta))\, \sin(\vartheta)\, d\vartheta$$

$$= \frac{2\,m + 1}{2} \int_{-1}^1 g(\xi)\, P_m(\xi)\, d\xi \,.$$

Betrachten wir konkret:

$$u(1, \vartheta) = g(\vartheta) = \sin(\vartheta)\,,$$

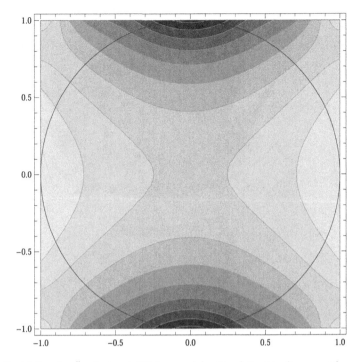

Abb. 3.51 Projektion der Äquipotenzialflächen und der Kugel $R = 1$ in die x_1-x_3-Ebene

dann ergeben sich folgende Koeffizienten (Abb. 3.50, 3.51 und 3.52):

$$C_0 = \frac{1}{4}\,\pi\,, C_1 = 0\,, C_2 = -\frac{5}{32}\,\pi\,,$$

$$C_3 = 0\,, C_4 = -\frac{9}{256}\,\pi\,, C_5 = 0\,, C_6 = -\frac{65}{4096}\,\pi\,, \ldots$$

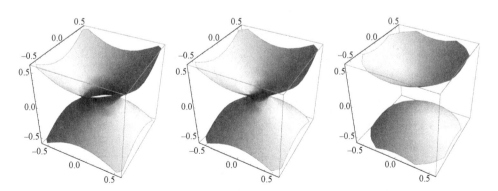

Abb. 3.52 Drei verschiedene Äquipotenzialflächen

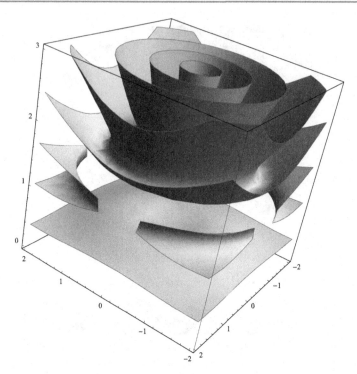

Abb. 3.53 Äquipotenzialflächen der Lösung des Randwertproblems $u(r, 0) = e^{-r^2}$

Beispiel 3.51

Auf der positiven z-Achse schreiben wir ein Potenzial $u(r, 0) = f(r)$ vor und suchen eine Lösung der Potenzialgleichung $\Delta u = 0$ für $\vartheta = 0$.

Wir machen wieder den Ansatz:

$$u(r, \vartheta) = \sum_{n=0}^{\infty} C_n \, r^n \, P_n\big(\cos(\vartheta)\big).$$

Die Randbedingung bedeutet:

$$\sum_{n=0}^{\infty} C_n \, r^n \, P_n(1) = \sum_{n=0}^{\infty} C_n \, r^n = f(r).$$

Wir müssen also die Funktion g in eine Taylorreihe entwickeln und bekommen (Abb. 3.53 und 3.54):

$$C_n = \frac{1}{n!} \frac{d^n g}{dr^n}(0).$$

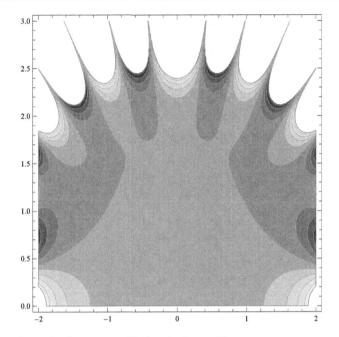

Abb. 3.54 Projektion der Äquipotenzialflächen in die x-z-Ebene

---

Beispiel 3.52

Wir betrachten die dreidimensionale Schwingungsgleichung:

$$\Delta u + k^2 u = 0\,.$$

Wir suchen ein radialsymmetrische Lösung $u(r)$.

In Kugelkoordinaten bekommen wir (ohne Winkelabhängigkeit):

$$\frac{1}{r^2}\left(\frac{\partial}{\partial r}\left(r^2\,\frac{\partial u}{\partial r}\right)\right) + k^2\,u = 0$$

bzw.

$$\frac{d^2 u}{dr^2} + \frac{2}{r}\,\frac{du}{dr} + k^2\,u = 0\,.$$

Der Ansatz:

$$u(r) = r^{-\frac{1}{2}}\,\tilde u(k\,r)\,,\quad k\,r = s\,,$$

führt mit den Ableitungen

$$\frac{du}{dr}(r) = k\,r^{-\frac{1}{2}}\,\frac{d\tilde u}{ds}(k\,r) - \frac{1}{2}\,r^{-\frac{3}{2}}\,\tilde u(k\,r)\,,$$

$$\frac{d^2 u}{dr^2}(r) = k^2\,r^{-\frac{1}{2}}\,\frac{d^2\tilde u}{ds^2}(k\,r) - k\,r^{-\frac{3}{2}}\,\frac{d\tilde u}{ds}(k\,r) + \frac{3}{4}\,r^{-\frac{5}{2}}\,\tilde u(k\,r)\,,$$

auf:

$$\frac{d^2 u}{dr^2}(r) + \frac{2}{r}\frac{du}{dr}(r) + k^2 u(r)$$

$$= r^{-\frac{5}{2}}\left(4\,(k\,r)^2\,\frac{d^2\tilde{u}}{ds^2}(k\,r) + 4\,k\,r^2\,\frac{d\tilde{u}}{ds}(k\,r) + \left(4\,(k\,r)^2 - 1\right)\tilde{u}(k\,r)\right) = 0\,.$$

Wir bekommen also für $\tilde{u}(s)$ die Besselsche Differentialgleichung:

$$\frac{d^2\tilde{u}}{ds^2} + \frac{1}{s}\frac{d\tilde{u}}{ds} + \left(1 - \frac{\left(\frac{1}{2}\right)^2}{s^2}\right)\tilde{u} = 0\,.$$

Literatur

Ansorge, Rainer, Oberle, Hans Joachim, Mathematik für Ingenieure, Differential- und Integralrechnung mehrerer Variabler, gewöhnliche Differentialgleichungen, partielle Differentialgleichungen, Integraltransformationen, Funktionen einer komplexen Variablen, Wiley-VCH, 2003.

Betten, Josef, Tensorrechnung für Ingenieure, Teubner, 1987.

de Boer, Reint, Vektor- und Tensorrechnung für Ingenieure, Springer, 1982.

Burg, Klemens, Haf, Herbert, Wille Friedrich, Meister, Andreas, Höhere Mathematik für Ingenieure, Partielle Differentialgleichungen und funktionalanalytische Grundlagen, Vieweg+Teubner, 2010.

Burg, Klemens, Haf, Herbert, Wille Friedrich, Meister, Andreas, Höhere Mathematik für Ingenieure, Vektoranalysis, Vieweg+Teubner, 2012.

Duschek, Adalbert, Grundzüge der Tensorrechnung in Analytischer Darstellung, 2013.

Farlov, Stanley, Partial Differential Equations for Scientist and Engineers, Wiley, 1982.

Goldhorn, Karl-Heinz, Heinz, Hans-Peter, Mathematik für Physiker, Partielle Differentialgleichungen – Orthogonalreihen – Integraltransformationen. Springer, 2008.

Hellwig, Günter, Partial Differential Equations, Teubner, 1977.

Herold, Horst, Differentialgleichungen im Komplexen, Vandenhoeck und Ruprecht, Studia mathematica, 1975.

Hochstadt, Harry, Differential Equations, A Modern Approach, Dover, 1963.

Iben, Hans, Mathematik für Ingenieure und Naturwissenschaftler, Ökonomen und Landwirte, Tensorrechnung, Teubner, 1999.

Klingbeill, Eberhard, Tensorrechnung für Ingenieure, Bibliographisches Institut, 1966.

Kreyszig, Erwin, Advanced engineering mathematics, Wiley, 2011.

Laugwitz, Detlef, Differentialgeometrie, Teubner, 1977.

Schade, Heinz, Neemann, Klaus, Tensoranalysis, de Gruyter, 2009.

Schäfke, Wilhelm, Einfuhrung in die Theorie der Speziellen Funktionen der Mathematischen Physik, Springer, 2013.

Spiegel, Murray, Vektoranalysis, Theorie und Anwendung mit einer Einführung in die Tensorrechnung, McGraw-Hill, 1977.

Sneddon, Ian, Spezielle Funktionen der mathematischen Physik, Bibliographisches Institut, 1963.

Vachenauer, Peter, Meyberg, Kurt, Höhere Mathematik, Differentialgleichungen, Funktionentheorie, Fourier-Analysis, Variationsrechnung, Springer, 2003.

Wagner, Eberhard, Meinhold, Peter, Mathematik für Ingenieure und Naturwissenschaftler, Ökonomen und Landwirte, Partielle Differentialgleichungen, Teubner, 1990.

W. Strampp, *Ausgewählte Kapitel der Höheren Mathematik*, DOI 10.1007/978-3-658-05550-9,   301
© Springer Fachmedien Wiesbaden 2014

Sachverzeichnis